Teubner Studienbücher

Mathematik

Böhmer: **Spline-Funktionen**
Theorie und Anwendungen. 340 Seiten. DM 26,80

Clegg: **Variationsrechnung**
138 Seiten. DM 16,80

Collatz: **Differentialgleichungen**
Eine Einführung unter besonderer Berücksichtigung der Anwendungen.
5. Aufl. 226 Seiten. DM 21,80 (LAMM)

Collatz/Krabs: **Approximationstheorie**
Tschebyscheffsche Approximation mit Anwendungen. 208 Seiten. DM 26,80

Constantinescu: **Distributionen und ihre Anwendung in der Physik**
144 Seiten. DM 17,80

Fischer/Sacher: **Einführung in die Algebra**
238 Seiten. DM 16,80

Grigorieff: **Numerik gewöhnlicher Differentialgleichungen**
Band 1: Einschrittverfahren. 202 Seiten. 14,80 DM
Band 2: Mehrschrittverfahren

Hainzl: **Mathematik für Naturwissenschaftler**
311 Seiten. DM 29,– (LAMM)

Hilbert: **Grundlagen der Geometrie**
11. Aufl. VII, 271 Seiten. DM 19,80

Jaeger/Wenke: **Lineare Wirtschaftsalgebra**
Eine Einführung
Band 1: XVI, 174 Seiten. DM 18,80 (LAMM)
Band 2: IV, 160 Seiten. DM 18,80 (LAMM)

Kall: **Mathematische Methoden des Operations Research**
Eine Einführung. 176 Seiten. DM 22,80 (LAMM)

Kochendörffer: **Determinanten und Matrizen**
IV, 148 Seiten. DM 16,80

Krabs: **Optimierung und Approximation**
208 Seiten. DM 24,80

Stiefel: **Einführung in die numerische Mathematik**
5. Aufl. 292 Seiten. DM 24,80 (LAMM)

Stummel/Hainer: **Praktische Mathematik**
299 Seiten. DM 26,80

Topsøe: **Informationstheorie**
Eine Einführung. 88 Seiten. DM 11,80

Fortsetzung auf der 3. Umschlagseite

Teubner Studienbücher   Mathematik

W. Velte
Direkte Methoden der Variationsrechnung

Leitfäden der angewandten Mathematik und Mechanik LAMM

Unter Mitwirkung von
Prof. Dr. E. Becker, Darmstadt
Prof. Dr. G. Hotz, Saarbrücken
Prof. Dr. K. Magnus, München
Prof. Dr. E. Meister, Darmstadt
Prof. Dr. Dr. h. c. F. K. G. Odqvist, Stockholm
Prof. Dr. Dr. h. c. Dr. h. c. Dr. h. c. E. Stiefel, Zürich

herausgegeben von
Prof. Dr. Dr. h. c. H. Görtler, Freiburg

Band 26

Die Lehrbücher dieser Reihe sind einerseits allen mathematischen Theorien und Methoden von grundsätzlicher Bedeutung für die Anwendung der Mathematik gewidmet; andererseits werden auch die Anwendungsgebiete selbst behandelt. Die Bände der Reihe sollen dem Ingenieur und Naturwissenschaftler die Kenntnis der mathematischen Methoden, dem Mathematiker die Kenntnisse der Anwendungsgebiete seiner Wissenschaft zugänglich machen. Die Werke sind für die angehenden Industrie- und Wirtschaftsmathematiker, Ingenieure und Naturwissenschaftler bestimmt, darüber hinaus aber sollen sie den im praktischen Beruf Tätigen zur Fortbildung im Zuge der fortschreitenden Wissenschaft dienen.

Direkte Methoden der Variationsrechnung

Eine Einführung unter Berücksichtigung
von Randwertaufgaben bei
partiellen Differentialgleichungen

Von Dr. rer. nat. Waldemar Velte
o. Professor an der Universität Würzburg

1976. Mit 17 Figuren und 27 Beispielen

 B. G. Teubner Stuttgart

Prof. Dr. rer. nat. Waldemar Velte

Geboren 1928 in Honyen (China). Von 1947 bis 1953 Studium der Mathematik und Physik in Marburg und Gießen. 1951 Diplom in Mathematik, 1953 Promotion. 1953/54 Universität Nancy/Frankreich. Von 1955 bis 1959 wiss. Mitarbeiter der Firma Ernst Leitz, Optische Werke, Wetzlar/Lahn. Ab 1959 wiss. Mitarbeiter am Institut für Angewandte Mathematik und Mechanik der Deutschen Versuchsanstalt für Luft- und Raumfahrt (DVLR) in Freiburg. 1963 Habilitation an der Universität Freiburg. Seit 1966 o. Professor für Angewandte Mathematik an der Universität Würzburg.

CIP-Kurztitelaufnahme der Deutschen Bibliothek

Velte , Waldemar
Direkte Methoden der Variationsrechnung : e. Einf.
unter Berücks. von Randwertaufgaben bei partiellen
Differentialgleichungen. — Stuttgart : Teubner,
1976.
    (Teubner-Studienbücher : Mathematik) (Leitfäden der angewandten Mathematik und Mechanik ;
    Bd. 26)
    ISBN 978-3-519-02317-3   ISBN 978-3-322-93091-0 (eBook)
    DOI 10.1007/978-3-322-93091-0

Umschlaggestaltung: W. Koch, Sindelfingen

Vorwort

Die Methoden der Variationsrechnung stellen ein wichtiges Hilfsmittel zur Behandlung von Randwertaufgaben dar, soweit sie auf ein Extremalproblem zurückgeführt werden können. Bei einer großen Klasse von Randwertaufgaben der Kontinuumsmechanik und der mathematischen Physik ist dies der Fall. Dort handelt es sich in erster Linie um Randwertaufgaben für partielle Differentialgleichungen, und diese haben wir auch als Anwendungsbeispiele speziell im Auge.

Die Methoden der Variationsrechnung sind in zweierlei Hinsicht von Bedeutung. Zum einen lassen sich mit ihrer Hilfe im Sinne der „direkten Methode der Variationsrechnung" (C o u r a n t und H i l b e r t [1], Band 2) konstruktive Existenzbeweise für die Lösung des Problems gewinnen. Man siehe hierzu etwa auch N e c a s [1] sowie M i c h l i n [1], [2]. Zum anderen lassen sich aber die konstruktiven Existenzbeweise auch zu numerischen Verfahren zur genäherten Berechnung der Lösung ausbauen.

Zu den bekanntesten Variationsmethoden gehören im Falle linearer Randwertaufgaben die Fehlerquadratmethode, die Energiemethode (Methode von Rayleigh und Ritz), die Methode der orthogonalen Projektion sowie die Hyperkreismethode von Prager und Synge. Ziel der vorliegenden Einführung ist unter anderem, diese Methoden mit ihren wechselseitigen Beziehungen darzustellen.

Wenn man die Frage nach der Existenz einer Lösung zunächst beiseite läßt und einfach unterstellt, daß das Problem eine Lösung im klassischen Sinn besitzt, dann lassen sich die Variationsmethoden mit ganz elementaren Hilfsmitteln der linearen Algebra und der Analysis darstellen. Wenn man jedoch auch die Frage stellt, in welchem Funktionenraum die Lösung wirklich existiert, dann kommt man ohne einige Grundtatsachen aus der Theorie von Funktionen mit verallgemeinerten Ableitungen nicht aus.

In der vorliegenden Einführung, die sich an Studierende mittlerer Semester wendet, steht die Anwendung von Methoden der Variationsrechnung zur numerischen Behandlung von Randwertaufgaben im Vordergrund, und zwar einschließlich der Frage nach einer Abschätzung des Fehlers in einer geeigneten Norm oder auch dem Betrage nach. Bei den Fehlerabschätzungen spielen Paare komplementärer Extremalprobleme eine wichtige Rolle, die in diesem Zusammenhang ausführlich besprochen werden.

Daneben wird aber auch die Frage nach der Existenz der Lösung und damit die Frage nach den richtigen Funktionenräumen, in denen man operieren muß, wenn auch nicht in größter Allgemeinheit, so doch für eine einigermaßen umfassende Klasse von Problemen behandelt. Die gegebene Darstellung sollte es dem Leser jedenfalls ermöglichen, den Anschluß an weiterführende Lehrbücher über Randwertaufgaben bei partiellen Differentialgleichungen zu finden. In diesem Zusammenhang seien auch die Bücher von V a i n b e r g [1], [2] über Variationsmethoden bei nichtlinearen Operatorgleichungen erwähnt, die ebenfalls über den Rahmen der vorliegenden Einführung hinausgehen.

Das Literaturverzeichnis erhebt keinen Anspruch auf Vollständigkeit. Es sind aber eine Reihe von Lehrbüchern, Kongreßberichten und Übersichtsartikeln angeführt, in denen man für die einzelnen Stoffgebiete jeweils umfangreiche Literaturverzeichnisse findet.

Auch an dieser Stelle möchte ich dem Herausgeber der LAMM-Reihe, Herrn Prof. Dr. Dr. h. c. H. Görtler, für sein stetes Interesse am Entstehen des vorliegenden Bändchens herzlich danken. Dem Verlag gilt mein Dank für seine Geduld und für verständnisvolles Eingehen auf besondere Wünsche.

Würzburg, im Sommer 1976   W. Velte

Inhalt

6 Nichtlineare Probleme

Verzeichnis benutzter Symbole

$\mathbf{R}, \mathbf{N}$	Menge der reellen bzw. der natürlichen Zahlen	
G	Gebiet im $\mathbf{R}^n$ (offene Punktmenge)	
∂G	Rand des Gebietes G	
$\overline{G}$	Vereinigung von G und ∂G	
$\Gamma, \Gamma_1, \Gamma_2$	Teilmengen von ∂G	
Δ	Laplacescher Differentialoperator	S. 19
$\Delta\Delta$	Bipotentialoperator	S. 19
$\partial u/\partial n$	Ableitung in Normalenrichtung	S. 32
D^α	Partielle Ableitung der Ordnung $|\alpha|$	S. 19

Spezielle Funktionenräume

$C(a, b)$, $C[a, b]$, $C^k(a, b)$, $C^k[a, b]$	S. 12
$C(G)$, $C(\overline{G})$, $C^k(G)$, $C^k(\overline{G})$	S. 12
$D[a, b]$, $D^k[a, b]$, $D(\overline{G})$, $D^k(\overline{G})$	S. 12
$C_0^\infty(G)$, $L_2(G)$, $H^k(G)$, $H_0^k(G)$	S. 24–25
$W^k(G)$	S. 31

Innere Produkte und Normen

$(u, v)_k$, $\| u \|_k$	S. 25
$|u|_k$	S. 60
$|u|_p$	S. 61

1 Allgemeine Grundlagen

Es wird vorausgesetzt, daß der Leser mit den Grundtatsachen der linearen Algebra und der Analysis vertraut ist. Dennoch werden zunächst einige Begriffsbildungen der linearen Algebra und Analysis kurz in Erinnerung gebracht. Dies gibt zugleich Gelegenheit, die im weiteren benutzten Notationen einzuführen.

Sodann werden einige Hilfsmittel aus der Funktionalanalysis zusammengestellt. Im wesentlichen handelt es sich um einige wenige Grundtatsachen aus der Theorie von Funktionen mit verallgemeinerten Ableitungen.. Zu einem Teil können die benötigten Hilfsmittel nur unter Verweis auf Lehrbücher der Funktionalanalysis zitiert werden. Soweit dies in Kürze möglich ist, werden aber die Beweise wenigstens skizziert oder auch für einen Sonderfall ausgeführt.

Die benötigten Hilfsmittel findet man beispielsweise bei A g m o n [1], F i c h e r a [1], N e č a s [1], S m i r n o w [1], S o b o l e w [1].

1.1 Lineare Räume und lineare Operatoren

1.1.1 Lineare Räume

Die linearen Räume, die wir zu betrachten haben, sind durchweg r e e l l e l i n e a r e R ä u m e, d. h., Mengen E von Elementen u, v, w, . . ., für die Addition sowie Multiplikation mit reellen Zahlen α definiert sind, wobei mit $u \in E$ und $v \in E$ auch alle Linearkombinationen $\alpha u + \beta v$ zu E gehören. Im übrigen verlangt man von einem (reellen) linearen Raum bekanntlich:

(A)   (1) $u + v = v + u$

         (2) $(u + v) + w = u + (v + w)$

         (3)   Existenz eines eindeutig bestimmten Elements (Nullelement o) mit $u + o = u$ für alle $u \in E$.

         (4)   Zu jedem $u \in E$ die Existenz genau eines $v \in E$ (das auch mit $-u$ bezeichnet wird) mit $u + v = o$

(B)   (1) $\alpha(u + v) = \alpha u + \alpha v$

         (2) $(\alpha + \beta)u = \alpha u + \beta u$

         (3) $\alpha(\beta u) = (\alpha\beta)u$

         (4) $1 u = u$.

In bekannter Weise folgt daraus unter anderem auch $(-1)u = -u$ sowie $0u = o$. Dabei ist also 0 die Zahl Null und o das Nullelement in E.

Wir haben vor allem lineare Räume von Funktionen zu betrachten. Im Falle von Funktionen nur einer (reellen) Variablen x bezeichne (a, b) das offene Intervall $a < x < b$

und [a, b] das abgeschlossene Intervall $a \leqslant x \leqslant b$. Sind u und v Funktionen $(a, b) \to \mathbf{R}$ bzw. $[a, b] \to \mathbf{R}$, für die in üblicher Weise $u + v$ und αu durch Addition bzw. Multiplikation der Funktionswerte erklärt sind, $u(x) + v(x)$ bzw. $\alpha u(x)$, dann liefern offensichtlich folgende Funktionenmengen B e i s p i e l e reeller linearer Räume:

$C(a, b)$, die stetigen Funktionen $(a, b) \to \mathbf{R}$.

$C[a, b]$, die stetigen Funktionen $[a, b] \to \mathbf{R}$.

$C^k(a, b)$, die stetigen Funktionen $(a, b) \to \mathbf{R}$ mit stetigen Ableitungen bis zur Ordnung $k \geqslant 1$.

$C^k[a, b]$, die Funktionen $u \in C^k(a, b)$, die sich samt allen Ableitungen bis zur Ordnung k zu stetigen Funktionen auf $[a, b]$ fortsetzen lassen.

In allen diesen Beispielen ist das Nullelement o die konstante Funktion $u(x) = 0$ für alle $x \in (a, b)$ bzw. $x \in [a, b]$. Anstelle von $C(a, b)$ und $C[a, b]$ wird auch $C^0(a, b)$ und $C^0[a, b]$ geschrieben.

Wir wollen im folgenden die Zahl 0 und das Nullelement o typographisch nicht mehr unterscheiden: Mit $u = 0$ ist gemeint, daß u das Nullelement ist, und mit $u(x) = 0$, daß der Funktionswert $u(x)$ den Wert Null hat.

Im Zusammenhang mit Funktionen von N (reellen) Variablen $x_1, \ldots, x_N$ bezeichnen wir mit $x = (x_1, \ldots, x_N)$ Punkte im $\mathbf{R}^N$ und mit G Gebiete (offene, zusammenhängende Punktmengen), mit ∂G oder auch Γ die Menge der Randpunkte und mit $\overline{G}$ die abgeschlossene Punktmenge $G + \partial G$.

Die Funktionenräume $C(G)$, $C(\overline{G})$, $C^k(G)$ und $C^k(\overline{G})$ sind dann wörtlich wie die Räume $C(a, b)$ usw. definiert, wobei lediglich an die Stelle des offenen Intervalles (a, b) das Gebiet G sowie an die Stelle von $[a, b]$ jetzt $\overline{G}$ tritt und wobei im übrigen das Wort „Ableitungen" durch „partielle Ableitungen" zu ersetzen ist.

Wir betrachten nun zunächst wieder eine Funktion $u : [a, b] \to \mathbf{R}$ in nur einer Variablen x. Sie heißt s t ü c k w e i s e   s t e t i g, wenn man das Intervall (a, b) durch endlich viele Punkte $\xi_0, \ldots, \xi_r$ mit $\xi_0 = a$ und $\xi_r = b$ sowie $\xi_0 < \xi_1 < \ldots < \xi_r$ so zerlegen kann, daß die Funktion u in jedem der r Teilintervalle (ξ_{j-1}, ξ_j) stetig ist und zu einer stetigen Funktion auf $[\xi_{j-1}, \xi_j]$ fortgesetzt werden kann. Stückweise stetige Funktionen weisen also an ihren Unstetigkeitsstellen nur Sprünge endlicher Höhe auf. Weitere Beispiele linearer Räume sind dann folgende Mengen:

$D[a, b]$,   die stückweise stetigen Funktionen $[a, b] \to \mathbf{R}$.

$D^k[a, b]$,   die Funktionen aus $C^{k-1}[a, b]$, $k \geqslant 1$, mit k-ter Ableitung in $D[a, b]$.

Analog sind die Räume $D(\overline{G})$ und $D^k(\overline{G})$ definiert, wobei an die Stelle einer Zerlegung des Intervalles (a, b) jetzt eine Zerlegung von G in endlich viele Teilgebiete $G_1, \ldots, G_r$ tritt.

Von praktischer Bedeutung sind für uns im Weiteren aber nur solche Zerlegungen, bei denen die Teilgebiete G_j sogenannte Normalgebiete sind, für die man den Gaußschen Integralsatz und die aus ihm folgenden Sätze zur Verfügung hat.

Es bezeichne nun E wieder ganz allgemein einen (reellen) linearen Raum. $U \subset E$ heißt linearer Unterraum oder linearer Teilraum, wenn mit $u \in U$ und $v \in U$ auch alle Linear-

kombinationen zu U gehören. Ein linearer Unterraum U enthält stets das Nullelement.
Eine Teilmenge $M \subset E$ heißt l i n e a r e   M a n n i g f a l t i g k e i t oder auch a f f i n e r
R a u m, wenn es zu M einen linearen Unterraum $U \subset E$ gibt mit folgenden Eigen-
schaften:

$$\text{(1)} \quad v \in M, w \in M \ \Rightarrow \ v - w \in U$$

$$\text{(2)} \quad v \in M \qquad\quad \Rightarrow \ u + v \in M \qquad \forall u \in U.$$

Der zu M gehörige lineare Unterraum U ist offenbar eindeutig bestimmt.
Eine lineare Mannigfaltigkeit ist genau dann zugleich auch ein linearer Unterraum, wenn
M das Nullelement enthält. In diesem Falle ist M = U. Fällt M nicht mit U zusammen,
so kann man nach Wahl eines beliebigen $v_0 \in M$ jedes Element $w \in M$ mit geeignetem
$u \in U$ in der Form $w = v_0 + u$ darstellen. Wir benutzen daher im weiteren häufig die
sehr bequeme und unmittelbar verständliche Notation $M = v_0 + U$.

Sind $u_1, \ldots, u_r \in E$ gegebene Elemente, so wird die Menge aller Linearkombinationen
$\alpha_1 u_1 + \ldots + \alpha_r u_r$ als l i n e a r e   H ü l l e von $u_1, \ldots, u_r$ bezeichnet. Die lineare Hülle
ist ein linearer Unterraum von E, und zwar der kleinste, der die Elemente $u_1, \ldots, u_r$
enthält.

Die Elemente $u_1, \ldots, u_r \in E$ heißen bekanntlich l i n e a r   a b h ä n g i g, wenn es
Zahlen $\alpha_1, \ldots, \alpha_r$ gibt, die nicht gleichzeitig alle Null sind, so daß

$$\alpha_1 u_1 + \ldots + \alpha_r u_r = 0$$

ist. Gibt es solche Zahlen nicht, so heißen $u_1, \ldots, u_r$ l i n e a r   u n a b h ä n g i g. Die
Elemente $u_1, u_2, \ldots$ einer unendlichen Folge heißen linear unabhängig, wenn die Elemente jedes endlichen Abschnittes $u_1, \ldots, u_r$ linear unabhängig sind.

Gibt es in E zwar n linear unabhängige Elemente, während je n + 1 Elemente linear ab-
hängig sind, so heißt E e n d l i c h   d i m e n s i o n a l, und n heißt D i m e n s i o n
von E. Man schreibt dann dim E = n. In diesem Fall kann jedes n-tupel linear unabhängiger Elemente $u_1, \ldots, u_n \in E$ als B a s i s in E dienen. Das heißt, jedes $u \in E$ kann mit
eindeutig bestimmten $\alpha_1, \ldots, \alpha_n$ in der Form

$$u = \alpha_1 u_1 + \ldots + \alpha_n u_n$$

dargestellt werden.

Wenn es in E eine unendliche Folge $u_1, u_2, \ldots$ linear unabhängiger Elemente gibt, dann
heißt E u n e n d l i c h d i m e n s i o n a l. Alle oben aufgeführten Funktionenräume
$C(a, b)$, $C^k(a, b)$ usw. sind Beispiele unendlichdimensionaler linearer Räume.

1.1.2 Innere Produkte, Normen

Abbildungen $F(\ ) : E \to \mathbf{R}$ eines linearen Raumes E in die reellen Zahlen werden F u n k -
t i o n a l e genannt. $F(\ )$ heißt l i n e a r, falls

$$F(\alpha u + \beta v) = \alpha\, F(u) + \beta\, F(v)$$

für alle $u, v \in E$ und alle $\alpha, \beta \in \mathbf{R}$.

Es bezeichne a(,) eine Abbildung E x E → **R**, die also jedem geordneten Paar u, v von Elementen aus E die reelle Zahl a(u, v) zuordnet. Die Abbildung a(,) heißt bilinear, wenn bei fest gewählten u bzw. v die beiden Funktionale a(u,) : E → **R** und a(, v) : E → **R** linear sind. Die linearen und bilinearen Funktionale werden auch als L i n e a r - f o r m e n bzw. B i l i n e a r f o r m e n bezeichnet.

Spezielle Bilinearformen sind die inneren Produkte. Eine Abbildung (,) : E x E → **R** heißt i n n e r e s P r o d u k t, wenn

$$(1) \qquad (u, v) = (v, u)$$

$$(2) \quad (\alpha u + \beta v, w) = \alpha(u, w) + \beta(v, w)$$

$$(3) \qquad (u, u) \geqslant 0$$

$$(4) \qquad (u, u) = 0 \;\Rightarrow\; u = 0 \;.$$

Besitzt die Abbildung (,) nur die Eigenschaften (1) bis (3), so wird sie als nichtnegative, symmetrische Bilinearform oder kürzer als s e m i d e f i n i t e s   i n n e r e s P r o d u k t bezeichnet.

Aus den Eigenschaften (1) bis (3) folgt bekanntlich die S c h w a r z s c h e   U n g l e i - c h u n g

$$(u, v)^2 \leqslant (u, u)\,(v, v) \qquad \forall\, u, v \in E \tag{1.1}$$

die also auch für semidefinite innere Produkte (,) gültig ist. Der einfache Beweis sei kurz in Erinnerung gebracht:

Es sei zunächst nicht gleichzeitig (u, u) = 0 und (v, v) = 0, also etwa (u, u) > 0. Dann erhält man mit beliebigem $\alpha \in$ **R**

$$\alpha^2(u, u) - 2\,\alpha(u, v) + (v, v) \;=\; (\alpha u - v, \alpha u - v) \;\geqslant\; 0 \;.$$

Die linke Seite nimmt ihr Minimum für α = (u, v)/(u, u) an. Setzt man diesen Wert in die Ungleichung ein, folgt die Schwarzsche Ungleichung (1.1). Ist jedoch (u, u) = (v, v) = 0, so folgt $-2\,\alpha(u, v) \geqslant 0$ mit beliebigem (positivem oder negativem) α. Dann ist notwendig (u, v) = 0 und (1.1) ebenfalls erfüllt.

Häufig benutzte Sonderfälle sind die Schwarzsche Ungleichung für Produktsummen und für Integrale über Produkte uv von Funktionen:

Im **R**^{N} der N-tupel x = ($\xi_1, \ldots, \xi_N$), y = ($\eta_1, \ldots, \eta_N$) mit dem inneren Produkt (x, y) = $\xi_1\eta_1 + \ldots + \xi_N\eta_N$ lautet (1.1)

$$\left(\sum_{j=1}^{N} \xi_j\eta_j \right)^2 \;\leqslant\; \left(\sum_{j=1}^{N} \xi_j^2 \right) \left(\sum_{j=1}^{N} \eta_j^2 \right) \;. \tag{1.2}$$

Im linearen Raum C [a, b], versehen mit dem inneren Produkt

$$(u, v) = \int_a^b uv\,dx \;,$$

lautet die Schwarzsche Ungleichung (1.1)

$$\left(\int_a^b uv\,dx \right)^2 \leqslant \int_a^b u^2\,dx \int_a^b v^2\,dx \ . \tag{1.3}$$

In einem linearen Raum E mit innerem Produkt (,) heißen zwei Elemente u und v o r t h o g o n a l, wenn (u, v) = 0 ist. Gilt dies für alle $u \in U$ und für alle $v \in V$ von zwei linearen Teilräumen, so heißen U und V orthogonal. Eine endliche oder auch unendliche Folge von Elementen $u_1, u_2, \ldots$ heißt orthogonal, wenn für je zwei Elemente u_j und u_k der Folge mit $j \neq k$ stets $(u_j, u_k) = 0$ ist.

Die Folge heißt o r t h o n o r m i e r t, wenn zusätzlich $(u_j, u_j) = 1$ ist. Man schreibt dafür kürzer mit Hilfe des Kroneckersymbols

$$(u_j, u_k) = \delta_{jk} \qquad \text{für } j, k = 1, 2, \ldots$$

Wenn ein System $u_1, u_2, \ldots$ von linear unabhängigen Elementen des linearen Raumes E zunächst nicht orthonormiert ist, dann kann man bekanntlich mit Hilfe des O r t h o - g o n a l i s i e r u n g s v e r f a h r e n s   v o n   E r h a r d   S c h m i d t ein orthonormiertes System $v_1, v_2, \ldots$ mit folgenden Eigenschaften konstruieren: Für alle natürlichen Zahlen r bilden die ersten r Elemente $v_1, \ldots, v_r$ eine orthonormierte Basis in dem Unterraum U_r, der von den Elementen $u_1, \ldots, u_r$ aufgespannt wird. Durch diese Eigenschaft sind die $v_1, v_2, \ldots$ im wesentlichen (nämlich bis auf einen Faktor ± 1) eindeutig bestimmt.

Eine Abbildung $\| \ \| : E \to \mathbf{R}$ eines (reellen) linearen Raumes E in $\mathbf{R}$ heißt N o r m (und der lineare Raum E n o r m i e r t), wenn

$$(1) \qquad \| \alpha u \| = | \alpha | \ \| u \|$$

$$(2) \qquad \| u + v \| \leqslant \| u \| + \| v \|$$

$$(3) \qquad \| u \| \geqslant 0$$

$$(4) \qquad \| u \| = 0 \ \Rightarrow \ u = 0$$

für alle $u, v \in E$ und alle $\alpha \in \mathbf{R}$. Die Ungleichung (2) ist die sogenannte D r e i e c k - u n g l e i c h u n g. Aus ihr folgt leicht auch die häufig benutzte Ungleichung

$$\big| \ \| u \| - \| v \| \ \big| \leqslant \| u - v \| \ . \tag{1.4}$$

Sind nur die Eigenschaften (1) bis (3) erfüllt, so heißt die Abbildung $\| \ \|$ H a l b n o r m. Im Falle einer Halbnorm $\| \ \|$ bildet die Menge aller $u \in E$ mit $\| u \| = 0$ einen (nichttrivialen) linearen Unterraum von E. Ist nämlich $\| u \| = 0$ und $\| v \| = 0$, so folgt aus (1) bis (3) für alle Linearkombinationen $\alpha u + \beta v$

$$0 \leqslant \| \alpha u + \beta v \| \leqslant | \alpha | \ \| u \| + | \beta | \ \| v \| = 0$$

und damit auch $\| \alpha u + \beta v \| = 0$.

Ist E ein linearer Raum mit innerem Produkt (,), dann ist durch

$$\| u \| = (u, u)^{1/2} \tag{1.5}$$

eine Norm definiert. Sie wird als die durch $(\ ,\ )$ i n d u z i e r t e N o r m oder zu $(\ ,\ )$ gehörige Norm bezeichnet. Zunächst folgen für (1.5) unmittelbar die Eigenschaften (1), (3) und (4) einer Norm aus den entsprechenden Eigenschaften des inneren Produktes. Aus der S c h w a r z s c h e n U n g l e i c h u n g (1.1), geschrieben in der Form

$$|(u, v)| \leqslant \|u\| \, \|v\| \, , \tag{1.6}$$

erhält man dann

$$\|u + v\|^2 = \|u\|^2 + 2(u, v) + \|v\|^2 \leqslant (\|u\| + \|v\|)^2$$

und damit die Dreieckungleichung (2).

Wenn $(\ ,\ )$ nur ein semidefinites inneres Produkt ist, dann wird durch (1.5) eine Halbnorm definiert.

Für späteren Gebrauch sollen noch zwei einfache Identitäten angeführt werden: Wenn man die beiden Gleichungen

$$\|u + v\|^2 = \|u\|^2 + 2(u, v) + \|v\|^2$$

$$\text{und} \qquad \|u - v\|^2 = \|u\|^2 - 2(u, v) + \|v\|^2$$

addiert bzw. subtrahiert, so entsteht einerseits die sog. P a r a l l e l o g r a m m g l e i c h u n g

$$\|u\|^2 + \|v\|^2 = \frac{1}{2}\|u + v\|^2 + \frac{1}{2}\|u - v\|^2 \tag{1.7}$$

und andererseits eine Darstellung des inneren Produktes (u, v) mit Hilfe von Normen, nämlich

$$(u, v) = \frac{1}{4}\|u + v\|^2 - \frac{1}{4}\|u - v\|^2 \, . \tag{1.8}$$

Bisweilen werden in den Anwendungen in einem linearen Raum E zwei verschiedene Normen nebeneinander betrachtet. Zwei solcher Normen $\|\ \|_1$ und $\|\ \|_2$ heißen ä q u i v a l e n t, wenn es positive Konstanten c_1 und c_2 gibt, so daß

$$c_1\|u\|_1 \leqslant \|u\|_2 \leqslant c_2\|u\|_1 \qquad \forall\, u \in E \, . \tag{1.9}$$

In einem unendlichdimensionalen Raum brauchen zwei Normen nicht äquivalent zu sein. Dagegen gilt

Satz 1.1 *In einem endlichdimensionalen Raum* E *sind je zwei Normen* $\|\ \|_1$ *und* $\|\ \|_2$ *miteinander äquivalent.*

B e w e i s. Der Raum E habe die Dimension n. Dann kann nach Wahl einer Basis v_1, $\ldots, v_n$ jedes $u \in E$ in der Form $u = \xi_1 v_1 + \ldots + \xi_n v_n$ dargestellt werden, und

$$|u| = (\xi_1^2 + \ldots + \xi_n^2)^{1/2}$$

ist eine spezielle Norm in E. Offenbar genügt es zu zeigen, daß jede andere Norm $\| \ \|$
mit der Norm $| \ |$ äquivalent ist. Es sei also $\| \ \|$ eine gegebene Norm. Wir setzen

$$f(\xi_1, \ldots, \xi_n) = \| \xi_1 v_1 + \ldots + \xi_n v_n \| \ .$$

Offensichtlich ist f eine nichtnegative Funktion $\mathbf{R}^n \to \mathbf{R}$. Außerdem ist sie stetig. Denn
für $u = \xi_1 v_1 + \ldots + \xi_n v_n$ und $v = \eta_1 v_1 + \ldots + \eta_n v_n$ ist nach (1.4)

$$|f(\xi_1, \ldots, \xi_n) - f(\eta_1, \ldots, \eta_n)| = |\, \| u \| - \| v \| \,| \leqslant \| u - v \|$$

$$\leqslant \sum_{j=1}^{n} |\xi_j - \eta_j| \, \| v_j \| \ ,$$

woraus die Stetigkeit folgt.

Es bezeichne nun m und M das Minimum bzw. Maximum von $f(\xi_1, \ldots, \xi_n)$ auf der
Oberfläche der Einheitskugel im $\mathbf{R}^n$, d. h. auf

$$\xi_1^2 + \ldots + \xi_n^2 = 1 \ .$$

Dabei ist $m > 0$, da f nichtnegativ ist und der Funktionswert null nur für $\xi_1 = \ldots =$
$\xi_n = 0$ angenommen wird. Also ist zunächst $m \leqslant \| u \| \leqslant M$ für alle $u \in E$ mit $| u | = 1$,
und daher allgemeiner

$$m | u | \leqslant \| u \| \leqslant M | u | \qquad \forall u \in E \ .$$

Es ist also jede Norm $\| \ \|$ mit der speziellen Norm $| \ |$ äquivalent. Daher sind auch zwei
beliebige Normen $\| \ \|_1$ und $\| \ \|_2$ miteinander äquivalent. $\qquad\qquad\qquad\qquad$ □

1.1.3 Lineare Operatoren

Abbildungen A aus einem linearen Raum E in einen im allgemeinen anderen linearen
Raum E$'$ werden auch als Operatoren bezeichnet. Dabei ist A unter Umständen nur für
Elemente aus einer Teilmenge $D(A) \subset E$ definiert, dem Definitionsbereich von A.

Eine Abbildung $A : D(A) \to E'$ heißt linear, wenn erstens $D(A)$ ein linearer Unterraum
von E ist, und wenn zweitens für beliebige $u, v \in D(A)$ und beliebige $\alpha, \beta \in \mathbf{R}$ stets

$$A(\alpha u + \beta v) = \alpha \, Au + \beta \, Av$$

gilt.

Eine Abbildung $A : E \to E'$ heißt E i n b e t t u n g von E in E$'$, wenn jedes Bildelement
$Au \in E'$ nur ein einziges Urbild in E besitzt. Die Einbettung heißt linear, wenn A zugleich ein linearer Operator ist.

Wir betrachten nun zwei normierte lineare Räume mit den Normen $\| \ \|_1$ und $\| \ \|_2$. Ein
Operator $A : E_1 \to E_2$ heißt bekanntlich b e s c h r ä n k t, wenn es eine positive Konstante c gibt, so daß

$$\| Au \|_2 \leqslant c \| u \|_1 \qquad \forall u \in E_1 \ .$$

Der Operator A heißt s t e t i g, wenn für eine beliebige Folge $u_1, u_2, \ldots$ aus E_1, die in der Norm gegen ein $u \in E_1$ konvergiert, $\| u_n - u \|_1 \to 0$ für $n \to \infty$, stets auch $\| Au_n - Au \|_2 \to 0$ für $n \to \infty$ folgt. Für einen linearen Operator A gilt bekanntlich: Ist A beschränkt, so ist A auch stetig und umgekehrt. Insbesondere ist also eine lineare Einbettung $A : E_1 \to E_2$ eines normierten Raumes E_1 in einen normierten Raum E_2 genau dann stetig, wenn der Einbettungsoperator A beschränkt ist.

Es sei nun E ein linearer Raum mit innerem Produkt $(\; , \;)$ und zugehöriger Norm $\| \; \|$, und es sei A ein linearer Operator, der E in sich abbildet. Ein solcher Operator A heißt s y m m e t r i s c h, wenn

$$(Au, v) = (u, Av) \qquad \forall\, u, v \in E. \tag{1.10}$$

A heißt n i c h t n e g a t i v, wenn

$$(Au, u) \geqslant 0 \qquad \forall\, u \in E. \tag{1.11}$$

A heißt p o s i t i v, wenn

$$(Au, u) > 0 \qquad \forall\, u \in E, u \neq 0. \tag{1.12}$$

Existiert eine positive Konstante α mit

$$(Au, u) \geqslant \alpha \| u \|^2, \qquad \forall\, u \in E, \tag{1.13}$$

so heißt A p o s i t i v   d e f i n i t. Wir werden speziell auch Operatoren A zu betrachten haben, die zwar in E nur nicht negativ, aber in einem linearen Unterraum $U \subset E$ positiv oder auch positiv definit sind.

Zunächst aber betrachten wir ganz allgemein in einem linearen Raum E mit einem Unterraum U eine Abbildung $P : E \to U$.

Die Abbildung $P : E \to U$ heißt P r o j e k t i o n von E auf U, wenn

   (1) P linear

   (2) $Pu = u \qquad \forall\, u \in U.$

Projektionsoperatoren treten u. a. in folgendem Zusammenhang auf: Es sei E d i r e k t e   S u m m e $U \oplus V$ von zwei linearen Unterräumen U und V, d. h. jedes Element $w \in E$ sei auf genau eine Weise darstellbar in der Form

$$w = u + v \qquad \text{mit } u \in U, v \in V.$$

Offensichtlich sind dann durch $Pw = u$ und $Qw = v$ zwei lineare Abbildungen $P : E \to U$ und $Q : E \to V$ definiert. P und Q sind Projektionsoperatoren. Sie hängen zusammen durch $Q = I - P$ bzw. $P = I - Q$. (Dabei ist I der „identische Operator" mit $Iw = w$ für alle $w \in E$.)

Ist E ein linearer Raum mit innerem Produkt $(\; , \;)$, und ist E direkte Summe $U \oplus V$ von zwei o r t h o g o n a l e n   U n t e r r ä u m e n, dann werden P und Q als o r t h o g o n a l e   P r o j e k t i o n e n auf U bzw. V bezeichnet.

Wir werden vor allem auch l i n e a r e D i f f e r e n t i a l o p e r a t o r e n zu betrachten haben und verwenden dabei folgende Notation: Es bezeichne $x = (x_1, \ldots, x_N)$ Punkte im $\mathbf{R}^N$, und es bezeichne $\alpha = (\alpha_1, \ldots, \alpha_N)$ N-tupel von nichtnegativen ganzen Zahlen. Es wird dann

$$D^\alpha = \frac{\partial^{|\alpha|}}{\partial x_1^{\alpha_1} \ldots \partial x_N^{\alpha_N}}, \qquad |\alpha| = \alpha_1 + \ldots + \alpha_N \tag{1.14}$$

gesetzt. Es ist also D^α ein p a r t i e l l e r D i f f e r e n t i a l o p e r a t o r der Ordnung $|\alpha|$. Ein linearer Differentialoperator $L(\ )$ der Ordnung r kann dann in der Gestalt

$$L(\ ) = \sum_{0 \leqslant |\alpha| \leqslant r} a_\alpha D^\alpha$$

geschrieben werden, wobei über alle Multiindizes α mit $0 \leqslant |\alpha| \leqslant r$ zu summieren ist. Wenn für einen solchen Differentialoperator $L(\ )$ der Definitionsbereich nicht näher verabredet ist, dann wird er als f o r m a l e r D i f f e r e n t i a l o p e r a t o r bezeichnet.

Beispiele formaler Differentialoperatoren im $\mathbf{R}^2$ sind etwa der L a p l a c e s c h e D i f f e r e n t i a l o p e r a t o r

$$\Delta = \frac{\partial^2}{\partial x^2} + \frac{\partial^2}{\partial y^2}$$

oder der B i p o t e n t i a l o p e r a t o r

$$\Delta\Delta = \frac{\partial^4}{\partial x^4} + \frac{\partial^4}{\partial x^2 \partial y^2} + \frac{\partial^4}{\partial y^2 \partial x^2} + \frac{\partial^4}{\partial y^4}.$$

(Hierbei ist x, y statt x_1, x_2 geschrieben.) Verabredet man im ersten Beispiel etwa $C^2(G)$ als Definitionsbereich, so ist durch $A = \Delta$ ein Operator $C^2(G) \to C(G)$ definiert. Dieser Definitionsbereich erweist sich allerdings als zu eng. Wir kommen darauf in den nächsten Abschnitten zurück.

1.1.4 Starke und schwache Konvergenz. Vollständige Räume

In einem linearen Raum E mit innerem Produkt $(\ ,\ )$ und zugehöriger Norm $\|\ \|$ hat man bekanntlich zwei Konvergenzbegriffe zur Verfügung: Eine Folge $u_1, u_2, \ldots$ aus E heißt s t a r k k o n v e r g e n t gegen das Element $u \in E$ (oder auch k o n v e r g e n t i n d e r N o r m $\|\ \|$), wenn

$$\lim_{n \to \infty} \|u_n - u\| = 0.$$

Die Folge heißt s c h w a c h k o n v e r g e n t gegen u, wenn

$$\lim_{n \to \infty} (u_n - u, v) = 0 \qquad \forall\, v \in E.$$

Im ersten Fall heißt u starker Limes, im zweiten Fall schwacher Limes der betrachteten
Folge. Eine stark konvergente Folge ist stets auch schwach konvergent. Dies folgt sofort
aus der Schwarzschen Ungleichung (1.6) in der Form

$$| (u_n - u, v) | \leqslant \| u_n - u \| \, \| v \| .$$

Außerdem folgt aus (1.4), angewandt in der Form $| \, \| u_n \| - \| u \| \, | \leqslant \| u_n - u \|$, sofort
auch

$$\lim_{n \to \infty} \| u_n \| = \| u \| . \tag{1.15}$$

Umgekehrt ist aber eine schwach konvergente Folge nicht ohne weiteres auch stark konvergent. Vielmehr gilt aufgrund der Identität

$$\| u_n - u \|^2 = \| u_n \|^2 - \| u \|^2 - 2 (u_n - u, u)$$

folgendes: Eine schwach konvergente Folge $u_1, u_2, \ldots$ mit dem schwachen Limes u ist
genau dann auch stark konvergent gegen dasselbe Element u, wenn (1.15) erfüllt ist.
Sind $u_1, u_2, \ldots$ und $v_1, v_2, \ldots$ stark konvergente Folgen mit den Limites u und v, so
ist auch

$$\lim_{n \to \infty} (u_n, v_n) = (u, v) . \tag{1.16}$$

Dies gilt übrigens sogar schon unter der schwächeren Voraussetzung, daß die eine der
beiden Folgen, etwa $u_1, u_2, \ldots$, nur schwach konvergent aber gleichmäßig beschränkt
ist, d. h., daß $\| u_j \| \leqslant M$ für alle $j = 1, 2, \ldots$. Denn dann ist

$$| (u_n - u, v_n - v) | \leqslant \| u_n - u \| \, \| v_n - v \| \leqslant (M + \| u \|) \, \| v_n - v \| ,$$

wobei die rechte Seite gegen Null geht für $n \to \infty$. Damit geht dann auch in der Identität

$$(u_n, v_n) - (u, v) = (u_n - u, v_n - v) + (u_n - u, v) + (u, v_n - v)$$

die rechte Seite gegen Null für $n \to \infty$, und es folgt (1.16).
Eine stark konvergente Folge $u_1, u_2, \ldots$ mit dem Limes u ist immer auch eine
C a u c h y f o l g e, d. h., es ist

$$\| u_m - u_n \| \to 0 \text{ für } m, n \to \infty .$$

Dies folgt unmittelbar aus der Dreieckungleichung, angewandt in der Form $\| u_m - u_n \|$
$\leqslant \| u_m - u \| + \| u - u_n \|$.
Umgekehrt ist aber eine Cauchyfolge $u_1, u_2, \ldots$ nicht ohne weiteres eine konvergente
Folge mit Limes u in E. Immerhin gilt folgendes: Falls eine Teilfolge $u_1', u_2', \ldots$ gegen
$u \in E$ konvergiert, dann konvergiert die gesamte Folge $u_1, u_2, \ldots$ gegen u. Dies ergibt
sich wiederum sehr einfach aus der Dreieckungleichung, angewandt in der Form
$\| u_n - u \| \leqslant \| u_n - u_m' \| + \| u_m' - u \|$.
Bei konstruktiven Verfahren zur Lösung eines Problems erhält man häufig eine Folge

$u_1, u_2, \ldots$ von Näherungen, die eine Cauchyfolge bildet. Es ist dann die Frage, ob die Folge in dem zugrunde gelegten Raum E einen Limes besitzt.

Ein normierter linearer Raum E heißt v o l l s t ä n d i g, wenn jede Cauchyfolge aus E eine in E konvergente Folge ist.

Ein normierter linearer Raum E endlicher Dimension n ist immer vollständig: Zunächst ist E nämlich ein vollständiger Raum bezüglich der im Beweis von Satz 1.1 eingeführten speziellen Norm

$$| \, u \, | = (\xi_1^2 + \ldots + \xi_n^2)^{1/2} \, ,$$

der eine Basisdarstellung $u = \xi_1 v_1 + \ldots + \xi_n v_n$ zugrunde liegt. Der $\mathbf{R}^n$, versehen mit der E u k l i d i s c h e n   N o r m $| \, x \, | = (\xi_1^2 + \ldots + \xi_n^2)^{1/2}$, ist aber ein vollständiger Raum. Da nun in einem endlichdimensionalen Raum alle Normen äquivalent sind, ist E vollständig bezüglich aller Normen in E.

Bei unendlichdimensionalen Räumen liegen die Dinge anders.

Beispiel 1.1 In dem linearen Raum $C[0, 1]$ ist durch

$$\| \, u \, \|_\infty = \max_{x \in [0, 1]} | \, u(x) \, | \tag{1.17}$$

eine Norm definiert, die sog. M a x i m u m n o r m. Der so normierte Raum $C[0, 1]$ ist ein vollständiger Raum. Ist nämlich $u_1, u_2, \ldots$ eine Cauchyfolge,

$$\max_{x \in [0, 1]} | \, u_m(x) - u_n(x) \, | \to 0 \qquad \text{für } m, n \to \infty \, ,$$

dann hat man gleichmäßige Konvergenz der Folge gegen eine in $[0, 1]$ stetige Grenzfunktion.

Beispiel 1.2 In dem linearen Raum $C[0, 1]$ ist auch durch

$$(u, v) = \int_0^1 u \, v \, d \, x, \qquad \| \, u \, \| = (u, u)^{1/2} \tag{1.18}$$

eine Norm $\| \, \|$ definiert. Der Raum $C[0, 1]$ ist aber bezüglich dieser Norm nicht vollständig. Man kann nämlich leicht Cauchyfolgen von Funktionen aus $C[0, 1]$ konstruieren, die zwar in der Norm $\| \, \|$ konvergieren, aber nicht gegen eine Funktion aus $C[0, 1]$, sondern nur aus $D[0, 1]$. So konvergiert beispielsweise die Folge $u_1, u_2, \ldots$ der Funktionen

$$u_n(x) = \begin{cases} (2 \, x)^n & \text{für } 0 \leqslant x < \dfrac{1}{2} \\ 1 & \text{für } \dfrac{1}{2} \leqslant x \leqslant 1 \end{cases}$$

gegen die unstetige Grenzfunktion u mit

$$u(x) = 0 \ \text{ für } 0 \leqslant x < \frac{1}{2} \, , \qquad u(x) = 1 \ \text{ für } \frac{1}{2} \leqslant x \leqslant 1 \, .$$

Ein linearer Raum E mit innerem Produkt (,) und zugehöriger Norm ‖ ‖ heißt H i l b e r t r a u m, wenn er bezüglich dieser Norm vollständig ist. Im anderen Falle wird er als P r ä h i l b e r t r a u m bezeichnet.

Der Raum C[0, 1], versehen mit dem in (1.18) definierten inneren Produkt (,) und der zugehörigen Norm ist also nur ein Prähilbertraum.

Die Bezeichnung Prähilbertraum wird dadurch gerechtfertigt, daß man jeden Prähilbertraum E zu einem Hilbertraum H erweitern kann, und zwar unter Erhaltung von innerem Produkt und Norm auf E.

Die Methode, mit deren Hilfe man einen Prähilbertraum zu einem Hilbertraum v e r - v o l l s t ä n d i g e n — oder wie man auch sagt — a b s c h l i e ß e n kann, wird in den Lehrbüchern der Funktionalanalysis ausführlich dargestellt (H e u s e r [1]).

Wegen der grundsätzlichen Bedeutung für das Verständnis der Variationsmethoden soll der Grundgedanke der V e r v o l l s t ä n d i g u n g kurz in Erinnerung gebracht werden.

Vorab erinnern wir an folgende Definition: Eine Teilmenge M eines normierten, linearen Raumes E heißt in E d i c h t, wenn jedes Element $u \in E$ starker Limes einer geeignet gewählten Folge $u_1, u_2, \ldots$ aus M ist.

1.1.5 Vervollständigung von normierten linearen Räumen

E sei ein normierter, aber nicht vollständiger linearer Raum. Man betrachtet dann die Menge aller Cauchyfolgen aus E. Zwei Cauchyfolgen $u_1, u_2, \ldots$ und $v_1, v_2, \ldots$ werden ä q u i v a l e n t genannt, wenn die Folge $u_1 - v_1, u_2 - v_2, \ldots$ eine Nullfolge ist,

$$\| u_n - v_n \| \to 0 \qquad \text{für } n \to \infty .$$

Man bestätigt leicht, daß es sich wirklich um eine Äquivalenzrelation handelt. Die Klassen äquivalenter Cauchyfolgen seien mit $\tilde{u}, \tilde{v}, \ldots$ bezeichnet. Enthält eine Äquivalenzklasse $\tilde{u}$ eine konvergente Folge, so konvergieren alle Folgen aus $\tilde{u}$, und zwar gegen denselben Limes u. Konvergente Folgen aus verschiedenen Äquivalenzklassen $\tilde{u}$ und $\tilde{v}$ haben verschiedene Limites u und v. Da E nach Voraussetzung nicht vollständig ist, gibt es aber auch Äquivalenzklassen $\tilde{w}$, deren Folgen in E keinen Limes besitzen.

Man faßt nun $\tilde{u}, \tilde{v}, \tilde{w}, \ldots$ als Elemente eines neuen linearen Raumes $\tilde{E}$ auf. Addition und skalare Multiplikation sind dabei wie folgt definiert: Sind $u_1, u_2, \ldots$ und $v_1, v_2, \ldots$ Folgen aus $\tilde{u}$ bzw. $\tilde{v}$, so ist $\tilde{u} + \tilde{v}$ die Klasse, der die Cauchyfolge $u_1 + v_1, u_2 + v_2, \ldots$ angehört, und $\alpha\tilde{u}$ die Klasse, der die Cauchyfolge $\alpha u_1, \alpha u_2, \ldots$ angehört. Die Definition ist unabhängig von der Wahl der Repräsentanten aus $\tilde{u}$ bzw. $\tilde{v}$. Der lineare Raum $\tilde{E}$ wird wie folgt normiert: Es sei $u_1, u_2, \ldots$ eine Folge aus $\tilde{u}$. Man setzt

$$\| \tilde{u} \| = \lim_{n \to \infty} \| u_n \| . \tag{1.19}$$

Dieser Limes existiert. Denn nach (1.4) ist

$$0 \leqslant |\, \| u_n \| - \| u_m \| \,| \leqslant \| u_n - u_m \| .$$

D. h., auch die Zahlen $\| u_n \|$ bilden eine Cauchyfolge und damit eine konvergente Folge. Man bestätigt leicht, daß die Definition (1.19) von der Wahl des Repräsentanten aus $\tilde{u}$ unabhängig ist und $\| \ \|$ alle Eigenschaften einer Norm in $\tilde{E}$ besitzt. Wenn in E auch ein inneres Produkt $(\ ,\ )$ definiert ist, d. h., wenn E ein Prähilbertraum ist, dann kann man auch in $\tilde{E}$ ein inneres Produkt einführen: Es seien $u_1, u_2, \ldots$ und $v_1, v_2, \ldots$ Folgen aus $\tilde{u}$ bzw. $\tilde{v}$. Man setzt

$$(u, v) = \lim_{n \to \infty} (u_n, v_n) \ . \tag{1.20}$$

Der Limes existiert. Dies folgt aus der Identität (1.8), angewandt in der Form

$$(u_n, v_n) = \frac{1}{4} \| u_n + v_n \|^2 - \frac{1}{4} \| u_n - v_n \|^2 \ ,$$

worin die rechte Seite für $n \to \infty$ konvergiert. Wiederum bestätigt man leicht, daß die Definition von der Wahl der Repräsentanten nicht abhängt, und daß $(\tilde{u}, \tilde{v})$ alle Eigenschaften eines inneren Produktes in $\tilde{E}$ besitzt. Der entscheidende Punkt ist nun, daß $\tilde{E}$ bezüglich der Norm $\| \ \|$ ein vollständiger Raum ist. Hierfür sei auf Lehrbücher der Funktionalanalysis verwiesen. Wir wollen uns hier nur noch klarmachen, daß man E als linearen Unterraum von $\tilde{E}$ auffassen kann.

Zunächst bilden die Klassen $\tilde{u} \in \tilde{E}$, die aus konvergenten Folgen bestehen, einen linearen Unterraum $\tilde{E}'$ von $\tilde{E}$. Man kann zeigen, daß dieser Unterraum in $\tilde{E}$ dicht liegt.

Ist nun $\tilde{u}$ irgend eine Klasse äquivalenter, konvergenter Folgen mit dem gemeinsamen Limes $u \in E$, dann enthält $\tilde{u}$ insbesondere auch die sogenannte stationäre Folge $u, u, \ldots$. Wählt man dann für zwei gegebene Elemente $\tilde{u} \in \tilde{E}'$ und $\tilde{v} \in \tilde{E}'$ jeweils die stationären Folgen $u, u, \ldots$ und $v, v, \ldots$ als Repräsentanten, so folgt aus (1.19) und (1.20) sofort

$$\| \tilde{u} \| = \| u \| \ , \qquad (\tilde{u}, \tilde{v}) = (u, v) \ . \tag{1.21}$$

Über die stationären Folgen $u, u, \ldots$ sind die Elemente $u \in E$ umkehrbar eindeutig auf die Klassen $\tilde{u} \in \tilde{E}'$ abgebildet. Die Abbildung ist offensichtlich linear. Wegen (1.21) und der Linearität der Abbildung können die beiden Räume E und $\tilde{E}'$ bezüglich ihrer linearen Struktur und ihrer Normierung nicht unterschieden werden. Insbesondere gilt für die Abstände zweier Elemente, gemessen mit Hilfe der Norm, $\| u - v \| = \| \tilde{u} - \tilde{v} \|$. Man sagt daher, die linearen Räume E und $\tilde{E}'$ seien l i n e a r   i s o m e t r i s c h. Das vollständige Ergebnis der Konstruktion lautet dann im Falle eines Prähilbertraumes:

Satz 1.2 *Zu jedem Prähilbertraum E gibt es bis auf lineare Isometrie genau einen Hilbertraum H mit folgenden Eigenschaften: E ist linear isometrisch zu einem linearen Unterraum $E' \subset H$, der in H dicht liegt.*

Das Rechnen mit Elementen aus dem durch Vervollständigung gewonnenen Hilbertraum H kann also immer als ein Rechnen mit Cauchyfolgen aus E interpretiert werden. Ein Element $\tilde{u} \in H$ wird dabei repräsentiert, indem man eine spezielle Cauchyfolge aus $\tilde{u}$ angibt. Mitunter kennt man aber auch einen konkreten, auf andere Weise definierten Hilbertraum H mit einem dichten Unterraum E', der mit dem Prähilbertraum E linear isometrisch ist. Es kann dann zweckmäßig sein, die Elemente aus E mit den Elementen aus E' zu identifizieren und E als Unterraum von H aufzufassen. Wir werden von dieser Möglichkeit in Abschn. 1.1.6 Gebrauch machen.

1.1.6 Die Räume $L_2(G)$, $H^k(G)$ und $H_0^k(G)$

Wie üblich bezeichne $L_2(G)$ den Raum der meßbaren, im Sinne von Lebesgue quadratisch integrierbaren Funktionen. $L_2(G)$ ist bekanntlich ein Hilbertraum bezüglich

$$(u, v)_0 = \int_G u \, v \, d x \, , \qquad \| u \|_0 = (u, u)_0^{1/2} \, . \tag{1.22}$$

Es wird vorausgesetzt, daß dem Leser die Grundeigenschaften des Raumes $L_2(G)$ sowie auch der Räume $H^k(G)$ und $H_0^k(G)$ bekannt sind, deren Eigenschaften — soweit sie benötigt werden — hier kurz zusammengestellt werden. Für eine ausführlichere Darstellung muß auf Lehrbücher der Funktionalanalysis verwiesen werden.

Es sei G ein beschränktes Gebiet im $\mathbf{R}^N$ mit den Punkten $x = (x_1, \ldots, x_N)$, und es bezeichne $C^\infty(G)$ den linearen Raum der Funktionen, die für alle $k = 1, 2, \ldots$ zu $C^k(G)$ gehören. Ferner bezeichne $C_0^\infty(G)$ den Raum der sog. T e s t f u n k t i o n e n. Das sind die Funktionen $\varphi \in C^\infty(G)$, die in einem Randstreifen von G identisch Null sind. Genauer gibt es zu jedem $\varphi \in C_0^\infty(G)$ ein (individuell verschiedenes) Gebiet G_0 mit $\overline{G}_0 \subset G$, so daß $\varphi(x) = 0$ außerhalb $\overline{G}_0$ ist.

Die beiden Räume $C(\overline{G})$ und $C_0^\infty(G)$, versehen mit dem inneren Produkt $(\ , \ )_0$ und der Norm $\| \ \|_0$ gemäß (1.22), sind nur Prähilberträume. (Man kann dies ganz ähnlich einsehen wie für $C[0, 1]$, Beispiel 1.2.) Aber man kann sie nach Abschn. 1.1.5 zu Hilberträumen vervollständigen.

Es bezeichne $H^0(G)$ die Vervollständigung von $C(\overline{G})$ sowie $H_0^0(G)$ die Vervollständigung von $C_0^\infty(G)$, und zwar beide Male bezüglich der Norm $\| \ \|_0$. Dann besteht folgender Sachverhalt, den wir ohne Beweis zitieren.

Satz 1.3 *Der lineare Raum $C_0^\infty(G)$ der Testfunktionen ist bezüglich der Norm $\| \ \|_0$ in jedem der drei Räume $H^0(G)$, $H_0^0(G)$ und $L_2(G)$ ein dichter Unterraum. Es ist daher im Sinne linearer Isometrie*

$$H^0(G) = H_0^0(G) = L_2(G) \, .$$

Man kann also ein Element u aus $H^0(G)$ einerseits dadurch repräsentieren, daß man aus der Klasse äquivalenter Cauchyfolgen aus $C(\overline{G})$ eine spezielle Folge angibt. Man kann aber u nach Satz 1.3 auch mit einer Funktion aus $L_2(G)$ identifizieren.

Aus der Tatsache, daß $C_0^\infty(G)$ in $L_2(G)$ dicht liegt, folgt unmittelbar auch

Satz 1.4 *Für ein Element $u \in L_2(G)$ gelte*

$$(u, \varphi)_0 = \int_G u \, \varphi \, dx = 0 \qquad \forall \ \varphi \in C_0^\infty(G) \, . \tag{1.23}$$

Dann ist u die Nullfunktion.

B e w e i s. Man kann u in der Norm $\| \ \|_0$ durch eine Folge $\varphi_1, \varphi_2, \ldots$ von Testfunktionen approximieren. Nach (1.23) erhält man dann

$$(u, u)_0 = \lim_{n \to \infty} (u, \varphi_n)_0 = 0 \ .$$

Daraus folgt $\| u \|_0 = 0$ sowie wie behauptet $u = 0$. $\hfill \square$

Wir betrachten nun allgemeiner für $k \geqslant 1$ die linearen Räume $C^k(\overline{G})$ und $C_0^\infty(G)$, versehen mit dem inneren Produkt

$$(u, v)_k = (u, v)_0 + \sum_{1 \leqslant |\alpha| \leqslant k} (D^\alpha u, D^\alpha v)_0 \tag{1.24}$$

sowie der Norm

$$\| u \|_k = (u, u)_k^{1/2} \ . \tag{1.25}$$

Diese Räume sind nicht vollständig.

Es bezeichne $H^k(G)$ und $H_0^k(G)$ die Vervollständigungen von $C^k(\overline{G})$ bzw. $C_0^\infty(G)$ bezüglich der Norm $\| \ \|_k$. Offensichtlich ist $H_0^k(G)$ ein Unterraum von $H^k(G)$.

Zunächst sind die Elemente von $H^k(G)$ als Klassen äquivalenter Cauchyfolgen aus $C^k(G)$ definiert. Ist $u_1, u_2, \ldots$ eine spezielle Cauchyfolge, so folgt aus $\| u_m - u_n \|_k \to 0$ für $m, n \to \infty$ insbesondere auch

$$\| u_m - u_n \|_0 \to 0 \ , \quad \| D^\alpha u_m - D^\alpha u_n \|_0 \to 0 \quad \text{für } m, n \to \infty$$

mit $1 \leqslant |\alpha| \leqslant k$. Es besitzen also die Folge $u_1, u_2, \ldots$ sowie die Folgen $D^\alpha u_1, D^\alpha u_2, \ldots$ der partiellen Ableitungen Limites in $H^0(G) = L_2(G)$. Wir wollen die Limites als Elemente von $L_2(G)$ auffassen und mit u bzw. $D^\alpha u$ bezeichnen.

Die $D^\alpha u$ werden als s t a r k e A b l e i t u n g e n von u bezeichnet. Diese Definition wird dadurch gerechtfertigt, daß der Grenzwert $D^\alpha u$ unabhängig von der Wahl der Cauchyfolge $u_1, u_2, \ldots$ ist, die das Element u repräsentiert. Um dies einzusehen, betrachtet man zweckmäßig noch die sog. s c h w a c h e n A b l e i t u n g e n einer Funktion $u \in L_2(G)$.

Eine Funktion $u^{(\alpha)} \in L_2(G)$ heißt schwache Ableitung von u, wenn

$$\int_G u^{(\alpha)} \varphi \, dx = (-1)^{|\alpha|} \int_G u \, D^\alpha \varphi \, dx \quad \forall \, \varphi \in C_0^\infty(G) \ . \tag{1.26}$$

Falls ein solches $u^{(\alpha)}$ existiert, ist es eindeutig bestimmt. Ist nämlich $v^{(\alpha)}$ ein zweites Element mit der Eigenschaft (1.26), so folgt

$$\int_G (u^{(\alpha)} - v^{(\alpha)}) \, \varphi \, dx = 0 \quad \forall \, \varphi \in C_0^\infty(G)$$

und damit $u^{(\alpha)} = v^{(\alpha)}$ nach Satz 1.4.

Es folgt nun leicht: Die Limites $D^\alpha u$ sind auch schwache Ableitungen und daher eindeutig bestimmt. Ist nämlich $u_1, u_2, \ldots$ die oben betrachtete Cauchyfolge, die das Element $u \in H^k(G)$ repräsentiert, dann folgt zunächst mit Hilfe partieller Integration

$$\int_G D^\alpha u_n \varphi \, dx = (-1)^{|\alpha|} \int_G u_n D^\alpha \varphi \, dx \qquad \forall \, \varphi \in C_0^\infty(G) \; .$$

Für jedes feste φ erhält man aber für $n \to \infty$

$$\int_G D^\alpha u \, \varphi \, dx = (-1)^{|\alpha|} \int_G u \, D^\alpha \varphi \, dx \; .$$

Das heißt, $D^\alpha u$ ist in der Tat auch schwache Ableitung und damit eindeutig bestimmt. Man kann Funktionen aus $C^k(\overline{G})$ auch als Funktionen aus $C^{k-1}(G)$ auffassen. Auf diese Weise ist eine natürliche lineare Einbettung von $C^k(\overline{G})$ in $C^{k-1}(\overline{G})$ gegeben. Wegen $\| u \|_{k-1} \leqslant \| u \|_k$ ist sie stetig. Dies überträgt sich auch auf die Vervollständigungen: Jedes $u \in H^k(G)$ kann in natürlicher Weise als Element aus $H^{k-1}(G)$ aufgefaßt werden. Diese Abbildung $H^k(G) \to H^{k-1}(G)$ ist linear. Sie ist umkehrbar, da die starken Ableitungen (speziell $D^\alpha u$ mit $|\alpha| = k$) eindeutig bestimmt sind. Es gilt daher

Satz 1.5 *Für* $k \geqslant 1$ *ist*

$$H^k(G) \subset H^{k-1}(G) \quad sowie \quad H_0^k(G) \subset H_0^{k-1}(G) \tag{1.27}$$

im Sinne stetiger Einbettung.

1.1.7 Gebiete mit regulärem Rand

In diesem Abschnitt soll präzisiert werden, was im weiteren unter einem Gebiet mit regulärem Rand verstanden werden soll.

Gebiete mit regulärem Rand sollen zunächst die sog. S e g m e n t e i g e n s c h a f t besitzen, die bei der Frage eine Rolle spielt, in welchem Sinne man bei Funktionen aus $H^k(G)$ von Werten auf dem Rande ∂G sprechen kann.

Zur Formulierung der Segmenteigenschaft betrachten wir zunächst ein Randstück Γ folgender Art: Es sei (eventuell nach Umnumerieren der Variablen $x_1, \ldots, x_N$) darstellbar in der Form

$$x_1 = f(x_2, \ldots, x_N) \; , \quad |x_j - x_j^0| \leqslant \alpha \qquad (j = 2, \ldots, N) \tag{1.28}$$

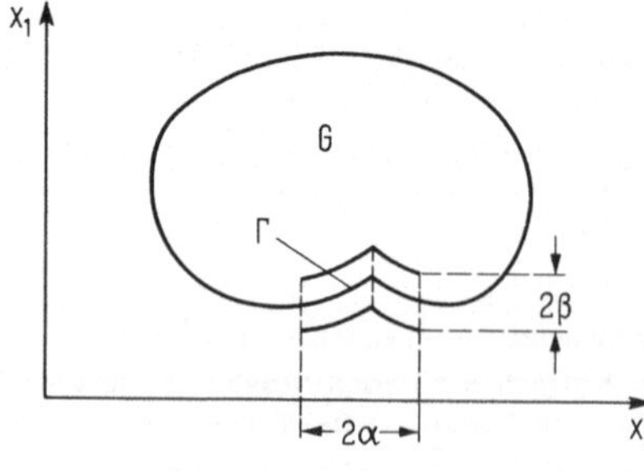

Fig. 1.1
Zur Segmentbedingung

mit stetigem f. Wir setzen $\Omega = \{(x_2, \ldots, x_N)/|x_j - x_j^0| < \alpha\}$. Man sagt nun, daß Γ die Segmenteigenschaft besitzt, wenn es ein $\beta > 0$ folgender Art gibt: Für jedes $x' = (x_2, \ldots, x_N) \in \overline{\Omega}$ liegen die Punkte $x = (\xi_1, x_2, \ldots, x_N)$ für $x_1 < \xi_1 < x_1 + \beta$ alle in G und für $x_1 - \beta < \xi_1 < x_1$ alle außerhalb von $\overline{G}$, oder umgekehrt (Fig. 1.1).

Damit man auf Γ vom Vektor der äußeren Normalen sprechen kann, muß f gewisse Differenzierbarkeitseigenschaften besitzen. Wir wollen voraussetzen, daß Γ stückweise glatt ist, d. h., daß $f \in D^1(\overline{\Omega})$ ist. Insbesondere sind dann die ersten partiellen Ableitungen von f in $\overline{\Omega}$ beschränkt.

Unter einem Gebiet G mit r e g u l ä r e m   R a n d wollen wir künftig folgendes verstehen: Der Rand ∂G kann durch endlich viele Randstücke $\Gamma_1, \ldots, \Gamma_r$ der Art (1.28) überdeckt werden, die alle mit demselben α und β die Segmenteigenschaft besitzen und außerdem stückweise glatt sind.

1.1.8 Annahme von Randwerten

Wir wollen nun kurz daran erinnern, in welchem Sinne man bei einer Funktion aus $H^k(G), k \geqslant 1$, von Randwerten der Funktion u sowie ihrer Ableitungen $D^\alpha u$ der Ordnungen $|\alpha| \leqslant k - 1$ sprechen kann.

Grundlegend ist dabei folgende Ungleichung: Ist G ein beschränktes Gebiet mit regulärem Rand, dann gibt es eine nur von G abhängige Konstante c mit

$$\left(\int_{\partial G} u^2 dS \right)^{1/2} \leqslant c \, \| u \|_1 \qquad \forall u \in C^1(\overline{G}) \; . \tag{1.29}$$

Rechts tritt die Gebietsnorm $\| \; \|_1$ von $H^1(G)$ auf. Die linke Seite kann als Norm des Raumes der auf dem Rande definierten Funktionen aus $L_2(\partial G)$ aufgefaßt werden. Jede Cauchyfolge aus $C^1(\overline{G})$ mit der Norm $\| \; \|_1$ ist dann nach (1.29) auch eine Cauchyfolge in der Randnorm und definiert ein Element aus $L_2(\partial G)$. Auf diese Weise gelangt man allgemeiner zu

Satz 1.6 *Es sei G ein beschränktes Gebiet mit regulärem Rand. Dann gilt mit einer nur vom Gebiet G abhängigen Konstanten c für alle* $u \in C^k(\overline{G})$ *und* $|\alpha| \leqslant k - 1$

$$\left(\int_{\partial G} |D^\alpha u|^2 dS \right)^{1/2} \leqslant c \| D^\alpha u \|_1 \; , \tag{1.30}$$

und es gibt eindeutig bestimmte, stetige lineare Abbildungen $T^\alpha : H^k(G) \to L_2(\partial G)$ *mit der Eigenschaft* $T^\alpha u = D^\alpha u \, |_{\partial G}$ *für alle* $u \in C^k(\overline{G})$ *und* $|\alpha| \leqslant k - 1$.

Für $u \in C^k(\overline{G})$ sind also $T^\alpha u$ einfach die Randwerte im gewöhnlichen Sinn. Man definiert nun allgemeiner für $u \in H^k(G)$ die Randwerte durch $T^\alpha u$, $|\alpha| \leqslant k - 1$, und schreibt dafür auch $D^\alpha u \, |_{\partial G}$.

Der Beweisgedanke zur Herleitung von (1.29) sei im Sonderfall eines ebenen Randstückes Γ in Erinnerung gebracht: Das ebene Randstück

$$x_1 = x_1^0, \quad |x_j - x_j^0| \leqslant \alpha \qquad (j = 2, \ldots, N)$$

erfülle die Segmentbedingung. Das parallel verschobene Randstück Γ sei für $x_1 < \xi_1 < x_1 + \beta$ in G gelegen. Für eine Funktion $u \in C^1(\bar{G})$ gilt dann mit $x' = (x_2, \ldots, x_N) \in \bar{\Omega}$

$$u(x_1^0, x') = u(\xi_1, x') - \int_{x_1^0}^{\xi_1} \frac{\partial u}{\partial x_1} \, dx_1 \; .$$

Indem man beide Seiten quadriert, auf die rechte Seite die Ungleichung $(a + b)^2 \leqslant 2(a^2 + b^2)$ sowie die Schwarzsche Ungleichung für Integrale anwendet, erhält man

$$u(x_1^0, x')^2 \leqslant 2\,u(\xi_1, x')^2 + 2\,\beta \int_{x_1^0}^{x_1^0 + \beta} \left(\frac{\partial u}{\partial x_1} \right)^2 dx_1 \; .$$

Indem man nun bezüglich $x_2, \ldots, x_N$ über $\bar{\Omega}$ integriert und bezüglich ξ_1 über das Intervall $[x_1^0, x_1^0 + \beta]$, ergibt sich schließlich

$$\beta \int_\Omega u^2 dx' \leqslant 2 \int_G u^2 \, dx + 2\,\beta^2 \int_G \left(\frac{\partial u}{\partial x_1} \right)^2 dx \; . \tag{1.31}$$

Hieraus folgt für das ebene Randstück Γ die Ungleichung

$$\int_\Gamma u^2 dS \leqslant c \| u \|_1^2 \tag{1.32}$$

mit der Konstanten $c = \max\,(2/\beta,\, 2\,\beta)$. Für Randstücke der Gestalt (1.28) ist der Beweis von (1.31) ganz ähnlich. Man benutzt dann zusätzlich, daß das Oberflächenelement durch

$$dS = \left(1 + \sum_{j=2}^N \left(\frac{\partial f}{\partial x_j} \right)^2 \right)^{1/2} dx'$$

gegeben ist und die partiellen Ableitungen in $\bar{\Omega}$ beschränkt sind, so daß mit einer nur von Γ abhängigen Konstanten γ die Ungleichung

$$\int_\Gamma u^2 dS \leqslant \gamma \int_\Omega u^2 dx'$$

besteht. Mit geeignetem c folgt daraus ebenfalls wieder (1.32).

1.1.9 Einbettungssätze

Nach Abschn. 1.1.6 kann man die $u \in H^k(G)$ als Funktionen aus $L_2(G)$ auffassen, die starke Ableitungen bis zur Ordnung k in $L_2(G)$ besitzen. Eine wichtige und häufig benutzte Tatsache ist nun, daß eine Funktion $u \in H^k(G)$ sogar einer stetigen Funktion äquivalent ist, sofern $k > N/2$ ist.

Wir wollen dieses Resultat für den Sonderfall $u \in H_0^2(G)$ und ein ebenes Gebiet $(N = 2)$ herleiten. Es sei Q ein Quadrat, das $\bar{G}$ enthält. Es sei etwa durch $0 < x_1 < a,\, 0 < x_2 < a$

gegeben. Man kann dann alle Testfunktionen $\varphi \in C_0^\infty(G)$ zu Testfunktionen in Q fortsetzen, indem man außerhalb G einfach $\varphi(x) = 0$ setzt. Für einen beliebigen Punkt $y = (y_1, y_2) \in \overline{G}$ erhält man dann

$$\varphi(y) = \int\limits_0^{y_2} \int\limits_0^{y_1} \frac{\partial^2 \varphi}{\partial x_1 \partial x_2} \, dx_1 \, dx_2 \ .$$

Mit der Schwarzschen Ungleichung folgt hieraus

$$|\varphi(y)|^2 \leqslant a^2 \|\varphi\|_2^2 \qquad \forall \, y \in \overline{G},$$

worin $\| \ \|_2$ die Norm des Raumes $H^2(G)$ bezeichnet. Dann ist aber auch

$$\max_{y \in \overline{G}} |\varphi(y)| \leqslant a \|\varphi\|_2 \qquad \forall \, \varphi \in C_0^\infty(G) \ . \tag{1.33}$$

Es sei nun ein $u \in H_0^2(G)$ gegeben. Es läßt sich durch eine Cauchyfolge $\varphi_1, \varphi_2, \ldots$ aus $C_0^\infty(G)$ repräsentieren. Aufgrund der Ungleichung (1.33) ist aber jede Cauchyfolge bezüglich der Norm $\| \ \|_2$ auch eine Cauchyfolge bezüglich der Maximumnorm. Andererseits ist der Raum $C(\overline{G})$ bezüglich der Maximumnorm abgeschlossen, d. h., die Folge $\varphi_1, \varphi_2, \ldots$ konvergiert in der Maximumnorm gegen ein $u \in C(\overline{G})$. Auf diese Weise wird jedes $u \in H_0^2(G)$ auf ein $u \in C(\overline{G})$ abgebildet. Die Abbildung vermittelt eine lineare Einbettung von $H_0^2(G)$ in $C(\overline{G})$, die wegen (1.33) stetig ist.

Der einfache Beweis läßt sich natürlich auch für $N > 2$ ausführen, liefert aber dann nicht mehr das bestmögliche Resultat, das wir hier nur zitieren wollen.

Satz 1.7 (L e m m a v o n S o b o l e w) *Es sei $G \subset \mathbf{R}^N$ ein beschränktes Gebiet, und es sei $k > N/2$. Dann ist $H_0^k(G) \subset C(\overline{G})$ im Sinne stetiger Einbettung mit*

$$\max_{x \in \overline{G}} |u(x)| \leqslant c \|u\|_k \qquad \forall \, u \in H_0^k(G) \ .$$

Für ein Gebiet G mit regulärem Rand (vgl. Abschn. 1.1.7) *ist auch $H^k(G) \subset C(\overline{G})$ im Sinne stetiger Einbettung mit*

$$\max_{x \in \overline{G}} |u(x)| \leqslant c \|u\|_k \qquad \forall \, u \in H^k(G) \ , \tag{1.34}$$

wobei c nur vom Gebiet G abhängt.

Korollar 1 Es sei p eine positive ganze Zahl, und es sei $k > N/2 + p$. Dann ist jede Funktion $u \in H_0^k(G)$ einer Funktion aus $C^p(\overline{G})$ äquivalent. Für ein Gebiet G mit regulärem Rand ist auch jede Funktion $u \in H^k(G)$ einer Funktion aus $C^p(\overline{G})$ äquivalent.

B e m e r k u n g. Satz 1.7 gilt an sich schon unter einer Voraussetzung über den Rand, die schwächer ist als die Regularität im Sinne von Abschn. 1.1.7 (wozu insbesondere die Segmentbedingung gehört). Es genügt, daß das Gebiet die sog. K e g e l b e d i n g u n g erfüllt. Damit ist folgendes gemeint: Es gibt einen bis auf seine Lage in G festgelegten Kegel (Öffnungswinkel ungleich Null), mit dessen Spitze man gemäß Fig. 1.2 jeden

Punkt $x \in \overline{G}$ erreichen kann, während der Kegel im übrigen ganz in $\overline{G}$ liegt. Für Gebiete, die der Segmentbedingung genügen, ist auch die Kegelbedingung stets erfüllt.

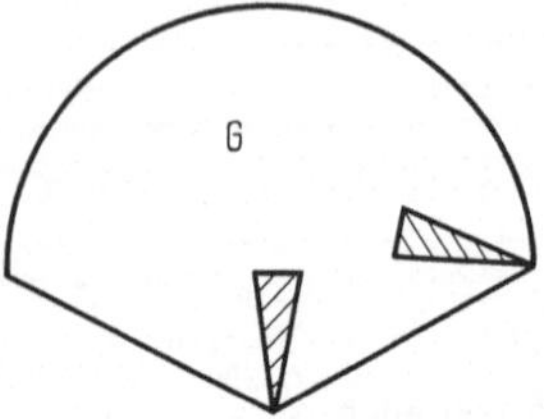

Fig. 1.2
Zur Kegelbedingung

Eine weitere wichtige Eigenschaft der Räume $H_0^k(G)$ bzw. $H^k(G)$ für beschränkte Gebiete $G \subset R^N$, die wir ohne Beweis zitieren, lautet: Eine in $H_0^k(G)$ schwach konvergente Folge $u_1, u_2, \ldots$ ist in $H_0^{k-1}(G)$ stark konvergent. Das heißt, aus

$$\lim_{n \to \infty} (u_n - u, \varphi)_k = 0 \qquad \forall \ \varphi \in H_0^k(G)$$

folgt $\lim_{n \to \infty} \| u_n - u \|_{k-1} = 0$.

Ist G ein Gebiet mit regulärem Rand, dann gilt die Aussage auch für die Räume $H^k(G)$ und $H^{k-1}(G)$.

Andererseits besitzt bekanntlich in einem Hilbertraum $H, (\ , \ ), \| \ \|$ jede in der Norm $\| \ \|$ beschränkte Folge eine Teilfolge, die schwach gegen ein $u \in H$ konvergiert. Anwendung auf den Hilbertraum $H^k(G)$ ergibt dann für $k \geqslant 1$ und ein beschränktes Gebiet $G \subset \mathbf{R}^N$ sogleich auch den

Satz 1.8 (A u s w a h l s a t z v o n R e l l i c h)
a) *Die Einbettung $H_0^k(G) \subset H_0^{k-1}(G)$ ist kompakt.*
b) *Ist G ein Gebiet mit regulärem Rand, dann ist auch die Einbettung $H^k(G) \subset H^{k-1}(G)$ kompakt.*

Das heißt, jede unendliche Folge $u_1, u_2, \ldots$ von Elementen aus $H_0^k(G)$ (bzw. aus $H^k(G)$), die in der Norm $\| \ \|_k$ gleichmäßig beschränkt sind, besitzt eine in der Norm $\| \ \|_{k-1}$ konvergente Teilfolge mit Limes in $H_0^{k-1}(G)$ (bzw. in $H^{k-1}(G)$).

Die Räume $H^k(G)$ waren durch Vervollständigung der Räume $C^k(\overline{G})$ bezüglich der Norm $\| \ \|_k$ erhalten worden. Man kann daher die Funktionen aus $C^k(\overline{G})$ zugleich auch als (Repräsentanten von Klassen äquivalenter) Funktionen aus $H^k(G)$ auffassen.

Von praktischer Bedeutung für die konkrete Anwendung von Variationsmethoden sind aber auch Funktionen, die nicht zu $C^k(\overline{G})$ sondern nur zu $D^k(\overline{G})$ gehören. Es stellt sich damit die Frage, unter welchen Umständen eine Funktion aus $D^k(\overline{G})$ auch als Funktion aus $H^k(G)$ aufgefaßt werden kann. Dazu beschränken wir uns auf die Betrachtung von Funktionen $u \in D^k(\overline{G})$, deren k-te Ableitungen in $\overline{G}$ stückweise stetig sind bezüglich einer geeigneten Zerlegung von G in endlich viele Teilgebiete $G_1, \ldots, G_r$ mit regulären Rändern. Man kann dann auch auf die Teilgebiete den Gaußschen Integralsatz anwenden.

Mit Hilfe partieller Integrationen bestätigt man dann leicht, daß die stückweise stetigen Ableitungen $D^\alpha u$ mit $|\alpha| = k$ jedenfalls schwache Ableitungen im Sinne von (1.26) sind. Es wird nun behauptet, daß die $D^\alpha u$ sogar starke Ableitungen sind. Hierfür würde genügen, direkt zu zeigen, daß man die betrachtete Funktion $u \in D^k(\overline{G})$ in der Norm $\| \ \|_k$ durch eine Folge von Funktionen aus $C^k(\overline{G})$ beliebig genau approximieren kann. Wir wollen statt dessen ein allgemeineres Resultat heranziehen, aus dem sich die Behauptung als einfache Folgerung ergibt.

Dazu betrachten wir neben dem linearen Raum $H^k(G)$ der Funktionen mit starken Ableitungen bis zur Ordnung k auch noch den linearen Raum $W^k(G)$, der aus allen Funktionen $u \in L_2(G)$ bestehe, die wenigstens schwache Ableitungen bis zur Ordnung k in $L_2(G)$ besitzen.

Zunächst ist klar, daß $H^k(G) \subset W^k(G)$ ist. Man kann nun zeigen (s. etwa A g m o n [1], Seite 11), daß für ein beschränktes Gebiet G, dessen Rand der Segmentbedingung genügt, sogar $H^k(G) = W^k(G)$ gilt. In unserer Definition eines Gebietes mit regulärem Rand ist aber die Segmentbedingung enthalten.

Für ein Gebiet mit regulärem Rand ergibt sich somit, daß eine Funktion $u \in D^k(\overline{G})$ auch zu $H^k(G)$ gehört, sofern zu den nur stückweise stetigen k-ten Ableitungen eine Zerlegung des Gebietes G der oben betrachteten Art existiert.

1.2 Lineare Randwertaufgaben

1.2.1 Gaußscher Integralsatz, Greensche Formeln

In den Lehrbüchern der Analysis werden sog. N o r m a l g e b i e t e $G \subset \mathbf{R}^N$ betrachtet, für die der G a u ß s c h e   I n t e g r a l s a t z gültig ist. Er lautet: Für $u \in C^1(\overline{G})$ ist

$$\int\limits_G \frac{\partial u}{\partial x_j}\,dx = \int\limits_{\partial G} u\,n_j\,dS \ , \tag{1.35}$$

und für Vektorfelder $v = (v_1, \ldots, v_N)$ mit Komponenten aus $C^1(\overline{G})$ ist

$$\int\limits_G \operatorname{div} v\,dx = \int\limits_{\partial G} v\,n\,dS \ . \tag{1.35'}$$

Dabei bezeichnet $n = (n_1, \ldots, n_N)$ den Vektor der äußeren Normalen, und es ist $vn = v_1 n_1 + \ldots + v_N n_N$ gesetzt.

Die in Abschn. 1.1.7 eingeführten Gebiete mit regulärem Rand sind Normalgebiete. (Man siehe hierzu etwa N e č a s [1].) Ist nun $u_1, u_2, \ldots$ eine Folge von Funktionen aus $C^1(\overline{G})$, die in der Norm $\| \ \|_1$ gegen eine Funktion $u \in H^1(G)$ konvergiert, dann folgt die Gleichung (1.35) auch für den Limes $u \in H^1(G)$. Die Konvergenz des Randintegrals auf der rechten Seite von (1.35') ergibt sich dabei aufgrund der Ungleichung (1.29).

In bekannter Weise ergeben sich aus dem Gaußschen Integralsatz eine Reihe weiterer geläufiger Formeln, von denen wir einige anführen wollen.

Ersetzt man in (1.35) die Funktion u durch das Produkt uv von zwei Funktionen aus $H^1(G)$, so ergibt sich die Formel für partielle Integration

$$\int_G u \frac{\partial v}{\partial x_j} \, dx = -\int_G \frac{\partial u}{\partial x_j} v \, dx + \int_{\partial G} u \, v \, n_j dS \ . \tag{1.36}$$

Ersetzt man in (1.36) v durch $\partial v/\partial x_j$ und summiert über j , erhält man die e r s t e G r e e n s c h e F o r m e l für den Laplaceschen Differentialoperator

$$\Delta = \frac{\partial^2}{\partial x_1^2} + \ldots + \frac{\partial^2}{\partial x_N^2} \ ,$$

nämlich $\int_G (u\Delta v + \text{grad } u \text{ grad } v) \, dx = \int_{\partial G} u \frac{\partial v}{\partial n} \, dS$. $\tag{1.37}$

Hierin ist $\partial u/\partial n = n \text{ grad } u$ die Richtungsableitung nach der äußeren Normalen n. Zweimalige Anwendung von (1.37) unter Vertauschung der Rollen von u und v liefert die z w e i t e G r e e n s c h e F o r m e l

$$\int_G (u\Delta v - v\Delta u) \, dx = \int_{\partial G} \left(u \frac{\partial v}{\partial n} - v \frac{\partial u}{\partial n} \right) dS \ . \tag{1.38}$$

Wird allgemeiner ein Differentialoperator der Gestalt

$$L(u) = -\sum_{j,k=1}^N \frac{\partial}{\partial x_j} \left(a_{jk} \frac{\partial u}{\partial x_k} \right)$$

betrachtet, dessen Koeffizienten a_{jk} etwa aus $C^1(\overline{G})$ seien, und führt man den sog. K o n o r m a l e n v e k t o r $\nu = (\nu_1, \ldots, \nu_N)$ mit den Komponenten

$$\nu_k = \sum_{j=1}^N n_j a_{jk}$$

ein, dann lautet die erste Greensche Formel für L( )

$$-\int_G u \, L(v) dx + \int_G \sum_{j,k=1}^N a_{jk} \frac{\partial u}{\partial x_j} \frac{\partial v}{\partial x_k} \, dx = \int_{\partial G} u \frac{\partial v}{\partial \nu} \, dS \ . \tag{1.39}$$

Hierin ist $\partial u/\partial \nu$ die Richtungsableitung nach der Konormalen ν.

Bilden die Koeffizienten a_{jk} eine symmetrische Matrix, $a_{jk} = a_{kj}$, dann lautet die zweite Greensche Formel

$$-\int_G (u \, L(v) - v \, L(u)) dx = \int_{\partial G} \left(u \frac{\partial v}{\partial \nu} - v \frac{\partial u}{\partial \nu} \right) dS \tag{1.40}$$

für beliebige u und v aus $H^2(G)$.

Analoge Formeln kann man auch für Differentialoperatoren höherer Ordnung aufstellen.
So findet man beispielsweise, indem man in (1.38) v durch Δv ersetzt,

$$\int\limits_{G} (u\Delta\Delta v - \Delta u\Delta v)\,dx = \int\limits_{\partial G} \left(u\,\frac{\partial\Delta v}{\partial n} - \Delta v\,\frac{\partial u}{\partial n}\right) dS \ . \tag{1.41}$$

Wir wollen noch die sog. B e t t i s c h e n F o r m e l n für Vektorfelder $u = (u_1, \ldots, u_N)$
in $G \subset \mathbf{R}^N$ angeben, die in der Elastizitätstheorie eine Rolle spielen. Dies gibt uns zugleich
Gelegenheit, die in der Elastizitätstheorie übliche Notation einzuführen, von der wir später
noch Gebrauch machen werden:
Differentiation der Komponenten u_j nach der Variablen x_k wird angezeigt durch den
Index k hinter einem Komma. Außerdem ist über Indizes, die in einem Term zweimal
auftreten, von 1 bis N zu summieren. Mit dieser Konvention schreibt man also

$$\frac{\partial u_j}{\partial x_k} = u_{j,\,k} \ , \qquad \Delta u_j = u_{j,\,kk} \ , \qquad \mathrm{div}\ u = u_{j,\,j} \ .$$

Wir betrachten nun zwei Vektorfelder $u = (u_1, \ldots, u_N)$ und $v = (v_1, \ldots, v_N)$ mit Komponenten aus $H^1(G)$ und setzen

$$e(u, v) = \int\limits_{G} \{u_{j,k}(v_{j,k} + v_{k,j}) + (\alpha - 1)u_{j,j}v_{k,k}\}\,dx \ . \tag{1.42}$$

Man bestätigt leicht, daß dieser Ausdruck in u und v symmetrisch ist:

$$e(u, v) = e(v, u) \ . \tag{1.43}$$

Für $v_j \in H^2(G)$ erhält man hieraus durch partielle Integration eine erste Bettische Formel,
nämlich

$$e(u, v) = -\int\limits_{G} u_j(v_{j,\,kk} + \alpha\, v_{k,\,kj})\,dx + \int\limits_{\partial G} u_j D_j v\ dS \tag{1.44}$$

mit dem Randoperator

$$D_j v = (v_{j,\,k} + v_{k,\,j})n_k + (\alpha - 1)\,v_{k,\,k}n_j \ .$$

Setzt man $u\,D\,v = u_j D_j v$, so kann die erste Bettische Formel auch in der Gestalt

$$e(u, v) = -\int\limits_{G} u(\Delta v + \alpha\ \mathrm{grad\ div}\ v)\,dx + \int\limits_{\partial G} u\ Dv\ dS \tag{1.45}$$

geschrieben werden. Ist auch $u_j \in H^2(G)$, so erhält man aus (1.45) zusammen mit der
Symmetrie (1.43) die B e t t i s c h e F o r m e l

$$\int\limits_{G} (u\Delta v - v\Delta u)\,dx + \alpha \int\limits_{G} (u\ \mathrm{grad\ div}\ v - v\ \mathrm{grad\ div}\ u)\,dx$$

$$= \int\limits_{\partial G} (u\,Dv - v\,Du)\ dS \ . \tag{1.46}$$

1.2.2 Lineare Randwertaufgaben und lineare Operatorgleichungen

Wir werden im weiteren lineare Randwertaufgaben häufig auch als Operatorgleichungen folgender Art schreiben:

Gegeben sind ein linearer Raum E, ein linearer Operator $A : D(A) \to E$, ein linearer Unterraum $U \subset D(A)$ sowie zwei feste Elemente $f \in E$ und $u_0 \in D(A)$. Gesucht ist $u \in D(A)$ als Lösung von

$$Au = f \ , \qquad u - u_0 \in U \ . \tag{1.47}$$

Die O p e r a t o r g l e i c h u n g (1.47) heißt i n h o m o g e n, wenn $u_0 \neq 0$ ist, h a l b h o m o g e n wenn $u_0 = 0$ aber $f \neq 0$ ist, und sie heißt h o m o g e n, wenn $u_0 = f = 0$ ist.

Mit der Substitution $v = u - u_0$ geht eine inhomogene Gleichung (1.4) in die halbhomogene Gleichung

$$Av = \tilde{f} \ , \qquad v \in U \tag{1.48}$$

mit $\tilde{f} = f - Au_0$ über. Wir werden daher lineare Operatorgleichungen meistens gleich in halbhomogener Form zugrunde legen.

In den nachstehenden Beispielen bezeichne G jeweils ein beschränktes Gebiet im $\mathbf{R}^N$ mit regulärem Rand.

Beispiel 1.3 Es sei zunächst die Randwertaufgabe

$$-\Delta u = f \text{ in } G, \quad \alpha \frac{\partial u}{\partial n} + \beta u = g \qquad \text{auf } \partial G$$

gegeben. Sie enthält als Sonderfälle die erste oder D i r i c h l e t s c h e R a n d w e r t - a u f g a b e mit der Randbedingung $u = g$ ($\alpha = 0, \beta = 1$) sowie die zweite oder N e u - m a n n s c h e R a n d w e r t a u f g a b e mit der Randbedingung $\partial u / \partial n = g$ ($\alpha = 1$, $\beta = 0$). Die Aufgabe werde im Raum $H^2(G)$ betrachtet: Es sei $f \in L_2(G)$ und es gebe eine Funktion $u_0 \in H^2(G)$, die der gestellten Randbedingung genügt. Die Randwertaufgabe kann dann als Operatorgleichung in der Form (1.47) geschrieben werden mit

$$E = L_2(G) \ , \qquad D(A) = H^2(G) \ , \qquad A = -\Delta$$

sowie mit

$$U = \{ u \in H^2(G) \ \big| \ \alpha \frac{\partial u}{\partial n} + \beta u = 0 \text{ auf } \partial G \} \ .$$

Man beachte, daß $\partial u / \partial n$ für Funktionen aus $H^2(G)$ jedenfalls im Sinne verallgemeinerter Randwerte (Abschn. 1.1.8) definiert ist.

Beispiel 1.4 Es sei $E = L_2(G)$, $A = \Delta\Delta$, $D(A) = H^4(G)$ sowie $u_0 = 0$. Man erhält die Bipotentialgleichung

$$\Delta\Delta u = f \qquad \text{in } G \ .$$

Sie tritt z. B. in der Theorie e l a s t i s c h e r P l a t t e n (N = 2) auf. Der Unterraum U kann etwa aus den $u \in H^4(G)$ bestehen mit

$$u = 0, \quad \partial u / \partial n = 0 \quad \text{auf } \partial G \ .$$

Dies sind die Randbedingungen der eingespannten Platte. U kann aber beispielsweise auch aus den $u \in H^4(G)$ mit

$$u = 0, \quad \Delta u + \beta \, \partial u / \partial n = 0 \quad \text{auf } \partial G$$

bestehen. Randbedingungen dieser Art treten bei der am Rande gelenkig gelagerten Platte auf. (Dabei ist β proportional zur Krümmung der Randkurve.)

Beispiel 1.5 Es sei $N = 3$, $E = (L_2(G))^3$, $A = -\Delta - \alpha \, \text{grad div}$, $D(A) = (H^2(G))^3$, $f = (f_1, f_2, f_3) \in E$, $u_0 = (g_1, g_2, g_3)$. Man erhält ein System von drei Differentialgleichungen für $u = (u_1, u_2, u_3)$, das in der Theorie e l a s t i s c h e r K ö r p e r eine Rolle spielt, nämlich

$$-\Delta u - \alpha \, \text{grad div } u = f \quad \text{in } G \ .$$

Komponentenweise geschrieben lautet es

$$-u_{j,kk} - \alpha \, u_{k,kj} = f_j \quad \text{in } G \quad (j = 1, 2, 3) \ .$$

Im einfachsten Falle besteht U aus den $u \in D(A)$ mit $u = 0$ auf ∂G. Dann lauten die Randbedingungen

$$u_j = g_j \quad \text{auf } \partial G \quad (j = 1, 2, 3) \ .$$

1.2.3 Lineare Differentialgleichungen in schwacher Form

In einem beschränkten Gebiet G betrachten wir einen (formalen) Differentialoperator L( ) der Gestalt

$$L(u) = \sum_{|\alpha| \leqslant r} a_\alpha D^\alpha u \ . \tag{1.49}$$

(Für die Bezeichnungsweise siehe man 1.1.3, insbesondere (1.14).) Der Einfachheit halber seien die Koeffizienten a_α Funktionen aus $C^{|\alpha|}(\overline{G})$. Dann hat auch der (formale) Differentialoperator L∗( ) einen Sinn, der durch

$$L\!*\!(u) = \sum_{|\alpha| \leqslant r} (-1)^{|\alpha|} D^\alpha (a_\alpha u) \tag{1.50}$$

definiert ist. L∗( ) heißt zu L( ) f o r m a l a d j u n g i e r t. Stimmen L∗( ) und L( ) überein, so heißt L( ) f o r m a l s e l b s t a d j u n g i e r t. Δ und $\Delta\Delta$ sind Beispiele formal selbstadjungierter Differentialoperatoren.

Es sei nun $f \in L_2(G)$ eine gegebene Funktion sowie u irgend eine Funktion aus $H^r(G)$. Dann ist klar, daß die Differentialgleichung

$$L(u) = f \quad \text{in } G \tag{1.51}$$

und die Funktionalgleichung

$$\int\limits_G L(u)\,\varphi\,dx = \int\limits_G f\varphi\,dx \qquad \forall\,\varphi \in C_0^\infty(G) \tag{1.52}$$

miteinander äquivalent sind: Da $C_0^\infty(G)$ in $L_2(G)$ dicht liegt, gilt

$$\int\limits_G (L(u) - f)\,\varphi\,dx = 0 \qquad \forall\,\varphi \in C_0^\infty(G)$$

dann und nur dann, wenn (1.51) erfüllt ist. Formt man nun in (1.52) die linke Seite durch partielle Integration um, erhält man

$$\int\limits_G u\,L*(\varphi)\,dx = \int\limits_G f\,\varphi\,dx \qquad \forall\,\varphi \in C_0^\infty(G)\ . \tag{1.53}$$

(Randintegrale treten nicht auf, da die φ jeweils in einem Randstreifen identisch Null sind.)

Die Funktionalgleichung (1.53) wird als s c h w a c h e F o r m der Differentialgleichung (1.51) bezeichnet, und eine Funktion $u \in L_2(G)$, die ihr genügt, als schwache Lösung der Differentialgleichung.

Es sei nun $L(\ )$ von der speziellen Gestalt

$$L(u) = \sum_{\substack{|\alpha| \leqslant m \\ |\beta| \leqslant m}} (-1)^{|\beta|} D^\beta(a_{\alpha\beta} D^\alpha u)\ . \tag{1.54}$$

Dann folgt aus (1.52) durch partielle Integration

$$\sum_{\substack{|\alpha| \leqslant m \\ |\beta| \leqslant m}} \int\limits_G a_{\alpha\beta} D^\alpha u D^\beta \varphi\,dx = \int\limits_G f\,\varphi\,dx \qquad \forall\,\varphi \in C_0^\infty(G)\ . \tag{1.55}$$

Die Funktionalgleichung (1.55) ist ebenfalls eine schwache Form der Differentialgleichung (1.51). Wir wollen für die verschiedenen schwachen Formen keine besonderen Benennungen einführen, da aus dem Zusammenhang jeweils hervorgeht, welche gemeint ist.

Analoges gilt, wenn nicht eine einzelne Differentialgleichung, sondern ein System von linearen Differentialgleichungen vorliegt.

Beispiel 1.6 Zu $-\Delta u = f$ in G gehören die schwachen Formen

$$-\int\limits_G u\Delta\varphi\,dx = \int\limits_G f\varphi\,dx \qquad \forall\,\varphi \in C_0^\infty(G)$$

und $\quad \displaystyle\int\limits_G \text{grad } u \text{ grad } \varphi\,dx = \int\limits_G f\varphi\,dx \qquad \forall\,\varphi \in C_0^\infty(G)\ .$

Beispiel 1.7 Für das System $-\Delta u - \alpha\,\mathrm{grad}\,\mathrm{div}\,u = f$ mit $u = (u_1, u_2, u_3)$, $f = (f_1, f_2, f_3)$ lauten die schwachen Formen

$$-\int\limits_G u(\Delta\varphi + \alpha\,\mathrm{grad}\,\mathrm{div}\,\varphi)\,dx = \int\limits_G f\varphi\,dx$$

und
$$\int\limits_G (\mathrm{grad}\,u\,\mathrm{grad}\,\varphi + \alpha\,\mathrm{div}\,u\,\mathrm{div}\,\varphi)\,dx = \int\limits_G f\varphi\,dx$$

für alle $\varphi = (\varphi_1, \varphi_2, \varphi_3)$ mit $\varphi_j \in C_0^\infty(G)$.

1.2.4 Differenzierbarkeit schwacher Lösungen

Aus den Betrachtungen des vorigen Abschnitts ging hervor, daß eine Lösung einer linearen Differentialgleichung im gewöhnlichen Sinn zugleich auch eine Lösung der Differentialgleichung in der schwachen Form (1.53) bzw. (1.55) ist. Umgekehrt erhebt sich nun die wesentlich schwieriger zu beantwortende Frage, unter welchen Umständen eine Lösung der Differentialgleichung in schwacher Form auch eine Lösung im gewöhnlichen Sinn ist. Dies ist die Frage nach der Regularität der Lösung, d. h., die Frage nach der Differenzierbarkeit der Lösung im Innern von G sowie nach der Annahme von Randwerten im gewöhnlichen Sinn.

Eine eingehende Diskussion dieses Problemkreises würde den Rahmen dieser Einführung überschreiten. Wir wollen uns damit begnügen, unter Verzicht auf größtmögliche Allgemeinheit einige typische Resultate aus der Theorie linearer Randwertaufgaben zu zitieren. Die Frage nach den Regularitätseigenschaften der Lösung spielt nämlich bei den Variationsmethoden nicht die entscheidende Rolle. Was man braucht, ist die Existenz und Eindeutigkeit der Lösung in einem gewissen Funktionenraum. Diese Lösung — gleichgültig ob sie sich als Lösung im klassischen Sinn erweist oder auch nicht — wird nun durch Funktionen aus einem endlichdimensionalen Unterraum approximiert. Ist man außerdem in der Lage, den Fehler der numerischen Näherung in einer geeigneten Norm oder auch in einem gegebenen Punkt $x_0 \in G$ dem Betrage nach abzuschätzen, dann kann die Aufgabe vom numerischen Standpunkt aus als gelöst betrachtet werden. Um aber den Zusammenhang mit den Randwertaufgaben in klassischer Form herzustellen, seien einige Grundtatsachen kurz erwähnt.

Es sei zunächst G ein beschränktes Gebiet im $\mathbf{R}^N$, und es sei eine lineare Differentialgleichung gerader Ordnung r

$$L(u) = f \quad \text{in}\quad G$$

mit
$$L(u) = \sum_{0 \leqslant |\alpha| \leqslant r} a_\alpha D^\alpha u$$

gegeben. Wir setzen für $|\alpha| = r$ und $(\xi_1, \ldots, \xi_N) \in \mathbf{R}^N$

$$\xi^\alpha = \xi_1^{\alpha_1}\xi_2^{\alpha_2}\cdots\xi_N^{\alpha_N} \ .$$

Der Differentialoperator L( ) heißt e l l i p t i s c h in G, wenn in jedem Punkt $x \in G$

$$\sum_{|\alpha|=r} a_\alpha(x)\xi^\alpha \neq 0 \qquad \forall\,(\xi_1,\ldots,\xi_N) \neq 0$$

gilt.

Der betrachtete Differentialoperator L( ) sei elliptisch in G. Außerdem setzen wir der Einfachheit halber voraus, daß die Koeffizienten a_α aus $C^\infty(G)$ seien. (Damit ist speziell auch der Fall konstanter Koeffizienten erfaßt.) Dann besteht folgender Sachverhalt (vgl. etwa A g m o n [1], N i r e n b e r g [1], N e č a s [1]):

Satz 1.9 (R e g u l a r i t ä t s c h w a c h e r L ö s u n g e n i m I n n e r n) *Es sei* $f \in H^p(G), p \geqslant 0$, *und es sei* $u \in L_2(G)$ *eine Lösung von*

$$\int_G u\,L*(\varphi)\,dx = \int_G f\,\varphi\,dx \qquad \forall\,\varphi \in C_0^\infty(G)\ .$$

Dann ist u *für jedes Teilgebiet* $G' \subset \overline{G}' \subset G$ *auch eine Funktion aus* $H^{r+p}(G')$ *und genügt der Differentialgleichung*

$$L(u) = f \qquad in\ G'\ .$$

Dieser Satz läßt sich sogleich mit dem Lemma von Sobolew (Satz 1.7) kombinieren und liefert für ebene und räumliche Gebiete (N = 2, N = 3) im Falle $r + p \geqslant 2$ das

Korollar 1 Die schwache Lösung $u \in L_2(G)$ ist in jedem Teilgebiet $G' \subset \overline{G}' \subset G$ einer Funktion aus $C^{r+p-2}(G')$ äquivalent.

Im Sonderfall f = 0 ist Korollar 1 für alle $p \geqslant 0$ gültig. Daraus ergibt sich insbesondere

Korollar 2 (L e m m a v o n W e y l) Es sei $u \in L_2(G)$ eine Lösung von

$$\int_G u\,\Delta\varphi\,dx = 0 \qquad \forall\,\varphi \in C_0^\infty(G)\ .$$

Dann ist u in jedem Teilgebiet $G' \subset \overline{G}' \subset G$ mit einer harmonischen Funktion äquivalent, d. h. mit einer Funktion $u \in C^\infty(G')$, die der Differentialgleichung

$$\Delta u = 0 \qquad in\ G'$$

genügt.

Der zitierte Regularitätssatz 1.9 läßt sich in verschiedenen Richtungen ergänzen und verallgemeinern. Zunächst läßt sich die Voraussetzung $a_\alpha \in C^\infty(G)$ für die Koeffizienten ganz wesentlich abschwächen. Sodann läßt sich ein analoger Satz auch für sog. elliptische Systeme linearer Differentialgleichungen gewinnen. Schließlich erhält man für Gebiete mit genügend glattem Rand unter geeigneten Voraussetzungen über die Koeffizienten die Aussage von Satz 1.9 nicht nur für Teilgebiete G' im Innern von G, sondern für G selbst. Hierfür muß auf einschlägige Lehrbücher über elliptische Differentialgleichungen verwiesen werden.

2 Quadratische Extremalprobleme bei linearen Randwertaufgaben

Im folgenden wird dargestellt, wie man die Lösung linearer Randwertaufgaben auch als Lösung quadratischer Extremalprobleme charakterisieren kann und wie man dies zur genäherten numerischen Berechnung der Lösung ausnutzen kann.

Grundsätzlich kann man dabei zwei äußerlich verschiedene Ausgangspunkte wählen: Man kann die lineare Randwertaufgabe in einem geeigneten Funktionenraum als Operatorgleichung Au = f auffassen. Man kann die Randwertaufgabe aber auch in schwacher Form als Funktionalgleichung (Variationsgleichung) zugrundelegen. Jeder der beiden Ausgangspunkte hat für die Darstellung der Variationsmethoden seine Vorteile. Daher sollen beide nebeneinander verwendet werden.

2.1 Fehlerquadratmethode und Energiemethode bei linearen Operatorgleichungen

2.1.1 Projektionen auf endlichdimensionale Unterräume

Für späteren Gebrauch schicken wir zunächst einen einfachen Sachverhalt über quadratische Polynome im $\mathbf{R}^n$ voraus. Es sei F ein Polynom in den Variablen $x = (\xi_1, \ldots, \xi_n)$ der Gestalt

$$F(x) = \sum_{j,k=1}^{n} a_{jk}\xi_j\xi_k - 2 \sum_{j=1}^{n} b_j\xi_j + c \tag{2.1}$$

mit reellen Koeffizienten. Die Matrix der a_{jk} sei symmetrisch, $a_{jk} = a_{kj}$, und die zugehörige quadratische Form sei positiv definit:

$$Q(x) = \sum_{j,k=1}^{n} a_{jk}\xi_j\xi_k > 0 \quad \text{für } x \neq 0 \ . \tag{2.2}$$

Satz 2.1 *Unter den angegebenen Voraussetzungen besitzt* F *ein absolutes Minimum. Das heißt, es gibt ein eindeutig bestimmtes* $x_0 \in \mathbf{R}^n$, *so daß*

$$F(x_0) < F(x) \quad \forall\, x \in \mathbf{R}^n , x \neq x_0 \ .$$

Dabei ist $x_0 = (\xi_1^0, \ldots, \xi_n^0)$ *eindeutig bestimmte Lösung des Systems linearer Gleichungen*

$$\sum_{k=1}^{n} a_{jk}\xi_k = b_j \quad (j = 1, \ldots, n) \ . \tag{2.3}$$

Für das Minimum ergibt sich

$$F(x_0) = c - \sum_{j=1}^{n} b_j\xi_j^0 \ . \tag{2.4}$$

B e w e i s. Nach Voraussetzungen ist Q positiv definit. Daher hat die Matrix der a_{jk} maximalen Rang, und das lineare Gleichungssystem (2.3) ist eindeutig lösbar. $x_0 = (\xi_1^0, \ldots, \xi_n^0)$ sei die Lösung. Mit $y = x - x_0$ erhält man dann $F(x) = F(x_0) + Q(y)$. Für $x \neq x_0$ folgt daraus $F(x) > F(x_0)$. $\qquad\qquad\qquad\square$

Es sei nun E ein linearer Raum mit innerem Produkt $(\ , \ )$ und Norm $\| \ \|$, und es sei $U \subset E$ ein linearer Unterraum. Der Raum E darf unendlichdimensional sein, dagegen habe U endliche Dimension.

Wir betrachten folgende Aufgabe: Es sei $w \in E$ beliebig gegeben. Gesucht ist ein $u \in U$, das von w minimalen Abstand hat, das also die Extremalaufgabe

$$\| u - w \|^2 \to \min, \quad u \in U \qquad\qquad (2.5)$$

löst.

Wenn $u_1, \ldots, u_n$ eine Basis in U ist, dann ist die Extremalaufgabe (2.5) äquivalent mit

$$\| \xi_1 u_1 + \ldots + \xi_n u_n - w \|^2 \to \min, \quad (\xi_1, \ldots, \xi_n) \in \mathbf{R}^n . \qquad (2.6)$$

Die linke Seite ist ein quadratisches Polynom in $x = (\xi_1, \ldots, \xi_n)$ und kann in der Gestalt (2.1) geschrieben werden mit

$$a_{jk} = (u_j, u_k), \quad b_j = (u_j, w), \quad c = (w, w) .$$

Offensichtlich ist $a_{jk} = a_{kj}$. Außerdem ist wegen der linearen Unabhängigkeit der $u_1, \ldots, u_n$

$$Q(x) = \| \xi_1 u_1 + \ldots + \xi_n u_n \|^2 > 0 \quad \text{für } x \neq 0 .$$

Damit sind die Voraussetzungen für Satz 2.1 erfüllt und man erhält aus ihm den

Satz 2.2 *Die Extremalaufgabe (2.6) besitzt genau eine Lösung. Sie ist zugleich eindeutig bestimmte Lösung des Systems linearer Gleichungen*

$$\sum_{j=1} a_{jk}\xi_k = b_j \quad (j = 1, \ldots, n) \qquad\qquad (2.7)$$

mit $\quad a_{jk} = (u_j, u_k), \quad b_j = (u_j, w) .$

Bilden die $u_1, \ldots, u_n$ speziell eine orthonormierte Basis, dann ist $a_{jk} = (u_j, u_k) = \delta_{jk}$ und man erhält $\xi_j = (u_j, w)$. In diesem Fall ist die gesuchte Lösung $\bar{u}$ gegeben durch

$$\bar{u} = \sum_{j=1}^{n} (u_j, w) u_j .$$

Wir wollen das Ergebnis von Satz 2.2 auch noch unabhängig von der Wahl einer speziellen Basis formulieren:

Korollar 1 Die Extremalaufgabe

$$\| u - w \|^2 \to \min, \quad u \in U$$

besitzt genau eine Lösung $\bar{u} \in U$. Sie ist zugleich die in U eindeutig bestimmte Lösung der linearen Funktionalgleichung

$$(u, \varphi) = (w, \varphi) \qquad \forall \ \varphi \in U . \tag{2.8}$$

Wir führen nun neben dem endlichdimensionalen Raum U noch den (im allgemeinen unendlichdimensionalen) Raum V ein, der aus allen $v \in E$ mit

$$(v, \varphi) = 0 \qquad \forall \ \varphi \in U$$

bestehe. U und V sind also orthogonale Unterräume. Außerdem ist $E = U \oplus V$, d. h., jedes Element $w \in E$ läßt sich auf genau eine Weise als Summe

$$w = u + v , \qquad u \in U , v \in V$$

schreiben. Dies folgt aus der Bemerkung, daß für jede solche Zerlegung (falls sie existiert) notwendig (2.8) gelten muß. Die Gleichung (2.8) besitzt aber genau eine Lösung $\bar{u} \in U$. Setzt man dann $\bar{v} = w - \bar{u}$, so ist $\bar{v} \in V$, und $w = \bar{u} + \bar{v}$ ist die gesuchte Zerlegung. Die Lösung $\bar{u} \in U$ von (2.8) und das Element $\bar{v} = w - \bar{u} \in V$ sind also die orthogonalen Projektionen von w auf die orthogonalen Unterräume U und V. Daraus folgt speziell auch

Korollar 2 Die Lösung $\bar{u}$ der Extremalaufgabe

$$\| u - w \|^2 \rightarrow \min , \qquad u \in U$$

ist die orthogonale Projektion von w auf den endlichdimensionalen Unterraum U.

Gelegentlich werden wir auch den Fall zu betrachten haben, daß $(\ , \ )$ nur ein semidefinites inneres Produkt und $\| \ \|$ dementsprechend nur eine Halbnorm ist. Dann geht bei der Extremalaufgabe (2.5) die Eindeutigkeit der Lösung natürlich verloren. Ist nämlich $v \in E$ ein Element mit $\| v \| = 0$ und ist $u \in E$ beliebig, dann ist stets $\| u + v \|^2 = \| u \|^2$ wegen $\| v \|^2 = 0$, $(u, v) = 0$. Man kann also zu einer Lösung ein beliebiges v mit $\| v \| = 0$ addieren.

Wir wollen uns noch klarmachen, wie man in diesem Falle Satz 2.2 zu modifizieren hat. Wenn $\| \ \|$ nur eine Halbnorm ist, dann bilden die Elemente $v \in E$ mit $\| v \| = 0$, wie schon in Abschn. 1.1.2 angemerkt wurde, einen linearen Unterraum $E_0 \subseteq E$, der nicht nur aus dem Nullelement besteht. Man kann dann zum Quotientenraum $\widetilde{E} = E/E_0$ übergehen, dessen Elemente aus Klassen $\tilde{u}$ von Elementen E bestehen, die sich nur um ein Element aus E_0 unterscheiden. Zwei Elemente u und u' gehören also genau dann zur selben Klasse $\tilde{u}$, wenn $u - u' \in E_0$ ist. Dies ist genau dann der Fall, wenn $\| u - u' \| = 0$ ist.

In $\widetilde{E}$ kann man durch

$$(\tilde{u}, \tilde{v}) = (u, v) , \qquad \| \tilde{u} \| = \| u \|$$

ein inneres Produkt $(\ ,\ )$ bzw. eine Norm $\|\ \|$ einführen, wobei u und v beliebige Repräsentanten aus den Klassen $\widetilde{u}$ bzw. $\widetilde{v}$ sind. Ist nun $\widetilde{w}$ die Klasse, der w angehört, und ist $\widetilde{U}$ ein endlichdimensionaler Unterraum von $\widetilde{E}$, so besitzt die Extremalaufgabe

$$\|\widetilde{u} - \widetilde{w}\|^2 \to \min , \quad \widetilde{u} \in \widetilde{U}$$

nach Korollar 1 genau eine Lösung, die zugleich auch Lösung von

$$(\widetilde{u}, \widetilde{\varphi}) = (\widetilde{w}, \widetilde{\varphi}) \qquad \forall \widetilde{\varphi} \in \widetilde{U}$$

ist.

Daraus ergibt sich sogleich auch

Satz 2.2′ *Es sei* $\|\ \|$ *eine Halbnorm in* E, *und es sei* U *ein Unterraum mit der Basis* $u_1, \ldots, u_n \in E.$ *Dann ist das Extremalproblem*

$$\|u - w\|^2 \to \min, \quad u \in U$$

äquivalent mit dem System linearer Gleichungen

$$\sum_{k=1}^{n} (u_j, u_k)\, \xi_k = (u_j, w) \qquad (j = 1, \ldots, n) .$$

Das Gleichungssystem ist lösbar.

2.1.2 Die Fehlerquadratmethode

Es sei E, $(\ ,\ )$, $\|\ \|$ ein Hilbert- oder Prähilbertraum. Wir betrachten eine lineare Randwertaufgabe, die gemäß Abschn. 1.2.2 als Operatorgleichung in halbhomogener Form

$$Au = f \quad u \in U \tag{2.9}$$

geschrieben sei. Wir setzen voraus: (2.9) besitzt eine Lösung $\overline{u} \in U$, und die zugehörige homogene Gleichung

$$Au = 0 , \quad u \in U \tag{2.10}$$

hat nur die triviale Lösung $u = 0$. Dann ist die Lösung $\overline{u}$ von (2.9) eindeutig bestimmt. Die Lösung $\overline{u}$ löst offensichtlich auch das Extremalproblem

$$\|Au - f\|^2 \to \min , \quad u \in U . \tag{2.11}$$

Denn es ist stets $\|Au - f\| \geqslant 0$, und aus $\|Au - f\| = 0$ folgt $Au = f$.

Auf dieser einfachen Bemerkung beruht die Fehlerquadratmethode zur genäherten numerischen Berechnung von $\overline{u}$, bei der man wie folgt verfährt: Man wählt linear unabhängige $u_1, \ldots, u_n \in U$. Sie spannen einen n-dimensionalen Unterraum $U_n \subset U$ auf. Man betrachtet dann als beste Approximation für $\overline{u}$ dasjenige $u \in U_n$, das die Extremalaufgabe

$$\| \, Au - f \, \|^2 \;\to\; \min, \qquad u \in U_n \tag{2.12}$$

löst, d. h., daß in U_n das „Fehlerquadrat" minimiert. Die Extremalaufgabe (2.12) ist äquivalent mit

$$\| \, A(\xi_1 u_1 + \ldots + \xi_n u_n) - f \, \|^2 \;\to\; \min \,, \qquad (\xi_1, \ldots, \xi_n) \in \mathbf{R}^n \,.$$

Die linke Seite ist ein quadratisches Polynom in $\xi_1, \ldots, \xi_n$, das sich in der Gestalt (2.1) schreiben läßt mit den Koeffizienten

$$a_{jk} = (Au_j, Au_k) \,, \qquad b_j = (Au_j, f) \,, \qquad c = (f, f) \,.$$

Die Matrix (a_{jk}) ist symmetrisch, und die zugehörige quadratische Form

$$\| \, A(\xi_1 u_1 + \ldots + \xi_n u_n) \, \|^2 \;=\; \sum_{j,\,k=1}^{n} a_{jk}\xi_j\xi_k$$

ist positiv definit. Denn es ist stets $\| \, Au \, \|^2 \geqslant 0$, und aus $\| \, Au \, \|^2 = 0$ folgt $Au = 0$. Die Gleichung (2.10) hat aber nach Voraussetzung nur die Lösung $u = 0$. Zusammen mit der linearen Unabhängigkeit der $u_1, \ldots, u_n$ ergibt sich die Behauptung. Anwendung von Satz 2.1 liefert daher

Satz 2.3 *Die* $u_1, \ldots, u_n \in U$ *seien linear unabhängig gewählt. Dann ist die Extremalaufgabe*

$$\| \, Au - f \, \|^2 \;\to\; \min \,, \qquad u \in U_n \tag{2.13}$$

äquivalent mit dem eindeutig lösbaren System linearer Gleichungen

$$\sum_{k=1}^{n} a_{jk}\xi_k = b_j \qquad (j = 1, \ldots, n) \tag{2.14}$$

mit $\qquad a_{jk} = (Au_j, Au_k) \,, \qquad b_j = (Au_j, f) \,.$

Die Fehlerquadratmethode kann auch als Projektionsverfahren gedeutet werden. Auf dem Unterraum U ist nämlich durch

$$(u, v)_A = (Au, Av) \,, \qquad \| \, u \, \|_A = (Au, Au)^{1/2} = \| \, Au \, \|$$

ein weiteres inneres Produkt $(\, , \,)_A$ bzw. eine weitere Norm $\| \; \|_A$, die sog. F e h l e r - q u a d r a t n o r m definiert. Unmittelbar klar ist, daß $(\, , \,)_A$ in U eine symmetrische, nichtnegative Bilinearform ist und damit $\| \; \|_A$ zumindest eine Halbnorm. Nach Voraussetzung folgt aber aus $Au = 0$, $u \in U$, stets $u = 0$. Daher zieht $\| \, Au \, \| = 0$ stets $u = 0$ nach sich, und $\| \; \|_A$ ist auf U eine Norm.

Für die Lösung $\overline{u} \in U$ von (2.9) findet man dann

$$\| \, u - \overline{u} \, \|_A = \| \, Au - f \, \| \qquad \forall \, u \in U \,. \tag{2.15}$$

Daraus folgt unmittelbar

Satz 2.4 *Das Extremalproblem* (2.13) *ist äquivalent mit*

$$\| u - \overline{u} \|_A^2 \to \min , \qquad u \in U_n .$$

Das heißt, die beste Approximation von $\overline{u}$ im Sinne der Fehlerquadratmethode ist die orthogonale Projektion von $\overline{u}$ auf den n-dimensionalen Unterraum U_n, und zwar orthogonal im Sinne des inneren Produktes $(\ , \ )_A$.

Aus (2.15) kann man sofort auch eine Abschätzung des Fehlers $u - \overline{u}$ einer Näherung u in der Norm $\| \ \|_A$ entnehmen, da in (2.15) in die rechte Seite $\| Au - f \|$ nur bekannte Größen eingehen.

Wenn A ein positiv definiter Operator ist, d. h., wenn mit einer positiven Konstanten α

$$(Au, u) \geqslant \alpha \| u \|^2 \qquad \forall \, u \in U$$

gilt, dann ergibt sich leicht auch eine Abschätzung von $u - \overline{u}$ in der Norm $\| \ \|$. Aus der Schwarzschen Ungleichung folgt nämlich $\alpha \| u \|^2 \leqslant (Au, u) \leqslant \| Au \| \, \| u \|$ sowie $\alpha \| u \| \leqslant \| u \|_A$. Damit ergibt sich

$$\| u - \overline{u} \| \leqslant \frac{1}{\alpha} \| u - \overline{u} \|_A = \frac{1}{\alpha} \| Au - f \| . \tag{2.16}$$

Die Ungleichung gilt für alle $u \in U$, speziell auch für die beste Näherung aus U_n.

2.1.3 Die Energiemethode

Genau wie in Abschn. 2.1.2 sei E, $(\ , \ )$, $\| \ \|$ ein Hilbert- oder Prähilbertraum. Wir betrachten wieder eine lineare Randwertaufgabe, die gemäß Abschn. 1.2.2 als Operatorgleichung in halbhomogener Form

$$Au = f , \qquad u \in U \tag{2.17}$$

geschrieben sei. Die Gleichung besitze eine Lösung $\overline{u} \in U$. Außerdem wird diesmal folgendes vorausgesetzt: Es sei

$$(Au, v) = (u, Av) \qquad \forall \, u, v \in U \tag{2.18}$$

$$(Au, u) > 0 \qquad \forall \, u \in U, u \neq 0 . \tag{2.19}$$

Das heißt, der Operator $A : U \to E$ sei symmetrisch und positiv. Aus (2.19) folgt sofort, daß $Au = 0$ in U nur die Lösung $u = 0$ besitzt und daher $\overline{u} \in U$ eindeutig bestimmte Lösung von (2.17) ist.

Offensichtlich ist wegen (2.18) und (2.19) durch

$$[u, v] = (Au, v) , \qquad | u | = (Au, u)^{1/2} \tag{2.20}$$

in U ein weiteres inneres Produkt $[\ , \ ]$ sowie eine weitere Norm $| \ |$ definiert, die als E n e r g i e n o r m bezeichnet wird. (In den Anwendungen stellt (Au, u) häufig eine

Arbeit oder Energie dar.) Entsprechend wird [,] als **e n e r g e t i s c h e s   i n n e r e s P r o d u k t** bezeichnet.

Wir betrachten nun das sog. **E n e r g i e f u n t i o n a l**

$$I(u) = (Au, u) - 2(f, u) \, . \tag{2.21}$$

Wie oben bezeichne $\bar{u}$ die Lösung von (2.17). Dann besteht für alle $u \in U$ die Identität

$$I(u) = |u - \bar{u}|^2 - |\bar{u}|^2 \, . \tag{2.22}$$

In der Tat erhält man für die rechte Seite

$$|u - \bar{u}|^2 - |\bar{u}|^2 = |u|^2 - 2[\bar{u}, u] = (Au, u) - 2(f, u) = I(u) \, .$$

Aus (2.22) liest man ab, daß $I(\bar{u}) = -|\bar{u}|$ ist und daher auch

$$I(u) = I(\bar{u}) + |u - \bar{u}|^2 \tag{2.23}$$

sowie $I(u) > I(\bar{u})$ für $u \neq \bar{u}$. Daraus ergibt sich

Satz 2.5 *Die Operatorgleichung* (2.17) *ist äquivalent mit der Extremalaufgabe*

$$I(u) \to \min , \quad u \in U \, . \tag{2.24}$$

Die Charakterisierung der Lösung $\bar{u}$ als Lösung der Extremalaufgabe (2.24) unter Verwendung des Energiefunktionals wird als **E n e r g i e m e t h o d e** bezeichnet.

Auf Satz 2.5 beruht das **V e r f a h r e n   v o n   R a y l e i g h** [1] **u n d   R i t z** [1] zur genäherten Berechnung von $\bar{u}$: Man wählt — genau wie in Abschn. 2.1.2 bei der Fehlerquadratmethode — linear unabhängige $u_1, \ldots, u_n \in U$, die einen n-dimensionalen Unterraum $U_n \subset U$ aufspannen. Diesmal betrachtet man als beste Approximation die Lösung der Extremalaufgabe

$$I(u) \to \min , \quad u \in U_n \, . \tag{2.25}$$

Sie ist äquivalent mit

$$I(\xi_1 u_1 + \ldots + \xi_n u_n) \to \min , \quad (\xi_1, \ldots, \xi_n) \in \mathbf{R}^n \, .$$

Die linke Seite ist ein quadratisches Polynom in den $\xi_1, \ldots, \xi_n$, das sich in der Gestalt (2.1) mit den Koeffizienten

$$a_{jk} = (Au_j, u_k) , \quad b_j = (u_j, f) , \quad c = 0$$

schreiben läßt. Die Matrix (a_{jk}) ist symmetrisch und die zugehörige quadratische Form

$$|\xi_1 u_2 + \ldots + \xi_n u_n|^2 = \sum_{j, k=1}^{n} a_{jk} \xi_j \xi_k$$

wegen der linearen Unabhängigkeit der $u_1, \ldots, u_n$ positiv definit. Damit ergibt sich nach Satz 2.1 sogleich auch

Satz 2.6 *Die* $u_1, \ldots, u_n \in U$ *seien linear unabhängig gewählt. Dann ist die Extremalaufgabe*

$$I(u) \to \min , \qquad u \in U_n \tag{2.26}$$

äquivalent mit dem eindeutig lösbaren System linearer Gleichungen

$$\sum_{k=1}^{n} a_{jk}\xi_k = b_j \qquad (j = 1, \ldots, n) \tag{2.27}$$

mit $\qquad a_{jk} = (Au_j, u_k) , \qquad b_j = (u_j, f) . \tag{2.28}$

Das Verfahren von Rayleigh und Ritz läßt sich auch als Projektionsverfahren auffassen. Dies beruht auf der Gleichung (2.23). Aus ihr liest man ab

Satz 2.7 *Das Extremalproblem* (2.26) *ist äquivalent mit*

$$| u - \overline{u} |^2 \to \min , \qquad u \in U_n .$$

Das heißt, die beste Approximation von $\overline{u}$ im Sinne des Rayleigh-Ritzschen Verfahrens ist die orthogonale Projektion von $\overline{u}$ auf den n-dimensionalen Unterraum U_n, und zwar orthogonal im Sinne des energetischen inneren Produktes $[\ , \ ]$.

Die Gleichungen (2.27) mit den Koeffizienten (2.28) werden als G l e i c h u n g e n v o n R i t z u n d G a l e r k i n bezeichnet. Man erhält sie nämlich nach Galerkin auch auf folgende Weise: Man setzt u in der Form $u = \xi_1 u_1 + \ldots + \xi_n u_n$ an. Zur Festlegung der $\xi_1, \ldots, \xi_n$ verlangt man nun, daß der Fehler $Au - f$ orthogonal zu den $u_1, \ldots, u_n$ sein soll: $(u_j, Au) = (u_j, f)$, $j = 1, \ldots, n$. Das liefert gerade wieder die Gleichungen (2.27), aber natürlich nicht den Zusammenhang mit dem Extremalproblem (2.26).

Bei der Fehlerquadratmethode lieferte die Gleichung (2.15) die Möglichkeit, den Fehler $u - \overline{u}$ in der Fehlerquadratnorm abzuschätzen. Das Analogon zu (2.15) bei der Energiemethode ist die Gleichung (2.23), die man in der Form

$$| u - \overline{u} |^2 = I(u) - I(\overline{u}) \tag{2.29}$$

schreiben kann. Da man den Wert von $I(\overline{u})$ im allgemeinen nicht kennt, kann man (2.29) nur dann zur Fehlerabschätzung heranziehen, wenn man wenigstens eine untere Schranke $d \leqslant I(\overline{u})$ kennt. Denn dann ist

$$| u - \overline{u} |^2 \leqslant I(u) - d . \tag{2.30}$$

Damit erhebt sich die Frage, wie man untere Schranken für $I(\overline{u})$ konstruieren kann. Wir werden hierauf bei der Betrachtung sog. komplementärer Extremalprobleme zurückkommen.

Wenn der Operator A positiv definit ist, d. h., wenn es ein positives α gibt mit

$$(Au, u) \geqslant \alpha \| u \|^2 \qquad \forall u \in U ,$$

dann folgt aus der Schwarzschen Ungleichung zunächst wieder $\alpha \parallel u \parallel \ \leqslant \ \parallel Au \parallel$ und damit weiter

$$| u |^2 = (Au, u) \leqslant \frac{1}{\alpha} \parallel Au \parallel^2 \ .$$

Angewandt auf $u - \overline{u}$ ergibt dies wegen $A\overline{u} = f$ die Fehlerabschätzung

$$| u - \overline{u} |^2 \leqslant \frac{1}{\alpha} \parallel Au - f \parallel^2 \ . \qquad (2.31)$$

Aus (2.29) und (2.31) folgt weiter

$$I(u) - I(\overline{u}) \leqslant \frac{1}{\alpha} \parallel Au - f \parallel^2 \ .$$

Daraus ergibt sich sogleich eine auch von B i t t n e r [1] angegebene Einschließung von $I(\overline{u}) = - | \overline{u} |^2$, nämlich

$$I(u) \geqslant I(\overline{u}) \geqslant I(u) - \frac{1}{\alpha} \parallel Au - f \parallel^2 \qquad \forall u \in U \ .$$

2.1.4 Ein Maximumprinzip aus der Schwarzschen Ungleichung

Mit den Bezeichnungen und unter den Voraussetzungen von Abschn. 2.1.3 betrachten wir die Operatorgleichung

$$Au = f \ , \qquad u \in U \ . \qquad (2.32)$$

Sie besitze also eine Lösung $\overline{u} \in U$, und außerdem sei A symmetrisch und positiv. Es sei $f \neq 0$, d. h. auch $\overline{u} \neq 0$. Anwendung der Schwarzschen Ungleichung auf das energetische innere Produkt $[\ , \ ]$ liefert

$$(u, f)^2 = [u, \overline{u}]^2 \leqslant | u |^2 \, | \overline{u} |^2 \ .$$

Für ein Element $u \in U$, $u \neq 0$, kann dies auch in der Form

$$\frac{(u, f)^2}{| u |^2} \leqslant | \overline{u} |^2$$

geschrieben werden. Man bestätigt leicht, daß für $u = \overline{u}$ das Gleichheitszeichen gilt. Damit hat man bereits

Satz 2.8 (M a x i m u m p r i n z i p) *Es sei $\overline{u}$ die Lösung von (2.32). Dann ist*

$$\max_{\substack{u \in U \\ u \neq 0}} \frac{(u, f)^2}{| u |^2} = | \overline{u} |^2 \ . \qquad (2.33)$$

Dieses Maximumprinzip, das aus der Schwarzschen Ungleichung folgt, wird in der Literatur häufiger herangezogen. Bisweilen wird es nach S c h w i n g e r benannt. Man kann (2.33) aber auch anders deuten: Für das Energiefunktional $I(u)$ gilt nach Abschn. 2.1.3

$$I(u) = (Au, u) - 2(f, u) \geqslant I(\overline{u})$$

mit $I(\overline{u}) = -|\overline{u}|^2$. Mit beliebig, aber fest gewähltem $u \in U$, $u \neq 0$ erhält man dann, da mit $u \in U$ auch $\xi u \in U$ ist,

$$I(u) \geqslant \min_{\xi} I(\xi u) \geqslant I(\overline{u}).$$

Das Minimum wird angenommen für $\xi = (u, f)/|u|^2$. Damit erhält man

$$I(u) \geqslant - \frac{(u, f)^2}{|u|^2} \geqslant -|\overline{u}|^2.$$

Hieraus läßt sich noch einmal das Maximumprinzip (2.33) ablesen.

Es sei noch auf folgenden Umstand hingewiesen: Das Funktional

$$S(u) = \frac{(u, f)^2}{|u|^2}$$

ändert seinen Wert nicht, wenn man u durch αu mit $\alpha \neq 0$ ersetzt. Daher gilt insbesondere auch

$$S(\alpha \overline{u}) = S(\overline{u}) = |\overline{u}|^2.$$

Die Lösung $\overline{u}$ von (2.32) ist also durch das Maximumprinzip

$$S(u) \to \max, \quad u \in U, u \neq 0,$$

nicht eindeutig festgelegt. Zur näherungsweisen Berechnung von $\overline{u}$ ist daher das Maximumprinzip (2.33) nicht geeignet. Es ist aber in anderem Zusammenhang bisweilen von Interesse, wenn es nur darum geht, eine untere Schranke für $|\overline{u}|^2$ zu konstruieren.

Für die systematische Verwendung der Schwarzschen Ungleichung bei quadratischen Extremalproblemen siehe man etwa D i a z und W e i n s t e i n [1] sowie D i a z [1], [2].

2.2 Quadratische Extremalprobleme bei linearen Variationsgleichungen

2.2.1 Quadratische Extremalprobleme

In den Anwendungen treten häufig quadratische Extremalprobleme auf, bei denen folgende Situation zugrunde liegt:

Gegeben ist ein linearer Raum E, ein linearer Unterraum U, ferner ein lineares Funktional $\ell(\ ): E \to \mathbf{R}$ sowie eine Bilinearform $a(\ ,\ ): E \times E \to \mathbf{R}$ mit folgenden Eigenschaften: Sie ist symmetrisch und nicht negativ in E und positiv in U,

$$a(u, v) = a(v, u) \qquad \forall\, u, v \in E \tag{2.34}$$

$$a(u, u) \geqslant 0 \qquad \forall\, u \in E \tag{2.35}$$

$$a(u, u) > 0 \qquad \forall\, u \in U, u \neq 0 \,. \tag{2.36}$$

Dann ist also durch

$$|\,u\,| = a(u, u)^{1/2} \tag{2.37}$$

in E eine Halbnorm und in U eine Norm definiert. Wir wollen sie wieder als E n e r g i e n o r m bezeichnen.

Die betrachtete Extremalaufgabe lautet: Es sei $u_0 \in E$ gegeben. Gesucht ist $u \in E$ als Lösung von

$$J(u) = a(u, u) - 2\,\ell(u) \to \min , \qquad u - u_0 \in U \,. \tag{2.38}$$

Über die Existenz einer Lösung kann man unter diesen allgemeinen Voraussetzungen keine Aussage machen. Immerhin ist folgendes richtig:

Satz 2.9 *Die Extremalaufgabe* (2.38) *besitzt höchstens eine Lösung. Im übrigen ist die Extremalaufgabe* (2.38) *äquivalent mit der Aufgabe, ein* $u \in E$ *zu finden, das der Gleichung*

$$a(u, \varphi) = \ell(\varphi) \qquad \forall\, \varphi \in U, \qquad u - u_0 \in U \tag{2.39}$$

genügt.

B e w e i s . Es sei zunächst $\bar{u}$ eine Lösung von (2.38), d. h., es sei $J(u) \geqslant J(\bar{u})$ für $u - u_0 \in U$. Dann ist mit beliebigem $\varphi \in U$ und $t \in R$ auch $J(\bar{u} + t\varphi) \geqslant J(\bar{u})$ oder

$$J(\bar{u}) + 2\,t\,\{a(\bar{u}, \varphi) - \ell(\varphi)\} + t^2 a(\varphi, \varphi) \geqslant J(\bar{u}) \,.$$

Bei festem $\varphi \neq 0$ ist die linke Seite ein quadratisches Polynom in t, das sein Minimum für $t = 0$ annimmt. Dort ist notwendig die erste Ableitung nach t gleich Null, woraus (2.39) folgt.

Es sei nun umgekehrt $\bar{u}$ eine Lösung von (2.39), und es sei u irgend ein Element mit $u - u_0 \in U$. Dann ist $\varphi = u - \bar{u} \in U$, und es folgt unter Verwendung von (2.39)

$$J(u) = J(\bar{u} + \varphi) = J(\bar{u}) + a(\varphi, \varphi) \geqslant J(\bar{u}) \,.$$

Also ist $\bar{u}$ auch Lösung von (2.38). Zugleich folgt für $u \neq \bar{u}$ sogar $J(u) > J(\bar{u})$, d. h., $\bar{u}$ ist die einzige Lösung von (2.38). $\square$

Die Gleichung (2.39) wird als V a r i a t i o n s g l e i c h u n g des Extremalproblems (2.38) bezeichnet.

Beispiel 2.1 Es sei $E = H^1(G)$, $U = H^1_0(G)$, $u_0 \in H^1(G)$, $f \in L_2(G)$. Ferner sei

$$a(u, v) = \int\limits_G \operatorname{grad} u \operatorname{grad} v \, dx\,, \qquad \ell(u) = \int\limits_G fu \, dx\,.$$

Zu dem Extremalproblem (2.38) gehört die Variationsgleichung

$$\int\limits_G \operatorname{grad} u \operatorname{grad} \varphi \, dx = \int\limits_G f\varphi \, dx \qquad \forall\, \varphi \in H^1_0(G),\ u - u_0 \in H^1_0(G)\,.$$

Dies ist eine schwache Form der Randwertaufgabe

$$-\Delta u = f \quad \text{in } G, \qquad u = u_0 \quad \text{auf } \partial G\,.$$

2.2.2 Natürliche Randbedingungen

Der Begriff der natürlichen Randbedingungen wird am besten anhand eines Beispieles erläutert.

Es sei G ein beschränktes Gebiet mit regulärem Rand ∂G, der aus zwei Anteilen Γ_1 und Γ_2 bestehe. Es sei etwa $E = H^1(G)$, $U = \{u \in H^1(G) \mid u = 0 \text{ auf } \Gamma_1\}$, $u_0 \in H^1(G)$, $f \in L_2(G)$, $g \in L_2(\Gamma_2)$. Wir setzen

$$a(u, v) = \int\limits_G \operatorname{grad} u \operatorname{grad} v \, dx, \qquad \ell(u) = \int\limits_G fu \, dx + \int\limits_{\Gamma_2} gu \, dS\,.$$

Die Voraussetzungen (2.34) bis (2.36) sind erfüllt. Die zu (2.38) gehörige Variationsgleichung lautet: Gesucht ist ein $u \in u_0 + U$ mit

$$\int\limits_G \operatorname{grad} u \operatorname{grad} \varphi \, dx = \int\limits_G f\varphi \, dx + \int\limits_{\Gamma_2} g\varphi \, dS \qquad \forall\, \varphi \in U\,. \tag{2.40}$$

Wir wollen nun annehmen, daß u sogar eine Funktion aus $H^2(G)$ ist. Dann kann man die erste Greensche Formel anwenden und erhält

$$\int\limits_G (\Delta u + f)\varphi \, dx = \int\limits_{\Gamma_2} \left(\frac{\partial u}{\partial n} - g \right) \varphi \, dS \qquad \forall\, \varphi \in U\,. \tag{2.41}$$

Die Funktionalgleichung (2.41) muß speziell auch für alle Testfunktionen $\varphi \in C^\infty_0(G)$ erfüllt sein, die nach Definition in einem Randstreifen identisch Null sind. Aus

$$\int\limits_G (\Delta u + f)\varphi \, dx = 0 \qquad \forall\, \varphi \in C^\infty_0(G)$$

folgt dann nach Satz 1.4 das Bestehen der Differentialgleichung $\Delta u + f = 0$ in G. Damit reduziert sich (2.41) auf die Gleichung

$$\int\limits_{\Gamma_2} \left(\frac{\partial u}{\partial n} - g \right) \varphi \, dS = 0 \qquad \forall\, \varphi \in U\,.$$

Dies ist eine schwache Form der Randbedingung $\partial u/\partial n = g$ auf Γ_2. Die gesuchte Lösung der Extremalaufgabe ist daher Lösung der Randwertaufgabe

$$-\Delta u = f \quad \text{in } G, \qquad u = u_0 \quad \text{auf } \Gamma_1, \qquad \frac{\partial u}{\partial n} = g \quad \text{auf } \Gamma_2 .$$

Die Lösung des Extremalproblems erfüllt also von selbst eine weitere Randbedingung.

Die Randbedingung $u = u_0$ auf Γ_1 wird als wesentliche Randbedingung bezeichnet, und die Randbedingung $\partial u/\partial n = g$ auf Γ_2, die aus der Variationsgleichung folgt, als natürliche Randbedingung.

Ganz allgemein werden die Randbedingungen, die von allen u mit $u - u_0 \in U$ erfüllt werden, als w e s e n t l i c h e   R a n d b e d i n g u n g e n bezeichnet, und die Randbedingungen, die aus der Variationsgleichung zusätzlich folgen, als n a t ü r l i c h e   R a n d b e d i n g u n g e n .

In der Mechanik werden die wesentlichen Randbedingungen gewöhnlich als g e o m e - t r i s c h e oder s t a t i s c h e Randbedingungen bezeichnet und die natürlichen als d y n a m i s c h e oder k i n e m a t i s c h e Randbedingungen. Zur Erläuterung dieser Begriffe kann etwa folgendes Beispiel dienen:

Beispiel 2.2 G sei ein ebenes Gebiet. E, U und $\ell(\ )$ seien wie oben definiert. Diesmal sei aber $a(\ , \ )$ gegeben durch

$$a(u, v) = \int\limits_G \mu \, \text{grad } u \, \text{grad } v \, dx + \int\limits_{\Gamma_2} \kappa \, u \, v \, dS$$

mit positiven Konstanten μ und κ. Dann ist die Variationsgleichung (2.39) eine schwache Form von

$$-\mu \, \Delta u = f \quad \text{in } G, \qquad \mu \, \partial u/\partial n + \kappa u = g \quad \text{auf } \Gamma_2 .$$

Das Problem tritt in der Theorie e l a s t i s c h e r   M e m b r a n e auf und hat dort folgende Bedeutung: J(u) ist die (doppelte) potentielle Energie der Verschiebung einer elastischen Membran aus der ebenen Ausgangslage, wenn die Verschiebung $u = u_0$ auf Γ_1 gegeben ist und das Randstück Γ_2 durch elastische Kräfte (Elastizitätsmodul κ) an die Ausgangslage gebunden ist. f und g sind senkrecht zur Ebene der Ausgangslage wirkende Kraftdichten (Flächenkraft in G, Linienkraft auf Γ_2). Das Extremalprinzip $J(u) \to \min$ ist das Prinzip vom Minimum der potentiellen Energie. Unter der Annahme, daß die Lösung des Extremalproblems in $H^2(G)$ existiert, ist sie zugleich Lösung der Randwertaufgabe

$$-\mu \, \Delta u = f \quad \text{in } G, \qquad u = u_0 \quad \text{auf } \Gamma_1, \qquad \mu \partial u/\partial n + \kappa u = g \quad \text{auf } \Gamma_2 .$$

Die erste Randbedingung ist die geometrische, die zweite die dynamische.

Natürliche Randbedingungen treten auch bei Problemen mit u n s t e t i g e n   K o e f - f i z i e n t e n auf. Man erhält dann an den Unstetigkeitsflächen der Koeffizienten notwendige Bedingungen (Stetigkeitsbedingungen) für gewisse Ausdrücke, in die Ableitungen der Lösung eingehen.

Beispiel 2.3 Es sei $G \subset \mathbf{R}^N$ ein endliches Gebiet, das gemäß Fig. 2.1 aus zwei Teilgebieten G_1 und G_2 mit dem gemeinsamen Randstück Γ bestehe. Es sei $E = H^1(G)$, $U = H_0^1(G)$, $f \in L_2(G)$ sowie

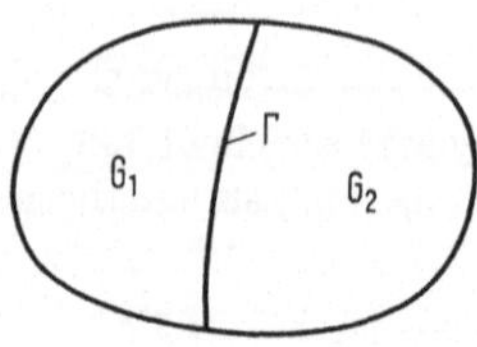

$$\ell(u) = \int\limits_G f\, u\, dx \; .$$

Fig. 2.1
Zu Beispiel 2.3

In der Bilinearform

$$a(u, v) = \int\limits_G p\ \text{grad}\ u\ \text{grad}\ v\ dx$$

sei der Koeffizient p eine stückweise konstante Funktion: $p = \alpha_1 > 0$ in G_1, $p = \alpha_2 > 0$ in G_2 mit $\alpha_1 \neq \alpha_2$. Die Variationsgleichung lautet

$$\int\limits_{G_1} \alpha_1\ \text{grad}\ u\ \text{grad}\ \varphi\ dx + \int\limits_{G_2} \alpha_2\ \text{grad}\ u\ \text{grad}\ \varphi\ dx = \int\limits_G f\varphi\ dx \qquad \forall\ \varphi \in H_0^1(G)\ .$$

Dies ist eine schwache Form der Randwertaufgabe

$$-\alpha_1 \Delta u_1 = f \text{ in } G_1 \; , \qquad -\alpha_2 \Delta u_2 = f \text{ in } G_2$$

mit den wesentlichen Randbedingungen

$$u_1 = 0 \quad \text{auf } \partial G_1 - \Gamma \, , \qquad u_2 = 0 \quad \text{auf } \partial G_2 - \Gamma \, , \qquad u_1 = u_2 \quad \text{auf } \Gamma$$

sowie mit der natürlichen Randbedingung

$$\alpha_1\ \frac{\partial u_1}{\partial n} = \alpha_2\ \frac{\partial u_2}{\partial n} \qquad \text{auf } \Gamma \; .$$

(Die Richtungsableitung ist beidemal mit der äußeren Normalen von G_1 gebildet.)

2.2.3 Das Verfahren von Rayleigh und Ritz

In Abschn. 2.2.1 wurde schon angemerkt, daß die Voraussetzungen (2.34) bis (2.36) nicht ausreichen, um die Existenz einer Lösung $\bar{u}$ von (2.38) zu garantieren. Hierauf kommen wir in Abschn. 2.2.4 zurück. Wir wollen im Augenblick die Existenz der Lösung voraussetzen und zunächst in völliger Analogie zu Abschn. 2.1.3 das V e r f a h r e n v o n R a y l e i g h [1] u n d R i t z [1] für Extremalprobleme der Gestalt (2.38) formulieren:

Man wählt wieder linear unabhängige $u_1, \ldots, u_n \in U$, die einen n-dimensionalen Unterraum $U_n \subset U$ aufspannen. Man betrachtet dann als beste Approximation für $\bar{u}$ die Lösung der Extremalaufgabe

$$J(u) \to \min , \qquad u - u_0 \in U_n . \tag{2.42}$$

Sie ist äquivalent mit

$$J(u_0 + \xi_1 u_1 + \ldots + \xi_n u_n) \to \min , \qquad (\xi_1, \ldots, \xi_n) \in \mathbf{R}^n . \tag{2.43}$$

Die linke Seite ist wieder ein quadratisches Polynom in $\xi_1, \ldots, \xi_n$, das sich in der Gestalt (2.1) schreiben läßt mit den Koeffizienten

$$a_{jk} = a(u_j, u_k) , \qquad b_j = \ell(u_j) - a(u_j, u_0) , \qquad c = a(u_0, u_0) - 2\,\ell(u_0) .$$

Die Matrix (a_{jk}) ist wegen (2.34) symmetrisch und die zugehörige quadratische Form

$$| \xi_1 u_1 + \ldots + \xi_n u_n |^2 = \sum_{j,\,k=1}^{n} a_{jk} \xi_j \xi_k$$

wegen (2.36) positiv definit. Aus Satz 2.1 folgt daher

Satz 2.10 *Die $u_1, \ldots, u_n \in U$ seien linear unabhängig gewählt. Dann ist die Extremalaufgabe (2.43) eindeutig lösbar, und sie ist äquivalent mit dem System linearer Gleichungen*

$$\sum_{k=1}^{n} a_{jk} \xi_k = b_j \qquad (j = 1, \ldots, n) \tag{2.44}$$

mit $\qquad a_{jk} = a(u_j, u_k) , \qquad b_j = \ell(u_j) - a(u_j, u_0) .$ $\tag{2.45}$

Es sei noch besonders auf die praktische Bedeutung des Begriffs der wesentlichen und der natürlichen Randbedingungen hingewiesen: Bei einem Näherungsansatz der Gestalt $u_0 + \xi_1 u_1 + \ldots + \xi_n u_n$ ist von den $u_1, \ldots, u_n$ lediglich zu verlangen, daß sie dem Unterraum U angehören. Natürliche Randbedingungen, die aus der Variationsgleichung folgen und von der Lösung $\bar{u}$ des Problems von selbst erfüllt werden, brauchen von den Ansatzfunktionen $u_1, \ldots, u_n$ jedoch nicht gefordert zu werden. Das kann eine ganz wesentliche Erleichterung bei der Wahl von Ansatzfunktionen sein.

Es sei nun wieder $\bar{u}$ die Lösung von (2.38) und u ein Element mit $u - u_0 \in U$. Dann ist auch $\varphi = u - \bar{u} \in U$, und man erhält unter Benutzung von $a(\bar{u}, \varphi) = \ell(\varphi)$ in Analogie zu (2.22) die Gleichung

$$J(u) = | u - \bar{u} |^2 + J(\bar{u}) . \tag{2.46}$$

In der Tat ergibt sich mit $\varphi = u - \bar{u}$

$$J(u) = J(\bar{u} + \varphi) = J(\bar{u}) + a(\varphi, \varphi) ,$$

woraus (2.46) folgt. Analog zu Satz 2.7 erhält man daher diesmal

Satz 2.11 *Die Extremalaufgabe* (2.42) *ist äquivalent mit*

$$| u - \overline{u} |^2 \to \min , \qquad u - u_0 \in U_n .$$

Das heißt, die beste Approximation von $\overline{u}$ im Sinne des Rayleigh-Ritzschen Verfahrens ist die orthogonale Projektion von $\overline{u}$ auf die n-dimensionale lineare Mannigfaltigkeit $u_0 + U_n$, und zwar orthogonal im Sinne des inneren Produktes $a(\ , \ )$.

Gleichung (2.46) läßt sich auch in der Form

$$| u - \overline{u} |^2 = J(u) - J(\overline{u}) \tag{2.47}$$

schreiben. Sofern man eine untere Schranke für $J(\overline{u}) = - | \overline{u} |$ angeben kann, $d \leqslant J(\overline{u})$, folgt daraus für den Fehler einer Näherung u die Normabschätzung

$$| u - \overline{u} |^2 \leqslant J(u) - d . \tag{2.48}$$

Auf die Frage, wie man untere Schranken konstruieren kann, kommen wir bei den komplementären Extremalproblemen zurück.

2.2.4 Ein Existenzsatz

Wir wollen uns nun mit der Frage befassen, unter welchen Umständen man bei dem Extremalproblem (2.38) die Existenz einer Lösung $\overline{u}$ mit $\overline{u} - u_0 \in U$ garantieren kann. Wir betrachten zunächst den Sonderfall $u_0 = 0$, auf den der allgemeine Fall leicht zurückgeführt werden kann.

Wie in Abschn. 2.2.1 sei ein linearer Raum E gegeben, ein linearer Unterraum U, ein lineares Funktional $\ell(\ ) : E \to R$ sowie eine Bilinearform $a(\ , \ ) : E \times E \to R$ mit den Eigenschaften

$$a(u, v) = a(v, u) \qquad \forall u, v \in E \tag{2.49}$$

$$a(u, u) \geqslant 0 \qquad \forall u \in E \tag{2.50}$$

$$a(u, u) > 0 \qquad \forall u \in U , u \neq 0 . \tag{2.51}$$

Ferner werde wieder die E n e r g i e n o r m

$$| u | = a(u, u)^{1/2}$$

eingeführt. Wir betrachten das Extremalproblem

$$J(u) = a(u, u) - 2 \ell(u) \to \min , \qquad u \in U .$$

Es ist nach Satz 2.9 äquivalent mit dem Problem ein $u \in U$ zu finden, das der Variationsgleichung

$$a(u, \varphi) = \ell(\varphi) \qquad \forall \varphi \in U$$

genügt.

Wenn die Variationsgleichung eine Lösung $\overline{u} \in U$ besitzt, dann liefert die Schwarzsche Ungleichung

$$|\ell(\varphi)| = |a(\overline{u}, \varphi)| \leqslant |\overline{u}| \, |\varphi| \qquad \forall \varphi \in U,$$

d. h., das lineare Funktional $\ell(\ )$ ist dann notwendig in U bezüglich der Energienorm $|\ |$ beschränkt, und zwar mit der Konstante $c = |\overline{u}|$. Wir nehmen daher als Voraussetzung auf: Es gelte mit einer positiven Konstante c

$$|\ell(u)| \leqslant c \, |u| \qquad \forall u \in U. \tag{2.52}$$

Man kann nun leicht zeigen: Unter der Voraussetzung (2.52) ist $J(u)$ auf U nach unten beschränkt. In der Tat ist für beliebige $u \in U$

$$J(u) = |u|^2 - 2\,\ell(u) \geqslant |u|^2 - 2\,c\,|u| = (|u| - c)^2 - c^2 \geqslant -c^2 .$$

Es bezeichne d die untere Grenze von $J(u)$:

$$d = \inf_{u \in U} J(u) .$$

Man kann dann eine Folge $u_1, u_2, \ldots$ aus U finden mit

$$J(u_1) \geqslant J(u_2) \geqslant \ldots \geqslant d , \qquad \lim_{n \to \infty} J(u_n) = d .$$

Eine solche Folge wird M i n i m a l f o l g e genannt.

Satz 2.12 (E x i s t e n z s a t z) *Die Voraussetzungen* (2.49) *bis* (2.52) *seien erfüllt. Außerdem sei der Unterraum U bezüglich der Energienorm abgeschlossen. Dann besitzt das Extremalproblem*

$$J(u) = a(u, u) - 2\,\ell(u) \to \min , \qquad u \in U$$

genau eine Lösung $\overline{u} \in U$. *Jede Minimalfolge* $u_1, u_2, \ldots$ *aus U ist eine konvergente Folge mit* $\overline{u}$ *als starkem Limes.*

B e w e i s. a) Jede Minimalfolge $u_1, u_2, \ldots$ ist eine Cauchyfolge bezüglich der Energienorm. Dies ergibt sich aus der P a r a l l e l o g r a m m g l e i c h u n g (1.7), angewandt auf die Energienorm in der Form

$$|u_m|^2 + |u_n|^2 = \frac{1}{2} |u_m - u_n|^2 + \frac{1}{2} |u_m + u_n|^2 .$$

Subtrahiert man nämlich von beiden Seiten $2\,\ell(u_m + u_n)$, so entsteht

$$J(u_m) + J(u_n) = \frac{1}{2} |u_m - u_n|^2 + 2\,J\left(\frac{u_m + u_n}{2}\right)$$

$$\geqslant \frac{1}{2} |u_m - u_n|^2 + 2\,d .$$

Andererseits ist für eine Minimalfolge $J(u_m) \to d$ und $J(u_n) \to d$ für $m \to \infty, n \to \infty$. Also ist notwendig

$$| u_m - u_n |^2 \to 0 \qquad \text{für } m, n \to \infty .$$

Das heißt, die Minimalfolge ist eine Cauchyfolge und besitzt, da U nach Voraussetzung bezüglich der Energienorm abgeschlossen ist, einen Limes $\bar{u}$ in U.

b) Wir zeigen nun, daß $J(\bar{u}) = d$ ist. Zunächst folgt aus $| u_n - \bar{u} | \to 0$ für $n \to \infty$ wegen (1.4) sofort auch $| u_n | \to | \bar{u} |$ für $n \to \infty$. Da das lineare Funktional $\ell(\ )$ nach Voraussetzung auf U beschränkt ist, ist es auch stetig, d. h., es ist $\ell(u_n) \to \ell(\bar{u})$ für $n \to \infty$. Damit hat man insgesamt

$$d = \lim_{n \to \infty} J(u_n) = J(\bar{u}) .$$

c) Nach Satz 2.9 besitzt die Extremalaufgabe höchstens eine Lösung. Daher konvergieren alle Minimalfolgen gegen die eindeutig bestimmte Lösung $\bar{u}$.   □

Korollar 1 Unter den Voraussetzungen von Satz 2.12 besitzt auch die Extremalaufgabe

$$J(u) = a(u, u) - 2 \ell(u) \to \min , \qquad u - u_0 \in U \tag{2.53}$$

genau eine Lösung $\bar{u}$. Jede Minimalfolge ist eine konvergente Folge mit $\bar{u}$ als starkem Limes.

B e w e i s. Mit der Substitution $v = u - u_0$ erhält man

$$J(u) = J(u_0 + v) = a(v, v) - 2 \ell_1(v) + J(u_0)$$
$$\text{mit} \qquad \ell_1(v) = \ell(v) - a(u_0, v) .$$

Das Extremalproblem (2.53) ist also äquivalent mit

$$J_1(v) = a(v, v) - 2 \ell_1(v) \to \min , \qquad v \in U .$$

Dabei sind alle Voraussetzungen (2.49) bis (2.52) erfüllt. Insbesondere folgt aus der (auch für semidefinite innere Produkte gültigen) Schwarzschen Ungleichung die Abschätzung $| a(u_0, v) | \leqslant | u_0 | | v |$ und damit

$$| \ell_1(v) | \leqslant (c + | u_0 |) | v | \qquad \forall v \in U ,$$

d. h., $\ell_1(\ )$ ist beschränkt. Es existiert also nach Satz 2.12 eine Lösung $\bar{v} \in U$, und $\bar{u} = u_0 + \bar{v}$ ist dann Lösung von (2.53).   □

Korollar 2 Unter den Voraussetzungen von Satz 2.12 besitzt die Gleichung

$$a(u, \varphi) = \ell(\varphi) \qquad \forall \varphi \in U \tag{2.54}$$

genau eine Lösung $\bar{u}$ mit $\bar{u} - u_0 \in U$.

B e w e i s. (2.54) ist die Variationsgleichung des Extremalproblems (2.53). Sie ist nach Satz 2.9 mit (2.53) äquivalent und daher ebenfalls eindeutig lösbar.   □

2.2.5 Projektionssatz, Rieszscher Darstellungsatz

In den Betrachtungen von Abschn. 2.2.4 sind als Sonderfälle zwei häufig benutzte Sätze über Hilberträume enthalten, nämlich der sog. P r o j e k t i o n s s a t z und der sog. R i e s z s c h e   D a r s t e l l u n g s s a t z.

Satz 2.13 (R i e s z s c h e r   D a r s t e l l u n g s s a t z) *Es sei H, (,), $\| \ \|$ ein (reeller) Hilbertraum und $\ell( )$: H $\to$ **R** ein beschränktes, lineares Funktional:*

$$|\ell(u)| \leqslant c \|u\| \qquad \forall\, u \in H .$$

Dann läßt sich $\ell( )$ in der Form

$$\ell(\varphi) = (\bar{u}, \varphi) \qquad \forall\, \varphi \in H \tag{2.55}$$

darstellen, wobei $\bar{u} \in H$ eindeutig bestimmt ist.

B e w e i s. Mit E = U = H und a(u, v) = (u, v) sowie $u_0 = 0$ ist das gesuchte $\bar{u}$ die eindeutig bestimmte Lösung der Variationsgleichung (2.54).   □

Satz 2.14 (P r o j e k t i o n s s a t z) *Es sei E, (,), $\| \ \|$ ein (reeller) Hilbert- oder Prähilbertraum, und es sei U ein bezüglich der Norm $\| \ \|$ abgeschlossener linearer Unterraum. Ferner sei V der lineare Unterraum aller v $\in$ E mit*

$$(v, \varphi) = 0 \qquad \forall\, \varphi \in U .$$

Dann ist E = U $\oplus$ V, d. h., jedes w $\in$ E besitzt eine eindeutig bestimmte Darstellung der Gestalt

$$w = \bar{u} + \bar{v} \quad mit \quad \bar{u} \in U, \ \bar{v} \in V . \tag{2.56}$$

Dabei ist $\bar{u}$ die orthogonale Projektion von w auf U, d. h. die Lösung der Extremalaufgabe

$$\| u - w \|^2 \to \min , \quad u \in U .$$

B e w e i s. Wenn es eine Darstellung der Form (2.56) gibt, dann ist notwendig

$$(\bar{u}, \varphi) = (w, \varphi) \qquad \forall\, \varphi \in U . \tag{2.57}$$

Diese Gleichung kann mit E = U sowie a(u, v) = (u, v) und $\ell(\varphi) = (w, \varphi)$ als Sonderfall der Variationsgleichung (2.54) mit $u_0 = 0$ aufgefaßt werden. Daher ist (2.57) nach Korollar 1 eindeutig lösbar. Indem man $\bar{v} = w - \bar{u}$ setzt, erhält man die eindeutig bestimmte Darstellung (2.56). Im übrigen ist (2.57) die Variationsgleichung von

$$\| u \|^2 - 2\,(w, u) \to \min , \quad u \in U ,$$

und dies ist äquivalent mit

$$\| u - w \|^2 \to \min , \quad u \in U . \qquad\qquad □$$

B e m e r k u n g. Endlichdimensionale Unterräume U sind immer abgeschlossen. Für den Sonderfall eines endlichdimensionalen Unterraumes U haben wir die Aussage des Darstellungssatzes schon im Anschluß an Satz 2.2 erhalten.

2.2.6 Extremalprobleme in $H^m(G)$

Bei den quadratischen Extremalproblemen, die zu einer Randwertaufgabe für eine einzelne lineare Differentialgleichung der Ordnung 2 m gehören, liegt eine symmetrische Bilinearform

$$a(\ , \ ) : \ H^m(G) \times H^m(G) \to R$$

zugrunde. Gesucht ist $u \in H^m(G)$ als Lösung von

$$J(u) = a(u, u) - 2\,\ell(u) \to \min , \quad u - u_0 \in U , \tag{2.58}$$

wobei u_0 ein gegebenes Element aus $H^m(G)$ ist und U ein Unterraum mit

$$C_0^\infty(G) \subset U \subset H^m(G) .$$

Dabei werde analog zu Abschn. 2.2.1 vorausgesetzt, daß

$$a(u, u) \geqslant 0 \quad \forall u \in H^m(G) \tag{2.59}$$
$$a(u, u) > 0 \quad \forall u \in U, u \neq 0 . \tag{2.60}$$

Nach Satz 2.12 ist die Existenz einer (eindeutig bestimmten) Lösung $\bar{u} \in H^m(G)$ von (2.58) garantiert, sofern U bezüglich der Energienorm I I abgeschlossen und $\ell(\ )$ in U bezüglich der Energienorm beschränkt ist.

Für eine große Klasse wichtiger Anwendungen trifft nun folgendes zu: Die Bilinearform $a(\ , \ )$ ist in U beschränkt,

$$a(u, u) \leqslant \beta \| u \|_m^2 \quad \forall u \in U , \tag{2.61}$$

und $a(\ , \ )$ ist auf U positiv definit, d. h., mit einer positiven Konstanten α ist

$$a(u, u) \geqslant \alpha \| u \|_m^2 \quad \forall u \in U . \tag{2.62}$$

Wenn $a(\ , \ )$ die Voraussetzungen (2.61) und (2.62) erfüllt, dann sind die Energienorm I I und die Norm $\| \ \|_m$ auf U äquivalente Normen:

$$\alpha \| u \|_m^2 \leqslant I u I^2 \leqslant \beta \| u \|_m^2 \quad \forall u \in U . \tag{2.63}$$

Offensichtlich folgt daraus: Ist U bezüglich der Energienorm I I abgeschlossen, dann auch bezüglich der Norm $\| \ \|_m$ und umgekehrt. Ist $\ell(\ )$ in U bezüglich der Energienorm I I beschränkt, dann auch bezüglich der Norm $\| \ \|_m$ und umgekehrt. Aus dem Existenzsatz 2.12 folgt damit unmittelbar auch

Satz 2.15 *Die symmetrische Bilinearform* a(,) *erfülle die Voraussetzungen* (2.59) *bis* (2.62). *Der Unterraum* U *sei bezüglich der Norm* $\| \ \|_m$ *abgeschlossen und* $\ell(\ )$ *in* U *bezüglich der Norm* $\| \ \|_m$ *beschränkt. Dann besitzt die Extremalaufgabe*

$$J(u) = a(u, u) - 2\,\ell(u) \to \min , \quad u - u_0 \in U$$

sowie die mit ihr äquivalente Variationsgleichung

$$a(u, \varphi) = \ell(\varphi) \quad \forall\, \varphi \in U , \quad u - u_0 \in U$$

genau eine Lösung in $H^m(G)$.

In den Anwendungen ist der Nachweis von (2.62) mitunter keineswegs trivial. Es ist daher von Bedeutung, einige allgemeine Sätze zur Verfügung zu haben, mit deren Hilfe man im konkreten Fall die Äquivalenz der Energienorm $|\ |$ mit der Norm $\| \ \|_m$ nachweisen kann.

2.2.7 Äquivalente Normen in $H_0^m(G)$

Wir betrachten zunächst

$$|u|_1 = (\int_G |\operatorname{grad} u|^2 \, dx)^{1/2} .$$

In $H^1(G)$ ist dies nur eine Halbnorm, denn es ist $|u|_1 = 0$ für alle Funktionen $u = \text{const}$. Auf dem Unterraum $H_0^1(G)$ hingegen ist $|\ |_1$ eine Norm. Genauer gilt

Satz 2.16 *Für ein beschränktes Gebiet* $G \subset \mathbf{R}^N$ *sind* $|\ |_1$ *und* $\| \ \|_1$ *äquivalente Normen in* $H_0^1(G)$. *Das heißt, mit einer nur von G abhängigen positiven Konstanten* c_1 *ist*

$$c_1 \|u\|_1^2 \leqslant |u|_1^2 \leqslant \|u\|_1^2 \quad \forall\, u \in H_0^1(G) . \tag{2.64}$$

B e w e i s. Die Ungleichung $|u|_1^2 \leqslant \|u\|_1^2$ folgt unmittelbar aus der Definition von $|\ |_1$ bzw. $\| \ \|_1$. Der nichttriviale Teil von (2.64) ist die Ungleichung

$$c_1 \|u\|_1^2 \leqslant |u|_1^2 \quad \forall\, u \in H_0^1(G) . \tag{2.65}$$

Sie ergibt sich aus einer Ungleichung, die gewöhnlich nach K. O. F r i e d r i c h s benannt wird (man vergleiche etwa C o u r a n t und H i l b e r t [1], Bd. 2), von anderen Autoren aber auch als Poincarésche Ungleichung bezeichnet wird. Sie lautet:

Mit einer nur vom Gebiet G abhängigen Konstanten $c > 0$ ist

$$\int_G u^2 \, dx \leqslant c \int_G |\frac{\partial u}{\partial x_j}|^2 \, dx \quad \forall\, u \in H_0^1(G) . \tag{2.66}$$

Es genügt, die Ungleichung für Funktionen $\varphi \in C_0^\infty(G)$ herzuleiten, da $C_0^\infty(G)$ in $H_0^1(G)$ bezüglich der Norm $\| \ \|_1$ dicht liegt.

Es sei $\overline{\Omega}$ ein Würfel $|x_j| \leqslant a, j = 1, \ldots, N$, in dem $\overline{G}$ enthalten ist. Jedes $\varphi \in C_0^\infty(G)$ läßt sich dann mit $\varphi(x) = 0$ zu einer Funktion $\varphi \in C_0^\infty(\Omega)$ fortsetzen. Wir setzen $x = (x_1, \ldots, x_N)$. Man findet dann

$$\varphi(x) = \int_{-a}^{x_1} \frac{\partial}{\partial x_1} \varphi(\xi_1, x_2, \ldots, x_N) \, d\xi_1 .$$

Anwendung der Schwarzschen Ungleichung ergibt

$$|\varphi(x)|^2 \leqslant 2 \, a \int_{-a}^{+a} |\frac{\partial}{\partial x_1} \varphi(\xi_1, x_2, \ldots, x_N)|^2 \, d\xi_1$$

sowie $\int_\Omega |\varphi(x)|^2 \, dx \leqslant 4 \, a^2 \int_\Omega |\frac{\partial\varphi}{\partial x_1}|^2 \, dx .$

Hierin darf nachträglich wieder Ω durch G ersetzt werden. Ganz entsprechend erhält man für die übrigen Variablen x_j die Ungleichung (2.66) mit der Konstanten $c = 4 \, a^2$. Indem man über j summiert, ergibt sich zunächst

$$\| u \|_0^2 \leqslant \frac{4 \, a^2}{N} \, |u|_1^2 \qquad \forall \, u \in H_0^1(G) .$$

Daraus folgt

$$\| u \|_1^2 = \| u \|_0^2 + |u|_1^2 \leqslant \left(\frac{4 \, a^2}{N} + 1 \right) |u|_1^2 .$$

Das ist die Ungleichung (2.65). $\qquad\qquad\qquad\qquad\qquad\qquad\qquad\qquad\qquad\quad\square$

Durch mehrmalige Anwendung von (2.65) erhält man allgemeiner

Korollar 1 In $H_0^m(G)$ sind die beiden Normen $\| \; \|_m$ und $| \; |_m$ mit

$$\| u \|_m = (\sum_{|\alpha| \leqslant m} \| D^\alpha u \|_0^2)^{1/2} , \qquad |u|_m = (\sum_{|\alpha| = m} \| D^\alpha u \|_0^2)^{1/2}$$

äquivalent, d. h., mit einer nur vom Gebiet G abhängigen Konstanten $c_1 > 0$ ist

$$c_1 \| u \|_m^2 \leqslant |u|_m^2 \leqslant \| u \|_m^2 \qquad \forall \, u \in H_0^m(G) . \qquad\qquad (2.69)$$

Korollar 2 In $H_0^2(G)$ sind $\| \; \|_2$ und die Energienorm

$$|u| = (\int_G (\Delta u)^2 \, dx)^{1/2}$$

äquivalente Normen.

B e w e i s. Die Behauptung folgt sofort aus (2.69) aufgrund von

$$|u|_2^2 = \int_G (\Delta u)^2 \, dx \qquad \forall \, u \in H_0^2(G) .$$

Diese Gleichung ergibt sich zunächst für Funktionen $\varphi \in C_0^\infty(G)$ mit Hilfe partieller Integration. Sie gilt dann auch in der Abschließung $H_0^2(G)$ von $C_0^\infty(G)$ bezüglich der Norm $\| \ \|_2$. $\qquad\qquad\qquad\qquad\qquad\qquad\qquad\qquad\qquad\qquad\qquad\quad$ □

2.2.8 Äquivalente Normen in $H^m(G)$

In $H^m(G)$ ist

$$|u|_m = \left(\sum_{|\alpha|=m} \| D^\alpha u \|_0^2 \right)^{1/2}$$

nur eine Halbnorm. Die Funktionen $u \in H^m(G)$ mit $|u|_m = 0$ bilden einen linearen Unterraum P_{m-1}. Er besteht aus den Polynomen vom Grad kleiner oder gleich $m-1$. Wenn andererseits $| \ |_P$ irgend eine Norm in P_{m-1} ist, die in $H^m(G)$ wenigstens eine Halbnorm ist, dann ist

$$\| u \| = \left(|u|_P^2 + |u|_m^2 \right)^{1/2}$$

offensichtlich eine Norm in $H^m(G)$. Für sie gilt

Satz 2.17 *Es sei G ein beschränktes Gebiet mit regulärem Rand. Dann ist mit einer nur von G abhängigen positiven Konstante c_1*

$$c_1 \| u \|_m^2 \leqslant |u|_P^2 + |u|_m^2 \qquad \forall u \in H^m(G) . \tag{2.70}$$

B e w e i s. Wir schließen indirekt. Angenommen, es gibt kein positives c_1 mit der Eigenschaft (2.70). Dann kann man eine Folge von Elementen $u_1, u_2, \ldots$ aus $H^m(G)$ finden, die durch $\| u \|_m = 1$ normiert sind, und für die

$$\lim_{n \to \infty} \left(|u_n|_P^2 + |u_n|_m^2 \right) = 0 \tag{2.71}$$

ist. Nach dem Rellichschen Auswahlsatz kann man aus der in der Norm $\| \ \|_m$ beschränkten Folge eine Teilfolge $u_1', u_2', \ldots$ auswählen, die in der Norm $\| \ \|_{m-1}$ eine Cauchyfolge ist. Andererseits folgt aus (2.71) speziell auch $|u_n'|_m^2 \to 0$ für $n \to \infty$. Die partiellen Ableitungen $D^\alpha u_n'$ mit $|\alpha| = m$ konvergieren also in der Norm $\| \ \|_0$ gegen die Nullfunktion. Daher bilden die $u_1', u_2', \ldots$ bezüglich der Norm $| \ |_m$ ebenfalls eine Cauchyfolge. Aus $\| u \|_m = \| u \|_{m-1} + |u|_m$ folgt dann insgesamt

$$\| u_j' - u_k' \|_m \to 0 \qquad \text{für } j, k \to \infty .$$

Die Folge $u_1', u_2', \ldots$ ist also eine in $H^m(G)$ konvergente Folge. Für den Limes u erhält man aufgrund der Normierung $\| u_j' \|_m = 1$ ebenfalls $\| u \|_m = 1$.

Andererseits folgt aus (2.71) auch $|u|_P = |u|_m = 0$. Dabei bedeutet $|u|_m = 0$, daß u ein Polynom aus P_{m-1} ist. Aus $|u|_P = 0$ folgt dann, daß u die Nullfunktion ist. Dies ist ein Widerspruch zu $\| u \|_m = 1$. $\qquad\qquad\qquad\qquad\qquad\qquad\qquad\qquad\qquad\qquad$ □

Mit Hilfe von Satz 2.17 lassen sich in mannigfacher Weise Normen konstruieren, die zu der Norm $\| \ \|_m$ in $H^m(G)$ äquivalent sind. Wir begnügen uns mit einigen wenigen Beispielen. Dabei bezeichnet G jeweils ein beschränktes Gebiet mit regulärem Rand.

Korollar 1 Für alle $u \in H^m(G)$, $m \geqslant 1$, ist mit geeignetem $c_1 > 0$

$$c_1 \| u \|_m^2 \leqslant \int_G u^2 \, dx + | u |_m^2 \leqslant \| u \|_m^2 \ . \tag{2.72}$$

B e w e i s. Die linke Ungleichung folgt aus (2.70) mit der speziellen Wahl

$$| u |_P = \left(\int_G u^2 \, dx \right)^{1/2} \ .$$

Dies ist sogar in ganz $H^m(G)$ eine Norm. Die rechte Ungleichung folgt aus der Definition von $| \ |_m$ und $\| \ \|_m$. $\qquad\qquad\square$

Korollar 2 Es sei $\Gamma \subset \partial G$ ein Stück des Randes mit $\int_\Gamma dS. > 0$. Dann ist für alle $u \in H^1(G)$

$$c_1 \| u \|_1^2 \leqslant \int_\Gamma u^2 \, dS + | u |_1^2 \leqslant c_2 \| u \|_1^2 \ . \tag{2.73}$$

B e w e i s. Durch

$$| u |_P = \left(\int_\Gamma u^2 \, dS \right)^{1/2}$$

ist in $H^1(G)$ eine Halbnorm definiert. Sie ist eine Norm auf dem Unterraum P_0, der aus den konstanten Funktionen besteht. Damit folgt die linke Ungleichung aus (2.70). Die rechte Ungleichung folgt aus (1.29), wonach mit geeignetem $c > 0$

$$\int_\Gamma u^2 \, dS \leqslant c \| u \|_1^2 \qquad \forall \, u \in H^1(G)$$

ist. $\qquad\qquad\square$

Korollar 3 Es sei G ein ebenes Gebiet ($N = 2$) und Γ ein Stück der Randkurve ∂G, das nicht vollständig in einer Geraden enthalten ist. Dann ist für alle $u \in H^2(G)$

$$c_1 \| u \|_2 \leqslant \int_\Gamma u^2 \, dS + | u |_2^2 \leqslant c_2 \| u \|_2 \ . \tag{2.74}$$

B e w e i s. Zunächst ist

$$| u |_P = \left(\int_\Gamma u^2 \, dS \right)^{1/2}$$

eine Halbnorm in $H^2(G)$. Der Unterraum $P_{m-1} = P_1$ besteht aus allen linearen Funktionen. Da nach Voraussetzung Γ nicht vollständig in einer Geraden enthalten ist (vgl. Fig. 2.2) ist die Halbnorm in P_1 sogar eine Norm. Daraus folgt die linke Ungleichung. Die rechte Ungleichung ergibt sich wie in Korollar 2. $\qquad\qquad\square$

Eine weitere wichtige Folgerung aus Satz 2.17 ist

Satz 2.18 *Es sei G ein beschränktes Gebiet mit regulärem Rand. Dann ist*

$$c_1 \|u\|_1^2 \leqslant \left(\int_G u\,dx\right)^2 + |u|_1^2 \qquad \forall u \in H^1(G) \tag{2.75}$$

(P o i n c a r é s c h e   U n g l e i c h u n g) *sowie für* $m \geqslant 1$

$$c_1 \|u\|_m^2 \leqslant \sum_{|\alpha| \leqslant m-1} \left(\int_G D^\alpha u\,dx\right)^2 + |u|_m^2 \qquad \forall u \in H^m(G) \tag{2.76}$$

(v e r a l l g e m e i n e r t e   P o i n c a r é s c h e   U n g l e i c h u n g).

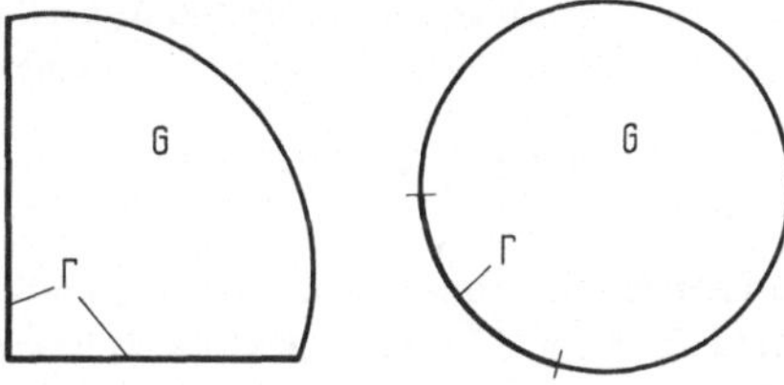

Fig. 2.2
Beispiele von Gebieten zu Korollar 3

B e w e i s. Zunächst ist

$$|u|_P = \left(\sum_{|\alpha| \leqslant m-1} \left(\int_G D^\alpha u\,dx\right)^2\right)^{1/2}$$

eine Halbnorm in $H^m(G)$. Im Unterraum P_{m-1} der Polynome vom Grad kleiner oder gleich $m-1$ ist $|\ |_P$ eine Norm. Damit folgt aus (2.70) die Behauptung. □

Korollar 1 Für alle $u \in H^m(G)$ ist

$$c_1 \|u\|_m^2 \leqslant \sum_{|\alpha| \leqslant m-1} \left(\int_G D^\alpha u\,dx\right)^2 + |u|_m^2 \leqslant c_2 \|u\|_m^2 . \tag{2.77}$$

B e w e i s. Die rechte Ungleichung folgt durch Anwendung der Schwarzschen Ungleichung, die linke aus (2.76). □

Korollar 2 Es bezeichne $U \subset H^m(G)$ den Unterraum aller $u \in H^m(G)$ mit

$$\int_G u\,dx = 0, \qquad \int_G D^\alpha u\,dx = 0, \qquad 1 \leqslant |\alpha| \leqslant m-1. \tag{2.78}$$

Dann ist

$$c_1 \|u\|_m^2 \leqslant |u|_m^2 \leqslant c_2 \|u\|_m^2 \qquad \forall u \in U. \tag{2.79}$$

Der Unterraum U ist bezüglich der Normen $\|\ \|_m$ und $|\ |_m$ abgeschlossen.

B e w e i s. Die Ungleichung (2.77) reduziert sich mit (2.78) auf (2.79). Ist $u_1, u_2, \ldots$ eine konvergente Folge aus U mit dem Limes $u \in H^1(G)$, dann erhält man für alle α mit $0 \leqslant |\alpha| \leqslant m-1$ aus der Schwarzschen Ungleichung

$$\left| \int_G D^\alpha u \, dx \right| = \left| \int_G D^\alpha (u - u_n) \, dx \right| \leqslant c \, \| u - u_n \|_m$$

wobei die rechte Seite gegen Null geht für $n \to \infty$. Also ist auch $u \in U$. $\qquad\qquad\square$

2.2.9 Anwendungen auf Randwertaufgaben

Wir wollen die allgemeinen Sätze aus Abschn. 2.2.7 und 2.2.8 auf einige Beispiele anwenden und wählen dazu verschiedene Randwertaufgaben für die Potentialgleichung $-\Delta u = f$ in einem beschränkten Gebiet $G \subset \mathbf{R}^n$.

(A) Die D i r i c h l e t s c h e R a n d w e r t a u f g a b e. Sie lautet in schwacher Form: Gegeben seien $f \in L_2(G)$ und $u_0 \in H^1(G)$. Gesucht ist $u \in H^1(G)$ mit $u - u_0 \in H_0^1(G)$ als Lösung der Variationsgleichung

$$\int_G \operatorname{grad} u \operatorname{grad} \varphi \, dx = \int_G f \varphi \, dx \qquad \forall \, \varphi \in H_0^1(G) \, .$$

Die Energienorm $|u|_1$ ist nach Satz 2.16 mit der Norm $\| \ \|_1$ in $H_0^1(G)$ äquivalent. Das lineare Funktional ist in der Norm $\| \ \|_1$ beschränkt:

$$|\ell(u)| = \left| \int_G f u \, dx \right| \leqslant \| f \|_0 \| u \|_0 \leqslant \| f \|_0 \| u \|_1 \, .$$

Daher besitzt die Dirichletsche Randwertaufgabe nach Satz 2.15 genau eine Lösung.

(B) Eine g e m i s c h t e R a n d w e r t a u f g a b e. Es sei wieder $f \in L_2(G)$ und $u_0 \in L_2(G)$. Der Rand ∂G bestehe aus zwei Anteilen Γ_1 und Γ_2. Es sei $g \in L_2(\Gamma_2)$ sowie $U = \{u \in H^1(G) \mid u = 0 \text{ auf } \Gamma_1\}$. Die Variationsgleichung

$$\int_G \operatorname{grad} u \operatorname{grad} \varphi \, dx = \int_G f \varphi \, dx + \int_{\Gamma_2} g \varphi \, dS \qquad \forall \varphi \in U \, , \qquad u - u_0 \in U$$

ist dann eine schwache Form der Randwertaufgabe

$$-\Delta u = f \ \text{ in } G \, , \qquad u = u_0 \ \text{ auf } \Gamma_1 \, , \qquad \partial u / \partial n = g \ \text{ auf } \Gamma_2 \, .$$

Wegen (2.73), angewandt mit $\Gamma = \Gamma_1$, sind $|\ |_1$ und $\| \ \|_1$ in U äquivalente Normen. Unter Benutzung von (1.29) folgt, daß das lineare Funktional

$$\ell(u) = \int_G f u \, dx + \int_{\Gamma_1} g u \, dS$$

in der Norm $\| \ \|_1$ beschränkt ist. Daher besitzt die Randwertaufgabe nach Satz 2.15 genau eine Lösung.

(C) Die N e u m a n n s c h e R a n d w e r t a u f g a b e. Wir betrachten die Randwertaufgabe

$$-\Delta u = f \ \text{ in } G \, , \qquad \partial u / \partial n = g \ \text{ auf } \partial G \, .$$

In schwacher Form lautet sie: Gegeben seien $f \in L_2(G)$ und $g \in L_2(\partial G)$. Gesucht ist $u \in H^1(G)$ als Lösung der Variationsgleichung

$$\int\limits_G \operatorname{grad} u \operatorname{grad} \varphi \, dx = \int\limits_G f \varphi \, dx + \int\limits_{\partial G} g \varphi \, dS \qquad \forall\, \varphi \in H^1(G) \, . \tag{2.80}$$

Die linke Seite ist Null für alle $\varphi = \text{const}$. Eine notwendige Bedingung für die Existenz einer Lösung ist daher

$$\int\limits_G f \, dx + \int\limits_{\partial G} g \, dS = 0 \, . \tag{2.81}$$

Andererseits ist, falls $u \in H^1(G)$ eine Lösung ist, auch $u + \text{const}$ eine Lösung. Man hat also eine additive Konstante frei, die man durch die Bedingung

$$\int\limits_G u \, dx = 0 \tag{2.82}$$

festlegen kann. Es bezeichne nun $U \subset H^1(G)$ den Unterraum aller $u \in H^1(G)$, die der Bedingung (2.82) genügen. Nach Satz 2.18, Korollar 2, sind $|\;|_1$ und $\|\;\|_1$ in U äquivalente Normen. Außerdem ist U bezüglich der Norm $\|\;\|_1$ abgeschlossen. Im übrigen folgt wie unter (B), daß das lineare Funktional

$$\ell(u) = \int\limits_G f u \, dx + \int\limits_{\partial G} g u \, dS$$

in U bezüglich der Norm $\|\;\|_1$ beschränkt ist.

Damit sind bezüglich U alle Voraussetzungen für die Anwendung von Satz 2.15 gegeben, und es folgt zunächst:

Die Variationsgleichung

$$\int\limits_G \operatorname{grad} u \operatorname{grad} \varphi \, dx = \int\limits_G f \varphi \, dx + \int\limits_{\partial G} g \varphi \, dS \qquad \forall\, \varphi \in U \tag{2.83}$$

besitzt genau eine Lösung $\bar{u} \in U$.

Wenn nun die Bedingung (2.81) erfüllt ist, dann bleibt die Gleichung (2.83) für die Lösung $\bar{u}$ richtig, wenn man die Funktionen $\varphi \in U$ durch $\varphi + \text{const}$ ersetzt. Das heißt, $\bar{u}$ ist dann auch Lösung von (2.80).

Wir fassen zusammen: Die Neumannsche Randwertaufgabe (2.80) ist genau dann lösbar, wenn die Bedingung (2.81) erfüllt ist. Die Lösung $\bar{u} \in H^1(G)$ ist bis auf eine additive Konstante (d. h. eine Funktion aus P_0) eindeutig bestimmt.

2.2.10 Kornsche Ungleichungen

In der linearen Theorie elastisch deformierbarer Körper hat man nicht eine einzelne Differentialgleichung, sondern ein gekoppeltes System von drei linearen Differentialgleichungen zu betrachten. Dabei können verschiedenartige Randbedingungen gestellt sein. Bei den Randwertaufgaben der Elastizitätstheorie spielen nun die Kornschen Ungleichungen eine ähnliche Rolle wie die Friedrichssche und die Poincarésche Ungleichung bei den oben betrachteten Randwertaufgaben.

Wir wollen das Gleichungssystem für elastische Deformationen kurz herleiten: Der elastisch deformierbare Körper nehme im nicht deformierten Zustand das endliche Gebiet $G \subset \mathbf{R}^3$ ein. Die elastische Verformung unter dem Einfluß von Kräften (Volumenkraft, Oberflächenkraft) kann in einem rechtwinkligen Koordinatensystem durch das Vektorfeld der Verschiebungen $u = (u_1, u_2, u_3)$ beschrieben werden.

Im Rahmen der linearen Elastizitätstheorie kleiner Verformungen sind die V e r z e r - r u n g e n e_{jk} durch

$$e_{jk} = \frac{1}{2}\left(u_{j,k} + u_{k,j}\right) \tag{2.84}$$

gegeben. Außerdem wird ein linearer Zusammenhang zwischen den Verzerrungen e_{jk} und den durch sie verursachten S p a n n u n g e n s_{jk} angenommen:

$$s_{jk} = c_{jkmn}\, e_{mn} \tag{2.85}$$

(H o o k e s c h e s   G e s e t z). Für die Notation siehe man Abschn. 1.2.1. (Insbesondere ist über die in einem Term doppelt auftretenden Indizes von 1 bis 3 zu summieren.) An sich können die c_{jkmn} Funktionen des Ortes sein. Wir wollen sie aber der Einfachheit halber als Konstante voraussetzen.

Die Koeffizienten seien symmetrisch:

$$c_{jkmn} = c_{kjmn} = c_{mnjk}\,. \tag{2.86}$$

Dann sind auch die s_{jk} symmetrisch: $s_{jk} = s_{kj}$. Außerdem sei das sog. e l a s t i s c h e P o t e n t i a l

$$W(e) = \frac{1}{2}\, c_{jkmn}\, e_{jk}\, e_{mn} \tag{2.87}$$

eine positiv definite quadratische Form, d. h., es sei

$$W(e) \geqslant c\, e_{jk}\, e_{jk} \qquad \text{für } e_{jk} = e_{kj}\,. \tag{2.88}$$

Es bezeichne nun $f = (f_1, f_2, f_3)$ den Vektor der Volumenkräfte, die auf den Körper wirken. Dann ist die doppelte potentielle Energie einer Verschiebung $u = (u_1, u_2, u_3)$ gegeben durch

$$J(u) = a(u, u) - 2\,\ell(u)$$

$$\text{mit} \qquad a(u, v) = \int_G \frac{1}{4}\, c_{jkmn}\,(u_{j,k} + u_{k,j})\,(v_{m,n} + v_{n,m})\, dx \tag{2.89}$$

$$\text{und} \qquad \ell(u) = \int_G f_j u_j dx\,. \tag{2.90}$$

Dabei sei $f_j \in L_2(G)$. Außerdem sei $u_0 = (u_1^0, u_2^0, u_3^0)$ ein gegebenes Vektorfeld mit $u_j^0 \in H^1(G)$.

Für gegebene Randwerte $u_j = u_j^0$ lautet dann das **P r i n z i p   v o m   M i n i m u m   d e r   p o t e n t i e l l e n   E n e r g i e** : Die Gleichgewichtslage $\overline{u} = (\overline{u}_1, \overline{u}_2, \overline{u}_3) \in (H_1(G))^3$ ist Lösung der Extremalaufgabe

$$J(u) \to \min , \qquad u - u_0 \in (H_0^1(G))^3 \tag{2.91}$$

bzw. der mit ihr äquivalenten Variationsgleichung

$$a(u, \varphi) = \ell(\varphi) \qquad \forall \, \varphi \in (H_0^1(G))^3 \, .$$

Dies ist eine schwache Form der Randwertaufgabe

$$-s_{jk,k} = f_j \quad \text{in } G , \qquad u_j = u_j^0 \quad \text{auf } \partial G \tag{2.92}$$

mit $\qquad s_{jk} = \dfrac{1}{2} \, c_{jkmn} (u_{m,n} + u_{n,m}) \, .$

Wir betrachten nun in $(H_0^1(G))^3$ für $u = (u_1, u_2, u_3)$ die Norm

$$\| u \|_1 = \left(\sum_{j=1}^{3} \| u_j \|_1^2 \right)^{1/2} .$$

Satz 2.19 (**E r s t e   K o r n s c h e   U n g l e i c h u n g**) *Es sei G ein beschränktes Gebiet. Dann ist mit einer nur von G abhängigen positiven Konstanten* c

$$c_1 \| u \|_1^2 \leqslant \int\limits_G e_{jk} \, e_{jk} \, dx \qquad \forall \, u \in (H_0^1(G))^3 \, . \tag{2.93}$$

B e w e i s . Es genügt, die Ungleichung für Vektorfelder $\varphi = (\varphi_1, \varphi_2, \varphi_3)$ mit $\varphi_j \in C_0^\infty(G)$ herzuleiten. Zunächst ist

$$\begin{aligned}
e_{jk} e_{jk} &= \frac{1}{4} \, (\varphi_{j,k} + \varphi_{k,j}) \, (\varphi_{j,k} + \varphi_{k,j}) \\[2mm]
&= \frac{1}{2} \, \varphi_{j,k} \varphi_{j,k} + \frac{1}{2} \, \varphi_{j,k} \varphi_{k,j} \, .
\end{aligned}$$

Durch partielle Integration findet man für den zweiten Anteil

$$\int\limits_G \varphi_{j,k} \varphi_{k,j} dx = \int\limits_G \varphi_{j,j} \varphi_{k,k} dx = \int\limits_G (\operatorname{div} \varphi)^2 dx \geqslant 0 \, .$$

Man erhält dann weiter unter Benutzung von (2.64)

$$\int\limits_G e_{jk} e_{jk} dx \geqslant \frac{1}{2} \sum_{j=1}^{3} \int\limits_G |\operatorname{grad} \varphi_j|^2 dx \geqslant c \, \| \varphi \|_1^2 \, .$$

Da $C_0^\infty(G)$ in $H_0^1(G)$ dicht liegt, folgt auch (2.93). $\qquad\qquad \square$

Korollar 1 In $(H_0^1(G))^3$ sind $\| \ \|_1$ und die Energienorm

$$| u | = \left(\int_G c_{jkmn} e_{jk} e_{mn} dx \right)^{1/2}$$

äquivalente Normen:

$$c_1 \| u \|_1^2 \leqslant | u |^2 \leqslant c_2 \| u \|_1^2 \qquad \forall u \in (H_0^1(G))^3 \ .$$

B e w e i s. Die linke Ungleichung folgt aus (2.88) zusammen mit der Kornschen Ungleichung (2.93). Die rechte Ungleichung ergibt sich durch Anwendung der Schwarzschen Ungleichung.   □

Aus der Äquivalenz der Energienorm $|\ |$ mit der Norm $\|\ \|_1$ in $U = (H_0^1(G))^3$ folgt, daß U auch bezüglich $|\ |$ abgeschlossen und das lineare Funktional $\ell(\ )$ bezüglich der Norm $|\ |$ beschränkt ist. Damit folgt aus Satz 2.12 sofort

Korollar 2 Unter den Voraussetzungen (2.86), (2.88) besitzt das Extremalproblem (2.91) genau eine Lösung.

Für weitere Kornsche Ungleichungen im Zusammenhang mit anderen Randbedingungen sei auf einschlägige Literatur verwiesen, die man z. B. bei F i c h e r a [2] sehr vollständig findet.

3 Numerische Stabilität und Konvergenz

Im Zusammenhang mit der Frage nach der zweckmäßigen Wahl von Koordinatenfunktionen stellen sich zwei Teilprobleme, nämlich die Frage nach der numerischen Stabilität und die Frage nach der Konvergenz der Näherungen gegen die gesuchte Lösung des zugrundeliegenden Problems. Beide Fragen hängen eng zusammen. Im folgenden sollen einige Grundtatsachen dargestellt werden. Ausführlichere Darstellungen findet man etwa bei B a b u š k a, P r á g e r, V i t á s e k [1] sowie bei M i c h l i n [3].
Sodann wird die für Randwertaufgaben bei partiellen Differentialgleichungen praktisch außerordentlich wichtige Methode der finiten Elemente, die sich bei selbstadjungierten Randwertaufgaben der Energiemethode unterordnen läßt und zu numerisch stabilen Gleichungssystemen führt, in ihren Grundzügen kurz dargestellt.
Für weitergehende Darstellungen muß auf einschlägige Literatur verwiesen werden, wie etwa die Lehrbücher von S t r a n g und F i x [1] und W a c h s p r e s s [1]. Man siehe auch A u b i n [1] und T e m a m [1]. Zahlreiche Literaturangaben findet man in den Kongreßberichten A z i z (Ed.), 1972 [1], G r a m (Ed.), 1973 [1] und W h i t e m a n (Ed.), 1973 [1]. Dort findet man auch einführende Übersichtsartikel wie etwa von B a b u š k a und A z i z [1], M i t c h e l l [1]–[3], Z l á m a l [1] und anderen. Über ingenieurwissenschaftliche Anwendungen orientieren speziell Z i e n k i e w i c z [1], [2], Z i e n k i e w i c z und C h e u n g [1], Z i e n k i e w i c z und H o l l i s t e r [1].

3.1 Numerische Stabilität

Die im vorigen Kapitel besprochenen Näherungsverfahren laufen schließlich alle auf das Problem hinaus, ein lineares Gleichungssystem mit einer symmetrischen und positiv definiten Koeffizientenmatrix zu lösen. Bei der Anwendung auf lineare Randwertaufgaben bei partiellen Differentialgleichungen ergeben sich die Koeffizienten a_{jk} und die rechten Seiten b_j des linearen Gleichungssystems als Gebiets- bzw. Randintegrale, für deren Auswertung man im allgemeinen auf numerische Verfahren angewiesen ist. Die berechneten a_{jk} und b_j sind dann mit Rundungs- bzw. Verfahrensfehlern behaftet.

Nun können aber bekanntlich kleine relative Fehler in den Ausgangsdaten unter Umständen zu großen relativen Fehlern in der errechneten Lösung führen. Ein Gleichungssystem, bei dem dies der Fall ist, wird n u m e r i s c h   i n s t a b i l genannt. Es stellt sich daher bei der Anwendung von Variationsmethoden die grundsätzliche Frage, was man bei der Wahl der Koordinatenfunktionen beachten muß, damit die resultierenden linearen Gleichungssysteme auch bei wachsender Anzahl von Koordinatenfunktionen $u_1, \ldots, u_n$ numerisch stabil bleiben.

3.1.1 Die Kondition linearer Gleichungssysteme

Gegeben sei ein lineares Gleichungssystem

$$\sum_{k=1}^{n} a_{jk}\xi_k = b_j \qquad (j = 1, \ldots, n). \tag{3.1}$$

Wir schreiben es auch kürzer in der Gestalt

$$Ax = b \tag{3.2}$$

mit der Matrix $A = (a_{jk})$ und den Spaltenvektoren x und b, deren Transponierte die Zeilenvektoren $x^T = (\xi_1, \ldots, \xi_n)$ und $b^T = (b_1, \ldots, b_n)$ sind.

Ob das lineare Gleichungssystem (3.1) numerisch stabil ist oder nicht, läßt sich mit Hilfe sog. K o n d i t i o n s z a h l e n beurteilen, die einer Matrix A zugeordnet werden können.

Wir erinnern kurz an einige in der numerischen Mathematik wohlbekannte Tatsachen, von denen wir Gebrauch machen werden.

Es bezeichne $\| x \|$ die euklidische Norm des Vektors x,

$$\| x \| = \left(\sum_{j=1}^{n} \xi_j^2 \right)^{1/2}, \tag{3.3}$$

und es bezeichne $\| A \|$ die durch

$$\| A \| = \left(\sum_{j,k=1}^{n} a_{jk}^2 \right)^{1/2} \tag{3.4}$$

gegebene Matrizennorm. Bei gegebener Matrix A folgt aus der Schwarzschen Ungleichung für Produktsummen

$$\| Ax \| \leqslant \| A \| \| x \| \qquad \forall x \in \mathbf{R}^n .$$

Man definiert nun $\mathrm{lub}\,(A)$ durch

$$\mathrm{lub}\,(A) = \max_{x \neq 0} \frac{\| Ax \|}{\| x \|}$$

(lowest upper bound). Es ist also

$$\| Ax \| \leqslant \mathrm{lub}\,(A) \| x \| , \qquad \mathrm{lub}\,(A) \leqslant \| A \| . \tag{3.5}$$

Für das Produkt AB von zwei n x n-Matrizen findet man die Ungleichung

$$\mathrm{lub}\,(AB) \leqslant \mathrm{lub}\,(A)\mathrm{lub}\,(B) . \tag{3.6}$$

Es sei nun A eine reguläre Matrix mit der Inversen A^{-1}. Wir vergleichen die Lösungsvektoren x und $\widetilde{x}$ der beiden Gleichungssysteme

$$Ax = b , \qquad A\widetilde{x} = \widetilde{b} .$$

Es ist dann $A(\widetilde{x} - x) = \widetilde{b} - b$ oder $\widetilde{x} - x = A^{-1}(\widetilde{b} - b)$. Aus (3.5) folgt

$$\| b \| \leqslant \mathrm{lub}\,(A) \| x \| , \qquad \| \widetilde{x} - x \| \leqslant \mathrm{lub}\,(A^{-1}) \| \widetilde{b} - b \|$$

und daher insgesamt

$$\frac{\| \widetilde{x} - x \|}{\| x \|} \leqslant \mathrm{lub}\,(A)\mathrm{lub}\,(A^{-1}) \frac{\| \widetilde{b} - b \|}{\| b \|} .$$

Die Konditionszahl

$$\mathrm{cond}\,(A) = \mathrm{lub}\,(A)\mathrm{lub}\,(A^{-1})$$

ist also ein Maß für die Empfindlichkeit des linearen Gleichungssystems gegenüber Fehlern in den rechten Seiten b_j. Ist $\mathrm{cond}\,(A)$ nicht zu groß gegen 1, dann ist der relative Fehler der Lösung $\widetilde{x}$ höchstens von der Größenordnung des relativen Fehlers von $\widetilde{b}$, gemessen in der euklidischen Vektornorm.

Es seien nun A und $\widetilde{A}$ zwei reguläre Matrizen. Wir vergleichen die Lösungsvektoren x und $\widetilde{x}$ von

$$Ax = b , \qquad \widetilde{A}\widetilde{x} = b .$$

Es ist $\widetilde{A}(\widetilde{x} - x) + (\widetilde{A} - A)x = 0$ oder $(x - \widetilde{x}) = \widetilde{A}^{-1}(\widetilde{A} - A)x$. Aus (3.5) und (3.6) folgt

$$\frac{\| \widetilde{x} - x \|}{\| x \|} \leqslant \mathrm{lub}\,(\widetilde{A}^{-1}) \| \widetilde{A} - A \| .$$

Es ist also $\operatorname{lub}(\widetilde{A}^{-1})$ ein Maß für die Empfindlichkeit des linearen Gleichungssystems gegenüber Fehlern in der Koeffizientenmatrix A.

Man hat daher bei der Anwendung der Variationsmethoden darauf zu achten, daß die beiden Konditionszahlen $\operatorname{cond}(A)$ und $\operatorname{lub}(A^{-1})$ nicht zu groß gegen 1 ausfallen.

Die Matrizen A, die bei den Variationsmethoden auftreten, sind symmetrisch und positiv definit. Bekanntlich sind daher ihre Eigenwerte alle reell und positiv:

$$0 < \lambda_1 \leqslant \ ... \ \leqslant \lambda_n \ . \tag{3.7}$$

Außerdem besitzt der Rayleighsche Quotient

$$R(x) = \frac{x^T A x}{x^T x} = \left(\sum_{j,\,k=1}^{n} a_{jk}\xi_j\xi_k \right) \Big/ \left(\sum_{j=1}^{n} \xi_j^2 \right) \tag{3.8}$$

die Eigenschaft

$$\lambda_1 \leqslant R(x) \leqslant \lambda_n \ . \tag{3.9}$$

Dies folgt aus der Bemerkung, daß man im $\mathbf{R}^n$ eine Basis $x_1, \ldots, x_n$ aus Eigenvektoren von A finden kann, die überdies bezüglich des inneren Produktes

$$x^T y = \sum_{j=1}^{n} \xi_j\eta_j$$

orthonormiert vorausgesetzt werden dürfen. Mit der Basisdarstellung $x = c_1 x_1 + \ldots + c_n x_n$ ist dann

$$R(x) = \left(\sum_{j=1}^{n} \lambda_j c_j^2 \right) \Big/ \left(\sum_{j=1}^{n} c_j^2 \right) \ ,$$

woraus (3.8) folgt. Insbesondere ist $R(x_1) = \lambda_1$, $R(x_n) = \lambda_n$. Außerdem besteht bei symmetrischen, positiv definiten Matrizen ein sehr einfacher Zusammenhang zwischen den Eigenwerten (3.7) und den oben eingeführten Konditionszahlen:

Satz 3.1 *Es ist*

$$\operatorname{lub}(A) = \lambda_n \ , \qquad \operatorname{lub}(A^{-1}) = \frac{1}{\lambda_1} \ , \qquad \operatorname{cond}(A) = \frac{\lambda_n}{\lambda_1} \ . \tag{3.10}$$

B e w e i s. (3.10) folgt mit der Basisdarstellung $x = c_1 x_1 + \ldots + c_n x_n$ aus

$$\| x \|^2 = \sum_{j=1}^{n} c_j^2 \ , \quad \| Ax \|^2 = \sum_{j=1}^{n} (\lambda_j c_j)^2 \ , \quad \| A^{-1}x \|^2 = \sum_{j=1}^{n} \left(\frac{c_j}{\lambda_j} \right)^2 \ . \qquad \square$$

3.1.2 Numerisch stabile Projektionsverfahren

In Kapitel 2 wurde gezeigt, daß die dort betrachteten quadratischen Extremalprobleme unter Zugrundelegung einer geeigneten Norm (z. B. Fehlerquadratnorm, Energienorm usw.) mit der Aufgabe äquivalent waren, eine Projektionsaufgabe zu lösen.

Wir betrachten daher zunächst ganz allgemein einen Hilbertraum H, (,), ‖ ‖ sowie einen abgeschlossenen Unterraum U ⊂ H. Gesucht ist für gegebenes w ∈ H die Lösung von

$$\| w - u \|^2 \to \min , \qquad u \in U . \tag{3.11}$$

Es sei nun $u_1, u_2, \ldots$ ein System linear unabhängiger Koordinatenfunktionen aus U, und es bezeichne $U_n \subset U$ den linearen Unterraum, der von $u_1, \ldots, u_n$ aufgespannt wird. Dann erhält man die Schar von Näherungsproblemen:

$$\| w - u \|^2 \to \min , \qquad u \in U_n . \tag{3.12}$$

Mit der Basisdarstellung $u = \xi_1 u_1 + \ldots + \xi_n u_n$ ist das Extremalproblem (3.12) äquivalent mit dem System linearer Gleichungen

$$\sum_{k=1}^{n} a_{jk}\xi_k = b_j \qquad (j = 1, \ldots, n)$$

$$\text{mit} \qquad a_{jk} = (u_j, u_k), \qquad b_j = (u_j, w) . \tag{3.13}$$

Unter einem P r o j e k t i o n s v e r f a h r e n wollen wir nun folgendes verstehen: erstens die Wahl eines konkreten Systems $u_1, u_2, \ldots$ von Koordinatenfunktionen und zweitens die sukzessive Berechnung der Lösungen von (3.13) für $n = 1, 2, \ldots$. Die Frage nach der Konvergenz der so erhaltenen Näherungen gegen die gesuchte Lösung $\bar{u} \in U$ von (3.11) wollen wir erst in Abschn. 3.2 erörtern und uns im Augenblick nur mit der Frage nach der numerischen Stabilität der Gleichungen (3.13) für wachsendes n befassen. Dazu bezeichne A_n die Koeffizientenmatrix (a_{jk}) von (3.13). Außerdem seien $\lambda_1^{(n)}$ und $\lambda_n^{(n)}$ der kleinste bzw. größte Eigenwert der n x n-Matrix A_n .

Ein P r o j e k t i o n s v e r f a h r e n heiße n u m e r i s c h   s t a b i l, wenn es eine Konstante M gibt, so daß

$$1 \leqslant \mathrm{cond}\,(A_n) \leqslant M \qquad \forall\, n \in \mathbf{N} . \tag{3.14}$$

Man kann eine äquivalente Definition mit Hilfe der Eigenwerte von A_n formulieren. Dazu schicken wir folgende Bemerkungen voraus:

Satz 3.2 *Die kleinsten Eigenwerte $\lambda_1^{(n)}$ der Matrizen A_n bilden eine (schwach) monoton fallende Folge, und die größten Eigenwerte $\lambda_n^{(n)}$ der Matrizen A_n bilden eine (schwach) monoton wachsende Folge:*

$$\lambda_1^{(n)} \leqslant \lambda_1^{(n-1)} , \qquad \lambda_{n-1}^{(n-1)} \leqslant \lambda_n^{(n)} . \tag{3.15}$$

B e w e i s. Nach Abschn. 3.1.1 ist für $x^T = (\xi_1, \ldots, \xi_n) \neq 0$

$$\lambda_1^{(n)} \leqslant \left(\sum_{j,\,k=1}^{n} a_{jk}\xi_j\xi_k \right) \Big/ \left(\sum_{j=1}^{n} \xi_j^2 \right) \leqslant \lambda_n^{(n)} , \tag{3.16}$$

wobei die Werte $\lambda_1^{(n)}$ und $\lambda_n^{(n)}$ für geeignete $\xi_1, \ldots, \xi_n$ angenommen werden. Setzt man nun speziell $\xi_n = 0$, dann reduziert sich der Quotient in (3.16) auf den entsprechenden Quotienten für A_{n-1}. Dessen Wertebereich ist aber das Intervall $[\lambda_1^{(n-1)}, \lambda_{n-1}^{(n-1)}]$, das also in dem Intervall $[\lambda_1^{(n)}, \lambda_n^{(n)}]$ enthalten ist. Daraus folgt (3.15).   □

Satz 3.3 *Ein Projektionsverfahren ist genau dann numerisch stabil, wenn es zwei Konstanten λ_0 und Λ_0 gibt, so daß*

$$0 < \lambda_0 \leqslant \lambda_1^{(n)}, \qquad \lambda_n^{(n)} \leqslant \Lambda_0 \qquad \forall n \in \mathbf{N}. \tag{3.17}$$

B e w e i s. a) Es gebe Konstanten λ_0 und Λ_0 mit (3.17). Dann ist

$$\mathrm{cond}\,(A_n) = \lambda_n^{(n)}/\lambda_1^{(n)} \leqslant \Lambda_0/\lambda_0\;.$$

D. h., dann ist das Projektionsverfahren numerisch stabil.

b) Das Projektionsverfahren sei numerisch stabil, d. h., es gebe eine Konstante M mit

$$\mathrm{cond}\,(A_n) = \lambda_n^{(n)}/\lambda_1^{(n)} \leqslant M \qquad \forall n \in \mathbf{N}.$$

Da sowohl die Folge der $\lambda_n^{(n)}$ als auch die Folge der $1/\lambda_1^{(n)}$ nach Satz 3.2 (schwach) monoton wachsend ist, kann das Produkt nur beschränkt sein, wenn Konstanten λ_0 und Λ_0 existieren, so daß (3.17) gilt.   □

Durch den Satz 3.3 ist an sich geklärt, was man von den Matrizen A_n verlangen muß, wenn das Projektionsverfahren numerisch stabil sein soll. Die Frage ist, wie man dies im konkreten Fall erreichen kann. Darauf wollen wir in Abschn. 3.1.4 noch eingehen. Zunächst aber wollen wir zum besseren Verständnis der numerischen Stabilität noch den Begriff minimaler Systeme von Koordinatenfunktionen besprechen.

3.1.3 Minimale Systeme von Koordinatenfunktionen

Wir wollen in diesem Abschnitt zeigen, daß ein Projektionsverfahren nur dann numerisch stabil sein kann, wenn das ausgewählte System von Koordinatenfunktionen eine Eigenschaft besitzt, die man als Minimalität bezeichnet.

Dazu verwenden wir folgende Notationen: Es sei $u_1, u_2, \ldots$ ein unendliches System von Koordinatenfunktionen aus dem betrachteten Hilbertraum H. Es bezeichne dann $[u_1, u_2, \ldots]$ den linearen Unterraum aller endlichen Linearkombinationen $\alpha_1 u_1 + \ldots + \alpha_r u_r$ ($r = 1, 2, \ldots$) sowie $\overline{[u_1, u_2, \ldots]}$ den abgeschlossenen Unterraum, in dem $[u_1, u_2, \ldots]$ dicht liegt.

Ein System $u_1, u_2, \ldots$ heißt m i n i m a l, wenn keines der u_k in dem abgeschlossenen Unterraum U_k liegt, der jeweils von den übrigen Koordinatenfunktionen erzeugt wird:

$$u_k \notin U_k = \overline{[u_1, \ldots, u_{k-1}, u_{k+1}, \ldots]}\;.$$

Zunächst ist klar, daß ein minimales System stets auch ein linear unabhängiges System ist. Die Umkehrung ist jedoch im allgemeinen nicht richtig: Wenn man nämlich zu einem unendlichen, linear unabhängigen System $u_1, u_2, \ldots$ ein Element u_0 mit

$$u_0 \in \overline{[u_1, u_2, \ldots]}, \qquad u_0 \notin [u_1, u_2, \ldots]$$

hinzunimmt, so entsteht ein System $u_0, u_1, \ldots$, das zwar linear unabhängig, aber nicht minimal ist.

Minimale Systeme lassen sich auch wie folgt charakterisieren:

Satz 3.4 *Ein System* $u_1, u_2, \ldots$ *ist genau dann minimal, wenn es zu jedem der* u_k *eine Zahl* $\delta_k > 0$ *gibt, so daß*

$$\| u_k - \sum_{\substack{j=1 \\ (j \neq k)}}^{n} \xi_j u_k \|^2 \geqslant \delta_k > 0 \tag{3.18}$$

für alle $n \in \mathbf{N}$ *und alle* $\xi_1, \ldots, \xi_n \in \mathbf{R}$.

B e w e i s. Die Eigenschaft $u_k \notin U_k$ ist gleichbedeutend damit, daß sich u_k nicht beliebig genau durch endliche Linearkombinationen der übrigen u_j approximieren läßt. Dies ist genau dann der Fall, wenn es ein $\delta_k > 0$ gibt mit (3.18).   □

Korollar 1 Orthogonale Systeme sind minimal mit den Konstanten $\delta_k = \| u_k \|^2$.

B e w e i s. Aus der Orthogonalität $(u_j, u_k) = 0$ für $j \neq k$ folgt

$$\| u_k - \sum_{\substack{j=1 \\ (j \neq k)}}^{n} \xi_j u_j \|^2 = \| u_k \|^2 + \| \sum_{\substack{j=1 \\ (j \neq k)}}^{n} \xi_j u_j \|^2 \geqslant \| u_k \|^2 .   □$$

Satz 3.5 *Eine notwendige Bedingung für die numerische Stabilität eines Projektionsverfahrens ist, daß das zugrundeliegende System* $u_1, u_2, \ldots$ *von Koordinatenfunktionen minimal ist.*

B e w e i s. Wir nehmen an, das System $u_1, u_2, \ldots$ sei nicht minimal. Es sei etwa $u_1 \in \overline{[u_2, u_3, \ldots]}$. Dann kann also u_1 beliebig genau durch die $u_2, u_3, \ldots$ approximiert werden. Setzt man für gegebenes n

$$d_n = \min_{\xi_j} \| u_1 - \sum_{j=2}^{n} \xi_j u_j \|^2 , \tag{3.19}$$

so ist offensichtlich $d_n \geqslant d_{n+1}$ für alle $n \in \mathbf{N}$ sowie $d_n \to 0$ für $n \to \infty$.
Andererseits ist ganz allgemein

$$\| \sum_{j=1}^{n} \xi_j u_j \|^2 = \sum_{j,k=1}^{n} a_{jk} \xi_j \xi_k \geqslant \lambda_1^{(n)} \sum_{j=1}^{n} \xi_j^2 .$$

Setzt man hierin $\xi_1 = -1$ und wählt man für $\xi_2, \ldots, \xi_n$ diejenigen Werte, für die in (3.19) das Minimum d_n angenommen wird, dann erhält man

$$d_n \geqslant \lambda_1^{(n)} > 0 .$$

Daraus folgt $\lambda_1^{(n)} \to 0$ sowie $\mathrm{cond}\,(A_n) \to \infty$ für $n \to \infty$, d. h., das Projektionsverfahren ist numerisch nicht stabil.   □

Die Umkehrung des Satzes ist nicht richtig. Auch mit einem minimalen System von Koordinatenfunktionen ist das Projektionsverfahren nicht ohne weiteres numerisch stabil. Das kann man sich bereits am Beispiel eines orthogonalen Systems $u_1, u_2, \ldots$ klarmachen. Wegen $a_{jk} = (u_j, u_k) = 0$ für $j \neq k$ reduzieren sich die A_n auf Diagonalmatrizen, deren Diagonalelemente gerade die Eigenwerte sind.

Mit der speziellen Normierung $a_{kk} = (u_k, u_k) = \dfrac{1}{k}$ findet man

$$\lambda_1^{(n)} = \frac{1}{n}, \qquad \lambda_n^{(n)} = 1, \qquad \mathrm{cond}\,(A_n) = n.$$

Mit der speziellen Normierung $a_{kk} = (u_k, u_k) = k$ findet man analog

$$\lambda_1^{(n)} = 1, \qquad \lambda_n^{(n)} = n, \qquad \mathrm{cond}\,(A_n) = n.$$

In beiden Fällen ist das System $u_1, u_2, \ldots$ als Orthogonalsystem nach Satz 3.4, Korollar 1, ein minimales System, aber die Projektionsverfahren sind numerisch nicht stabil.

Im Sonderfall orthogonaler Systeme $u_1, u_2, \ldots$ läßt sich die Ursache für die Instabilität natürlich sofort beheben, indem man die Normierung ändert: $a_{jk} = (u_j, u_k) = \delta_{jk}$. Dann ist $\lambda_1^{(n)} = \lambda_n^{(n)} = 1$ sowie $\mathrm{cond}\,(A_n) = 1$ für alle $n \in \mathbf{N}$.

Die Orthonormalsysteme stellen also einen Idealfall dar. Es genügt aber für die numerische Stabilität nach Satz 3.3, daß die kleinsten bzw. größten Eigenwerte der A_n beschränkt bleiben:

$$0 < \lambda_0 \leqslant \lambda_1^{(n)}, \qquad \lambda_n^{(n)} \leqslant \Lambda_0.$$

Systeme $u_1, u_2, \ldots$ mit dieser Eigenschaft werden daher auch als f a s t o r t h o - n o r m i e r t bezeichnet. Wir wollen uns nun mit der Frage beschäftigen, wie man solche Systeme — zumindest in Sonderfällen — auffinden kann.

3.1.4 Konstruktion fast orthonormierter Systeme

Zur Konstruktion fast orthonormierter Systeme von Koordinatenfunktionen kann man sich bisweilen auf folgenden Sachverhalt stützen:

In einem linearen Unterraum $U \subset E$ eines linearen Raumes E seien zwei verschiedene innere Produkte $(\ ,\ )$ und $[\ ,\ ]$ definiert. Die zugehörigen Normen $\| u \| = (u, u)^{1/2}$ und $| u | = [u, u]^{1/2}$ seien äquivalent:

$$c_1 \| u \|^2 \leqslant | u |^2 \leqslant c_2 \| u \|^2 \qquad \forall\, u \in U \qquad (c_1 > 0).$$

Dann gilt für ein beliebiges System $u_1, u_2, \ldots$ von Koordinatenfunktionen aus U

Satz 3.6 *Ist das System* $u_1, u_2, \ldots$ *bezüglich des inneren Produktes* $(\ ,\ )$ *fast orthonormiert, dann ist es auch bezüglich des inneren Produktes* $[\ ,\ ]$ *fast orthonormiert und umgekehrt.*

B e w e i s. Wir setzen

$$a_{jk} = (u_j, u_k)\,, \qquad b_{jk} = [u_j, u_k]\,.$$

Außerdem bezeichne A_n die n-reihigen Matrizen der a_{jk} und B_n die n-reihigen Matrizen der b_{jk}. Wir vergleichen nun die Wertebereiche der Rayleighschen Quotienten

$$R_n(x) = \frac{x^T A_n x}{x^T x} = \left(\sum_{j,\,k=1}^{n} a_{jk}\xi_j\xi_k \right) \bigg/ \left(\sum_{j=1}^{n} \xi_j^2 \right)$$

und $\qquad Q_n(x) = \dfrac{x^T B_n x}{x^T x} = \left(\displaystyle\sum_{j,\,k=1}^{n} b_{jk}\xi_j\xi_k \right) \bigg/ \left(\displaystyle\sum_{j=1}^{n} \xi_j^2 \right)\,.$

Aus $\qquad \left\| \displaystyle\sum_{j=1}^{n} \xi_j u_j \right\|^2 = \displaystyle\sum_{j,\,k=1}^{n} a_{jk}\xi_j\xi_k\,, \quad \left| \displaystyle\sum_{j=1}^{n} \xi_j u_j \right|^2 = \displaystyle\sum_{j,\,k=1}^{n} b_{jk}\xi_j\xi_k$

folgt dann wegen der vorausgesetzten Äquivalenz der Normen

$$c_1 R_n(x) \leqslant Q_n(x) \leqslant c_2 R_n(x)$$

für alle $x^T = (\xi_1, \ldots, \xi_n) \neq 0$. Ist nun $u_1, u_2, \ldots$ bezüglich des inneren Produktes $(\ ,\ )$ fast orthonormiert, dann gibt es Zahlen λ_0 und Λ_0 mit

$$0 < \lambda_0 \leqslant R_n(x) \leqslant \Lambda_0$$

für alle $n \in \mathbf{N}$ und alle $x^T = (\xi_1, \ldots, \xi_N) \neq 0$. Dann ist aber auch

$$0 < c_1 \lambda_0 \leqslant Q_n(x) \leqslant c_2 \Lambda_0\,.$$

Das heißt, das System ist auch bezüglich $[\ ,\ ]$ fast orthonormiert. Die Umkehrung folgt ganz analog. Für die Konditionszahlen erhält man die Ungleichungen

$$1 \leqslant \operatorname{cond}(A_n) \leqslant \frac{\Lambda_0}{\lambda_0}\,, \qquad 1 \leqslant \operatorname{cond}(B_n) \leqslant \frac{c_2 \Lambda_0}{c_1 \lambda_0}\,. \qquad\qquad \square$$

Korollar 1 Das System $u_1, u_2, \ldots$ sei bezüglich $(\ ,\ )$ orthonormiert. Dann ist es bezüglich $[\ ,\ ]$ jedenfalls noch fast orthonormiert. Dabei ist

$$1 \leqslant \operatorname{cond}(B_n) \leqslant \frac{c_2}{c_1} \qquad \forall\, n \in \mathbf{N}\,.$$

Um zu erläutern, wie man diesen Sachverhalt bisweilen ausnutzen kann, betrachten wir als Beispiel die Randwertaufgabe

$$-\Delta u + pu = f \ \text{ in } G\,, \qquad u = 0 \ \text{ auf } \partial G$$

mit $f \in L_2(G)$. Dabei sei der Koeffizient p etwa eine Funktion aus $D(\overline{G})$ mit $p(x) \geqslant 0$. Das Maximum von p werde mit $\overline{p}$ bezeichnet. Die Randwertaufgabe lautet in schwacher Form: Gesucht ist $u \in H_0^1(G)$ als Lösung von

$$a(u, \varphi) = \ell(\varphi) \qquad \forall \, \varphi \in H_0^1(G)$$

mit $\qquad a(u, v) = \int\limits_G (\text{grad } u \text{ grad } v + puv)\, dx \, , \quad \ell(u) = \int\limits_G fu \, dx \, .$

Neben $a(u, v)$ und der Energienorm $|\, u \,| = a(u, u)^{1/2}$ führen wir nun noch

$$(u, v) = \int\limits_G \text{grad } u \text{ grad } v \, dx \, , \qquad \|\, u \,\| = (u, u)^{1/2}$$

ein. Offensichtlich ist $\|\, u \,\|^2 \leqslant |\, u \,|^2$ für alle $u \in H_0^1(G)$. Unter Anwendung der Friedrichsschen Ungleichung (2.66) findet man dann mit geeignetem $c > 0$

$$\int\limits_G pu^2 dx \, \leqslant \, \overline{p} \int\limits_G u^2 dx \, \leqslant \, \overline{p} \, c \int\limits_G |\, \text{grad } u \,|^2 dx$$

und damit

$$\|\, u \,\|^2 \leqslant |\, u \,|^2 \leqslant (1 + \overline{p}c) \, \|\, u \,\|^2 \qquad \forall \, u \in H_0^1(G) \, .$$

Legt man also für die Energiemethode ein System von Koordinatenfunktionen zugrunde, das bezüglich (,) orthonormiert ist, so ist es bezüglich des energetischen inneren Produktes a(,) jedenfalls noch fast orthonormiert und das Verfahren ist numerisch stabil.

3.2 Konvergenzeigenschaften von Projektionsverfahren

In Abschn. 3.1 haben wir zunächst Projektionsverfahren unter dem Gesichtspunkt der numerischen Stabilität der resultierenden linearen Gleichungssysteme betrachtet, und zwar für wachsende Anzahl n der benutzten Koordinatenfunktionen $u_1, \ldots, u_n$. Es stellt sich heraus, daß zwischen numerischer Stabilität und gewissen Konvergenzeigenschaften der Näherungslösungen ein enger Zusammenhang besteht. Diesen Zusammenhang wollen wir in diesem Abschnitt aufzeigen.

3.2.1 Konvergenzeigenschaften bei minimalen Systemen

Wir bezeichnen die Lösung des Näherungsproblems (3.12) mit $u^{(n)}$. Es ist also $u^{(n)}$ die Projektion von w auf den endlichdimensionalen Unterraum $U_n \subset U$.

Wenn das System $u_1, u_2, \ldots$ in U nicht vollständig ist, d. h., wenn $\overline{[u_1, u_2, \ldots]}$ ein echter Unterraum von U ist, dann hat man natürlich im allgemeinen keine Konvergenz gegen $\overline{u} = Pw \in U$. Dagegen gilt

Satz 3.7 *Das System* $u_1, u_2, \ldots$ *sei vollständig in* U. *Dann hat man Konvergenz in der Norm:*

$$\| \bar{u} - u^{(n)} \|^2 \to 0 \quad \textit{für } n \to \infty .$$

B e w e i s. Mit $\bar{v} = w - \bar{u}$ erhält man für alle $u \in U$

$$\| w - u \|^2 = \| \bar{v} \|^2 + \| \bar{u} - u \|^2 .$$

Das Extremalproblem (3.12) ist also äquivalent mit

$$\| \bar{u} - u \|^2 \to \min , \quad u \in U_n .$$

Die Zahlen $d_n = \| \bar{u} - u^{(n)} \|^2$ bilden dann eine (schwach) monoton fallende Folge. Da aber $\bar{u}$ durch endliche Linearkombinationen beliebig genau approximiert werden kann, läßt sich zu gegebenem $\epsilon > 0$ ein $n = n(\epsilon)$ finden, so daß $\| \bar{u} - u \|^2 < \epsilon$ mit geeignetem $u \in U_n$. Daher bilden die d_n eine Nullfolge, und man hat wie behauptet Konvergenz in der Norm. $\qquad\qquad\square$

Schreibt man die Näherungslösungen $u^{(n)}$ mit Hilfe der Koordinatenfunktionen in der Form

$$u^{(n)} = \alpha_1^{(n)} u_1 + \ldots + \alpha_n^{(n)} u_n , \tag{3.20}$$

dann ist $\alpha_1^{(n)}, \ldots, \alpha_n^{(n)}$ natürlich gerade die Lösung des Gleichungssystems (3.13). Wir wollen nun näher betrachten, wie sich die Koeffizienten $\alpha_k^{(n)}$ bei festem k für wachsendes n verhalten.

Satz 3.8 *Das System* $u_1, u_2, \ldots$ *sei in* U *vollständig, und es sei minimal. Dann bilden die* $\alpha_k^{(n)}$ *konvergente Folgen:*

$$\lim_{n \to \infty} \alpha_k^{(n)} = \alpha_k .$$

B e w e i s. Bei einem minimalen System $u_1, u_2, \ldots$ liegt nach Voraussetzung keines der u_k in dem zugeordneten Raum U_k, der von den übrigen u_j erzeugt wird:

$$u_k \notin U_k = \overline{[u_1, \ldots, u_{k-1}, u_{k+1}, \ldots]} .$$

Es bezeichne nun V_k das orthogonale Komplement von U_k in U. Dann ist also $U = V_k \oplus U_k$, und u_k kann auf genau eine Weise in der Gestalt

$$u_k = v_k + w_k , \quad v_k \in V_k , \quad w_k \in U_k$$

dargestellt werden. Dabei ist $v_k \neq 0$, da sonst $u_k \in U_k$ wäre. Andererseits ist $u_j \in U_k$ für $j \neq k$. Man erhält daher

$$(u_j, v_k) = 0 \quad \text{für } j \neq k, \quad (u_k, v_k) = \| v_k \|^2 \neq 0 .$$

Man kann dies auch so formulieren: Die beiden Systeme $u_1, u_2, \ldots$ und $v_1, v_2, \ldots$ sind b i o r t h o g o n a l. Wir wollen nun von den $v_1, v_2, \ldots$ zu dem anders normierten System $\varphi_1, \varphi_2, \ldots$ mit

$$\varphi_k = \frac{v_k}{\|v_k\|^2}, \qquad \|\varphi_k\| = \frac{1}{\|v_k\|}$$

übergehen. Aus (3.20) erhält man zunächst $(u^{(n)}, \varphi_k) = \alpha_k^{(n)}$.
Wir definieren nun α_k durch

$$\alpha_k = (\overline{u}, \varphi_k) \qquad (k = 1, 2, \ldots).$$

Dann erhält man

$$|\alpha_k - \alpha_k^{(n)}| = |(\overline{u} - u^{(n)}, \varphi_k)| \leqslant \|\overline{u} - u^{(n)}\| \cdot \frac{1}{\|v_k\|}.$$

Bei festem k geht die rechte Seite gegen null für $n \to \infty$. An dieser Stelle wird die Vollständigkeit benutzt. $\qquad\qquad\qquad\qquad\qquad\qquad\qquad\qquad\qquad\qquad\qquad$ □

Korollar 1 Wenn die Elemente des zu $u_1, u_2, \ldots$ biorthogonalen Systems $v_1, v_2, \ldots$ in der Norm nach unten gleichmäßig beschränkt sind,

$$\|v_k\| \geqslant \frac{1}{M} > 0,$$

dann ist die Konvergenz $\alpha_k^{(n)} \to \alpha_k$ wegen

$$|\alpha_k - \alpha_k^{(n)}| \leqslant M \|\overline{u} - u^{(n)}\|$$

in k gleichmäßig.

3.2.2 Konvergenzeigenschaften bei fast orthonormierten Systemen

Wir hatten in Abschn. 3.1 gesehen, daß einem numerisch stabilen Projektionsverfahren notwendig ein fast orthonormiertes System von Koordinatenfunktionen zugrunde liegt. Insbesondere sind für ein solches System die kleinsten Eigenwerte $\lambda_1^{(n)}$ aller Matrizen A_n nach unten durch ein positives λ_0 beschränkt:

$$0 < \lambda_0 \leqslant \lambda_1^{(n)} \qquad \forall\, n \in \mathbf{N}.$$

Aus dieser Eigenschaft numerisch stabiler Projektionsverfahren wollen wir nun weitere Eigenschaften der Konvergenz $\alpha_k^{(n)} \to \alpha_k$ herleiten.

Satz 3.9 *Für das in* U *vollständige System* $u_1, u_2, \ldots$ *sei die Bedingung*

$$0 < \lambda_0 \leqslant \lambda_1^{(n)} \qquad \forall\, n \in \mathbf{N}$$

erfüllt. Dann ist das System auch minimal. Außerdem gilt für die v_k *des zugehörigen biorthogonalen Systems*

$$\| v_k \|^2 \geq \lambda_0 > 0 .$$

B e w e i s. Es sei k gegeben und $n \geq k$ gewählt. Dann ist λ_0 aufgrund der Voraussetzung eine untere Schranke für die mit A_n gebildeten Rayleighschen Quotienten. Es ist also für alle $(\xi_1, \ldots, \xi_n) \in \mathbf{R}^n$

$$\| \sum_{j=1}^{n} \xi_j u_j \|^2 = \sum_{j,k=1}^{n} a_{jk} \xi_j \xi_k \geq \lambda_0 \sum_{j=1}^{n} \xi_j^2 .$$

Mit der speziellen Wahl $\xi_k = -1$ folgt

$$\| u_k - \sum_{\substack{j=1 \\ (j \neq k)}}^{n} \xi_j u_j \|^2 \geq \lambda_0 > 0 .$$

Daraus ist zunächst nach Satz 3.4 abzulesen, daß das System der $u_1, u_2, \ldots$ minimal ist. Zerlegt man nun wie im Beweis von Satz 3.8 das Element u_k in orthogonale Komponenten

$$u_k = v_k + w_k , \qquad v_k \in V_k , \qquad w_k \in U_k$$

dann erhält man wegen $u_j \in U_k$ für $j \neq k$

$$\| v_k \|^2 \geq \lambda_0 - \| w_k - \sum_{\substack{j=1 \\ (j \neq k)}}^{n} \xi_j u_j \|^2 .$$

Nun kann aber $w_k \in U_k$ beliebig genau durch endliche Linearkombinationen der $u_1, \ldots,$ $u_{k-1}, u_{k+1}, \ldots$ approximiert werden. Es folgt daher für beliebiges $\epsilon > 0$ mit geeignetem n und geeigneten $\xi_1, \ldots, \xi_n$

$$\| v_k \|^2 \geq \lambda_0 - \epsilon$$

und daher auch $\| v_k \|^2 \geq \lambda_0$ für alle k. $\qquad\qquad\square$

Aus Satz 3.8 (Korollar 1) folgt weiter

Korollar 1 Unter den Voraussetzungen von Satz 3.9 ist die Konvergenz $\alpha_k^{(n)} \to \alpha_k$ gleichmäßig in k.

Die Koeffizienten $\alpha_k^{(n)}$ in der Darstellung (3.20) der Näherungen $u^{(n)}$ sind zunächst nur für $1 \leq k \leq n$ definiert. Wir erweitern die Definition durch die Festsetzung $\alpha_k^{(n)} = 0$ für $k > n$.

Satz 3.10 *Für das in* U *vollständige System* $u_1, u_2, \ldots$ *sei die Bedingung*

$$0 < \lambda_0 \leq \lambda_1^{(n)} \qquad \forall n \in \mathbf{N}$$

erfüllt. Dann hat man außer der gleichmäßigen Konvergenz $\alpha_k^{(n)} \to \alpha_k$ *auch Konvergenz im Sinne von*

$$\sum_{k=1}^{\infty} (\alpha_k - \alpha_k^{(n)})^2 \to 0 \quad \textit{für } n \to \infty \,.$$

Außerdem ist

$$\sum_{k=1}^{\infty} \alpha_k^2 < \infty\,, \qquad \sum_{k=1}^{\infty} (\alpha_k - \alpha_k^{(n)})^2 \leqslant \frac{1}{\lambda_0} \|\bar{u} - u^{(n)}\|^2 \,.$$

B e w e i s. Wir erinnern daran, daß $\bar{u}$ die Projektion des gegebenen Elementes $w \in H$ auf U bezeichnet und $u^{(n)}$ die Projektion von w auf $U_n \subset U$. Daher ist $\|u^{(n)}\| \leqslant \|\bar{u}\|$. Aus der nach Voraussetzung für alle n und beliebige $(\xi_1, \ldots, \xi_n) \in \mathbf{R}^n$ gültigen Ungleichung

$$\lambda_0 \sum_{k=1}^{n} \xi_k^2 \leqslant \| \sum_{k=1}^{n} \xi_k u_k \|^2$$

folgt mit der speziellen Wahl $\xi_k = \alpha_k^{(n)}$ und beliebigem $r \in \mathbf{N}$

$$\lambda_0 \sum_{k=1}^{r} (\alpha_k^{(n)})^2 \leqslant \|u^{(n)}\|^2 \leqslant \|\bar{u}\|^2 \,.$$

Bei festem r erhält man für $n \to \infty$

$$\lambda_0 \sum_{k=1}^{r} (\alpha_k)^2 \leqslant \|\bar{u}\|^2 \,.$$

Dies gilt für alle $r \in \mathbf{N}$. Es ist also auch

$$\sum_{k=1}^{\infty} (\alpha_k)^2 \leqslant \frac{1}{\lambda_0} \|\bar{u}\|^2 \,.$$

Ganz analog findet man

$$\lambda_0 \sum_{k=1}^{r} (\alpha_k^{(m)} - \alpha_k^{(n)})^2 \leqslant \|u^{(m)} - u^{(n)}\|^2 \,.$$

Bei festem r und n folgt für $m \to \infty$ wegen der Normkonvergenz von $u^{(m)}$ gegen $\bar{u}$ die Ungleichung

$$\lambda_0 \sum_{k=1}^{r} (\alpha_k - \alpha_k^{(n)})^2 \leqslant \|\bar{u} - u^{(n)}\|^2 \,.$$

Dies gilt für alle r. Es ist also auch

$$\sum_{k=1}^{\infty} (\alpha_k - \alpha_k^{(n)})^2 \leqslant \frac{1}{\lambda_0} \|\bar{u} - u^{(n)}\|^2 \,,$$

woraus dann auch für die linke Seite die Konvergenz gegen Null folgt. $\square$

3.3 Die Methode der finiten Elemente

Die Methode der finiten Elemente ist eine praktisch außerordentlich wichtige Variationsmethode, die zu numerisch stabilen linearen Gleichungssystemen führt.

Die Methode der finiten Elemente ist im Grunde nichts anderes als das Ritzsche Verfahren bei quadratischen Extremalproblemen

$$J(u) = a(u, u) - 2\,\ell(u) \;\to\; \min, \qquad u - u_0 \in U,$$

wobei jedoch die Ansatzfunktionen $v_1, \ldots, v_N$ auf ganz spezielle Weise gewählt werden: Jedes der v_j ist eine Funktion, die nur in einem Teilgebiet $G_j \subset G$ von Null verschiedene Werte annimmt und außerhalb identisch Null ist. Für je zwei Gebiete G_j und G_k, deren Durchschnitt leer ist, erhält man dann $a_{jk} = a(v_j, v_k) = 0$. Auf diese Weise erreicht man zunächst, daß die Matrix der Koeffizienten a_{jk} schwach besetzt ist, d. h. viele Nullen aufweist. Damit hängt die Stabilität des Verfahrens zusammen.

Eine weitere Besonderheit besteht darin, daß man folgendes ausnutzen kann: Bei einer Randwertaufgabe der Ordnung $2\,m$ ist U ein Unterraum von $H^m(G)$. Hierin sind speziell auch Funktionen aus $D^m(\overline{G})$ enthalten, deren m-te Ableitungen nur stückweise stetig zu sein brauchen. Mit solchen Ansatzfunktionen werden bei der Methode der finiten Elemente die Formeln besonders einfach.

Der Vorschlag, solche Funktionen heranzuziehen, ist schon bei C o u r a n t [1] ausgesprochen. Auch in dem Buch von S y n g e [1] und in älteren Arbeiten verschiedener Autoren wurden sog. P y r a m i d e n f u n k t i o n e n benutzt, die die oben genannten Eigenschaften besitzen. Weite Verbreitung hat die Methode allerdings erst in neuerer Zeit bei technischen und ingenieurwissenschaftlichen Problemen gefunden. Von daher rührt auch der Name „Methode der finiten Elemente". Sie wurde zunächst als eine Methode zur Diskretisierung von Randwertaufgaben bei Problemen der Kontinuumsmechanik eingeführt. Der Zusammenhang mit dem Ritzschen Verfahren wurde erst später aufgedeckt. Man vergleiche hierzu etwa Z i e n k i e w i c z [3]. Wir wollen im folgenden nur den Grundgedanken der Methode aufzeigen. Bezüglich der speziellen Wahl der „finiten Elemente" ist eine Fülle von Vorschlägen gemacht worden. Hierfür muß auf einschlägige Literatur verwiesen werden.

3.3.1 Der Grundgedanke der Methode

Die Stärke der Methode der finiten Elemente zeigt sich vor allem bei Randwertaufgaben für partielle Differentialgleichungen (und auch für Systeme von partiellen Differentialgleichungen). Zunächst soll aber der Grundgedanke der Methode an einer ganz einfachen Randwertaufgabe für eine gewöhnliche Differentialgleichung zweiter Ordnung erläutert werden, nämlich an

$$-(pu')' + qu = f, \qquad u(0) = u'(1) = 0.$$

Dabei sei der Koeffizient p positiv in $[0, 1]$. Im übrigen lassen wir $p \in D^1[0, 1]$ und $q, f \in D[0, 1]$ zu. Zu der Randwertaufgabe gehört dann das Extremalproblem

$$J(u) = \int_0^1 (pu'^2 + qu^2)\,dx - 2\int_0^1 fu\,dx \to \min .$$

Zur Konkurrenz zugelassen sind insbesondere alle Funktionen $u \in D^1[0, 1]$ mit $u(0) = 0$. Die Randbedingung $u'(1) = 0$ ist eine natürliche Randbedingung und braucht nicht gestellt zu werden.

Man kann nun einen endlichdimensionalen Unterraum U_n wie folgt konstruieren: Man zerlegt das Intervall $[0, 1]$ in n Teilintervalle $I_k = [x_{k-1}, x_k]$ mit

$$0 = x_0 < x_1 < \ldots < x_n = 1$$

und betrachtet alle Funktionen $u \in D^1[0, 1]$ mit $u(0) = 0$, die in sämtlichen Teilintervallen linear sind (Fig. 3.1). Da eine solche Funktion durch ihre Werte in den n Stütz-

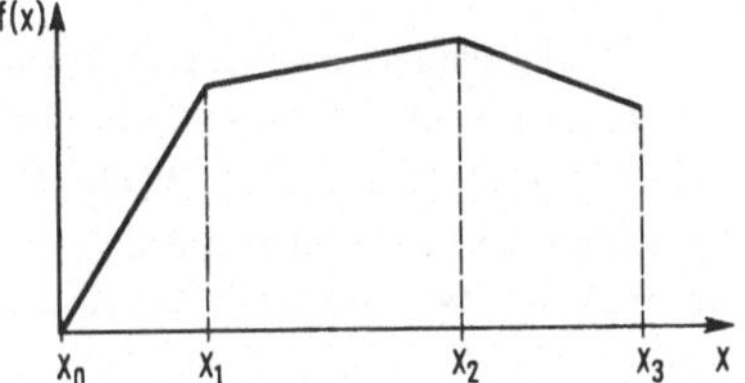

Fig. 3.1
Zur Approximation durch stückweise lineare Funktionen bei Funktionen einer Variablen

stellen $x_1, \ldots, x_n$ eindeutig festgelegt ist, besitzt U_n offenbar die Dimension n.

Entscheidend ist nun die Art, wie man in U_n eine Basis $v_1, \ldots, v_n$ wählt. Denn die Matrix der Koeffizienten $a_{jk} = a(v_j, v_k)$ des linearen Gleichungssystems (2.44) hängt von der Wahl der Basis ab. Dasselbe gilt speziell auch für die Kondition der Matrix.

Man wählt nun als Basis $v_1, \ldots, v_n$ die stückweise linearen D a c h f u n k t i o n e n mit $v_j(x_j) = 1$ und $v_j(x_k) = 0$ für $j \neq k$. Es ist also für $1 \leqslant j \leqslant n - 1$

$$v_j(x) = \begin{cases} (x - x_{j-1})/(x_j - x_{j-1}) & \text{für } x \in I_j \\ (x_{j+1} - x)/(x_{j+1} - x_j) & \text{für } x \in I_{j+1} \\ 0 & \text{sonst} \end{cases}$$

sowie für $j = n$

$$v_n(x) = \begin{cases} (x - x_{n-1})/(x_n - x_{n-1}) & \text{für } x \in I_n \\ 0 & \text{sonst .} \end{cases}$$

Offensichtlich läßt sich jede Funktion $u \in U_n$ in der Form $u = \xi_1 v_1 + \ldots + \xi_n v_n$ schreiben. Dabei haben die Koeffizienten ξ_k eine einfache Bedeutung: Es ist $\xi_k = u(x_k)$.

Im Prinzip könnte man nun die Koeffizienten a_{jk} als Integrale $a_{jk} = a(v_j, v_k)$ über das ganze Intervall $[0, 1]$ auswerten. Man kann aber auch so verfahren: Man betrachtet zunächst für $u \in U_n$ die quadratische Form

$$\int\limits_0^1 (pu'^2 + qu^2)\,dx = \sum_{j,\,k=1}^n a_{jk}\xi_j\xi_k \,,$$

deren Koeffizientenmatrix ja zugleich die Matrix des linearen Gleichungssystems zur Bestimmung der $\xi_1, \ldots, \xi_n$ ist. Man schreibt nun das Integral in der Form

$$\int\limits_0^1 (pu'^2 + qu^2)\,dx = \sum_{r=1}^n \int\limits_{I_r} (pu'^2 + qu^2)\,dx = \sum_{r=1}^n \left(\sum_{j,\,k=1}^n a_{jk}^{(r)}\xi_j\xi_k \right).$$

Die gesuchte Koeffizientenmatrix $A = (a_{jk})$ läßt sich also in einfacher Weise aus den Matrizen $A_r = (a_{jk}^{(r)})$ aufbauen, die man erhält, wenn man das obige Energieintegral jeweils für ein einzelnes Intervall I_r auswertet:

$$a_{jk}^{(r)} = \int\limits_{I_r} (pv_j'v_k' + qv_jv_k)\,dx \,.$$

In der englischsprachigen Literatur werden die Intervalle I_r in diesem Zusammenhang als „f i n i t e   e l e m e n t s" bezeichnet, und die zu I_r gehörige Matrix A_r als „s t i f f n e s s   m a t r i x" des finiten Elements I_r.

Wir wollen die Dinge im Sonderfall konstanter Koeffizienten $p = 1, q = 0$ ausführlicher anschreiben: Man findet mit der Abkürzung $h_r = x_r - x_{r-1}$

$$\int\limits_{I_r} (u')^2\,dx = \begin{cases} \dfrac{1}{h_1}\,\xi_1^2 & \text{für } r = 1 \\[2ex] \dfrac{1}{h_r}\,(\xi_r - \xi_{r-1})^2 & \text{für } r = 2, \ldots, n \,. \end{cases}$$

Die Matrizen A_r haben also jeweils nur in einer ein- bzw. zweireihigen Untermatrix von Null verschiedene Elemente. Für $r \geqslant 2$ hat A_r die Gestalt

$$A_r = \frac{1}{h_r} \begin{bmatrix} 0 & & & & & & 0 \\ & \ddots & & & & & \\ & & 0 & & & & \\ & & & 1 & -1 & & \\ & & & -1 & 1 & & \\ & & & & & 0 & \\ & & & & & & \ddots \\ 0 & & & & & & 0 \end{bmatrix}$$

Die Matrix A ergibt sich dann als Summe $A = A_1 + \ldots + A_n$. Im Sonderfall äquidistanter Intervalle, d. h. $h_1 = \ldots = h_n = h$, erhält man in obigem Beispiel

$$A = \frac{1}{h} \begin{bmatrix} 2 & -1 & & & & 0 \\ -1 & 2 & -1 & & & \\ & & \cdot & \cdot & \cdot & \\ & & & \cdot & \cdot & \cdot \\ & & & \cdot & \cdot & \cdot \\ & & & -1 & 2 & -1 \\ 0 & & & & -1 & 1 \end{bmatrix}.$$

Der Vorteil bei diesem Vorgehen liegt auf der Hand: Man kann mit variabler Schrittweite h_r arbeiten, und muß dabei — abgesehen von dem finiten Element I_1, bei dem die Randbedingung zu berücksichtigen ist — lediglich ein Integral von einem einzigen Typ auswerten, nämlich das Integral

$$a_{jk}^{(r)} = \int\limits_{I_r} (p\, v_j' v_k' + q\, v_j v_k)\, dx$$

mit $j = r - 1, r$ und $k = r - 1, r$.

Ganz analog kann man bei der Berechnung der rechten Seiten b_j des linearen Gleichungssystems (2.44) verfahren, indem man das in u lineare Integral in der Gestalt

$$\int\limits_0^1 f\, u\, dx = \sum_{r=1}^n \int\limits_{I_r} f\, u\, dx$$

auswertet. Dabei erhält man

$$\int\limits_{I_r} f\, u\, dx = b_{r-1}^{(r)} \xi_{r-1} + b_r^{(r)} \xi_r \qquad \text{mit } b_k^{(r)} = \int\limits_{I_r} f v_k\, dx\,.$$

Man hat also wiederum nur Integrale des gleichen Typs für die verschiedenen finiten Elemente I_r auszuwerten. Das macht die Organisation des Rechenprogramms sehr durchsichtig: Man muß Rechenprogramms für ein einzelnes finites Element schreiben und darin lediglich die Parameter des finiten Elements offen lassen.

Im vorliegenden Beispiel wurde das Ritzsche Verfahren mit stückweise linearen Funktionen ausgeführt. Man kann aber ganz analog auch mit Funktionen $v_k \in D^1[0, 1]$ arbeiten, die außerhalb von $I_k \cup I_{k+1}$ identisch Null sind. Der entscheidende Umstand ist, daß man das Problem der Bestimmung der a_{jk} und der b_j zunächst auf das Problem reduziert, die entsprechenden Koeffizienten $a_{jk}^{(r)}$ und $b_j^{(r)}$ für ein einzelnes finites Element zu berechnen.

Vorschläge für die Verwendung anderer Basisfunktionen $v_1, \ldots, v_n$ und Details zur numerischen Auswertung der Integrale findet man in der einschlägigen Literatur zur Methode der finiten Elemente.

3.3.2 Finite Elemente bei ebenen Gebieten

Der Einfachheit halber betrachten wir ein Gebiet, dessen Rand aus geradlinigen Randstücken besteht. An die Stelle einer Unterteilung in Intervalle tritt jetzt eine Unterteilung des Gebietes G in geeignete Teilgebiete $G_1, \ldots, G_N$. Als Teilgebiete oder finite Elemente kommen dabei in erster Linie Dreiecke und Rechtecke in Frage.

Wir wollen uns auf eine Randwertaufgabe zweiter Ordnung beschränken und wählen als Beispiel etwa

$$-\Delta u = f \quad \text{in } G, \qquad u = 0 \quad \text{auf } \Gamma_1, \qquad \frac{\partial u}{\partial n} + \sigma u = 0 \quad \text{auf } \Gamma_2$$

mit $\sigma > 0$. Das zugehörige Extremalproblem lautet

$$J(u) = \int\limits_G |\,\text{grad } u\,|^2 dx + \int\limits_{\Gamma_2} \sigma u^2 dS - 2 \int\limits_G fu \, dx \to \min, \qquad u \in U.$$

Dabei ist $U = \{u \in H^1(G) \mid u = 0 \text{ auf } \Gamma_1\}$. Speziell sind also alle Funktionen $u \in D^1(\overline{G})$ mit $u = 0$ auf Γ_1 zur Konkurrenz zugelassen.

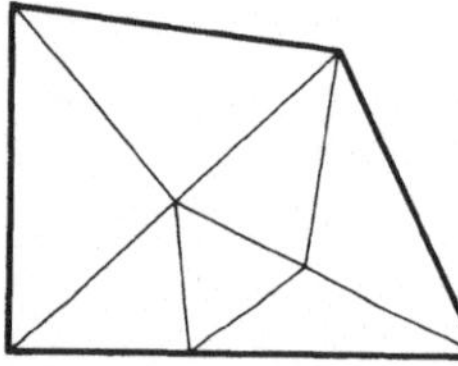

Fig. 3.2
Zur Approximation durch stückweise lineare Funktionen bei ebenen Gebieten (Dreieckzerlegung)

(A) Im Falle von Dreiecken als finiten Elementen (Fig. 3.2) kann man dann Funktionen $u \in U$ wie folgt konstruieren: Man gibt sich zunächst Funktionswerte in den Eckpunkten der Dreiecke vor. (In Punkten $P_j \in \Gamma_1$ ist dabei $u = 0$ zu setzen.) In jedem der Dreiecke $G_1, \ldots, G_N$ gibt es dann genau eine lineare Funktion, die in den Eckpunkten die vorgeschriebenen Werte annimmt. Für zwei Dreiecke mit gemeinsamer Seite stimmen die linearen Funktionen auf dieser Seite überein. Insgesamt erhält man also eine stetige und stückweise lineare Funktion $u \in D^1(\overline{G})$. Die so konstruierten stückweise linearen Funktionen bilden einen Unterraum $U_n \subset U$. Seine Dimension n ist gleich der Anzahl der Knoten P_j, die nicht zu Γ_1 gehören.

Als Basis kann man dann das zweidimensionale Analogen zu den Dachfunktionen verwenden, nämlich die sog. P y r a m i d e n f u n k t i o n e n , die wie folgt definiert sind: Die Knoten, die nicht zu Γ_1 gehören, seien mit $P_1, \ldots, P_n$ durchnumeriert, die restlichen mit $P_{n+1}, \ldots, P_m$. Die Pyramidenfunktionen $v_1, \ldots, v_n$ sind dann die Funktionen $v_1, \ldots, v_n$ aus U_n mit

$$v_j(P_k) = \delta_{jk}, \qquad k = 1, \ldots, n.$$

Sie haben also im Punkt P_j, der Spitze der Pyramide, den Wert 1 und in allen übrigen Knotenpunkten den Wert null. Jede Funktion $u \in U_n$ läßt sich dann in der Gestalt

$$u = \xi_1 v_1 + \ldots + \xi_n v_n$$

schreiben mit $\xi_k = u(P_k)$.

Man baut nun genau wie in Abschn. 3.3.1 im eindimensionalen Fall die Matrix (a_{jk}) aus den Matrizen $(a_{jk}^{(r)})$ der einzelnen finiten Elemente G_r auf.

An jedem der Dreiecke G_r sind maximal drei Eckpunkte $P_j \notin \Gamma_1$ und dementsprechend maximal drei Pyramidenfunktionen beteiligt, aber jeweils nur mit einer Seitenfläche. Hat das betrachtete Dreieck G_r die drei Eckpunkte P_j, P_k, P_ℓ, dann kann die Funktion $u \in U_n$ in $\overline{G}_r$ als Linearkombinationen der drei linearen Funktionen $w_j^{(r)}$, $w_k^{(r)}$, $w_\ell^{(r)}$ dargestellt werden, wobei

$$ w_j^{(r)}(P) = \begin{cases} 1 & \text{für } P = P_j \\ 0 & \text{für } P = P_k, P = P_\ell \end{cases} $$

ist und $w_k^{(r)}$, $w_\ell^{(r)}$ analog definiert sind.

Gehört kein Eckpunkt zu Γ_1, hat man in G_r

$$ u = \xi_j w_j^{(r)} + \xi_k w_k^{(r)} + \xi_l w_l^{(r)} . $$

Ist $P_\ell \in \Gamma_1$ bzw. $P_k, P_\ell \in \Gamma_1$, dann hat man

$$ u = \xi_j w_j^{(r)} + \xi_k w_k^{(r)} \quad \text{bzw.} \quad u = \xi_j w_j^{(r)} . $$

Mit diesen Funktionen, die also maximal drei der Größen $\xi_1, \ldots, \xi_n$ enthalten, hat man dann die Integrale

$$ \int\limits_{G_r} |\operatorname{grad} u|^2 dx + \int\limits_{\overline{G}_r \cap \Gamma_2} \sigma u^2 dS = \sum_{j,k=1}^{n} a_{jk}^{(r)} \xi_j \xi_k $$

und

$$ \int\limits_{G_r} fu\, dx = \sum_{j=1}^{n} b_j^{(r)} \xi_j $$

auszuwerten. Man erhält Matrizen $A_r = (a_{jk}^{(r)})$, die maximal neun von Null verschiedene Elemente enthalten, und Spaltenvektoren $b^{(r)}$, die maximal drei von Null verschiedene Komponenten enthalten.

(B) Im Falle von Dreiecken als finiten Elementen sind auch andere Vorschläge zur Konstruktion von Ansatzfunktionen aus $D^1(\overline{G})$ gemacht worden. So kann man beispielsweise Funktionen verwenden, die in einem einzelnen Dreieck durch ein quadratisches Polynom der Gestalt

$$ u = a_1 + a_2 x + a_3 y + a_4 x^2 + a_5 xy + a_6 y^2 $$

dargestellt werden. Man hat sechs Koeffizienten $a_1, \ldots, a_6$ zur Verfügung und kann dementsprechend den Funktionswert von u in sechs Punkten $P_1, \ldots, P_6$ vorgeben. Es ist naheliegend, dafür die drei Eckpunkte und die drei Seitenmitten zu wählen (Fig. 3.3). Zunächst ist klar, daß sich die in den einzelnen Dreiecken so konstruierten Funktionen zu einer Funktion $u \in C(\overline{G})$ zusammenfügen. Denn die Einschränkung der quadratischen Polynome auf eine Dreieckseite ist dort auch wieder eine quadratische Funktion, die aber durch die drei auf der Seite gegebenen Funktionswerte eindeutig bestimmt ist.

In einem Dreieck gemäß Fig. 3.3 kann man dann als Basis die speziellen quadratischen Polynome $w_1, \ldots, w_6$ verwenden, die wie folgt charakterisiert sind: Es ist

$$w_j(P) = \begin{cases} 1 & \text{für } P = P_j \\ 0 & \text{für } P = P_k, k \neq j \end{cases}.$$

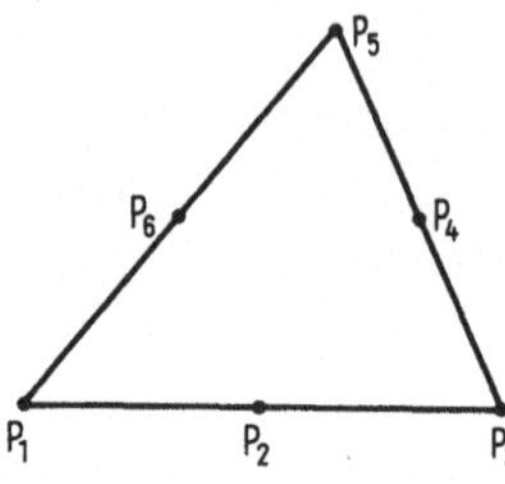

Fig. 3.3
Zur Approximation durch quadratische Polynome mit Dreiecken als finiten Elementen

Die Funktion $u \in D^1(\overline{G})$ besitzt dann in dem Dreieck die Basisdarstellung
$u = \xi_1 w_1 + \ldots + \xi_6 w_6$, und die Koeffizienten ξ_k haben wieder die einfache Bedeutung
$\xi_k = u(P_k)$.

(C) Wir wollen noch eine einfache Methode zur Konstruktion von Funktionen aus $D^1(\overline{G})$ für den Fall einer Zerlegung in Rechtecke angeben. In einem rechteckigen Gitter

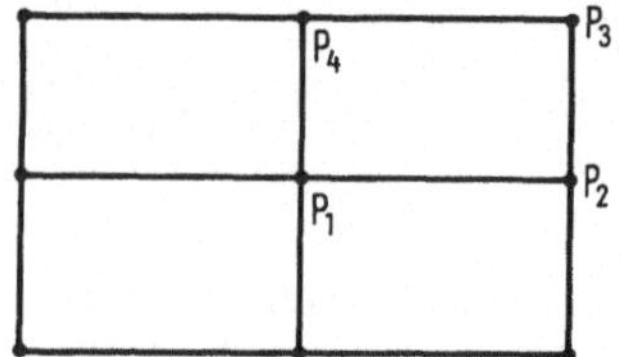

Fig. 3.4
Zur Approximation durch bilineare Polynome mit Rechtecken als finiten Elementen

(Fig. 3.4) setzt man in einem einzelnen Rechteck die Funktion u als Polynom der Gestalt

$$u = a_1 + a_2 x + a_3 y + a_4 xy \tag{3.21}$$

an. Man hat vier Koeffizienten a_1, a_2, a_3, a_4 zur Verfügung und kann dementsprechend die Funktionswerte von u in den vier Eckpunkten P_1, P_2, P_3, P_4 vorgeben. Auf den beiden Seiten y = const ist u eine lineare Funktion in x, die durch die Funktionswerte in den Eckpunkten eindeutig festgelegt ist. Analog ist u auf den Seiten x = const eine lineare Funktion. Die auf diese Weise in den einzelnen Rechtecken definierten Funktionen fügen sich also zu einer Funktion $u \in C(\overline{G})$ und damit auch $u \in D^1(\overline{G})$ zusammen.

In einem einzelnen Rechteck mit den Eckpunkten P_1, P_2, P_3, P_4 kann man u mit Hilfe der vier Basisfunktionen w_1, w_2, w_3, w_4 darstellen, die charakterisiert sind durch

$$w_j(P) = \begin{cases} 1 & \text{für } P = P_j \\ 0 & \text{für } P = P_k, k \neq j \end{cases}.$$

Jede dieser Funktionen w_1, w_2, w_3, w_4 kann als Produkt einer linearen Funktion in x und einer linearen Funktion in y geschrieben werden. Sind (x_j, y_j) die Koordinaten von P_j (j = 1, 2, 3, 4), dann ist beispielsweise w_1 darstellbar in der Form

$$w_1(x, y) = \frac{x - x_3}{x_1 - x_3} \, \frac{y - y_3}{y_1 - y_3}.$$

In der Tat ist dies ein Polynom der Gestalt (3.21), und es ist $w_1(x, y) = 0$ auf den beiden Seiten durch P_3, die durch x = const = x_3, y = const = y_3 gegeben sind. Im übrigen ist $w_1(P_1) = 1$. Entsprechende Darstellungen hat man für w_2, w_3, w_4.

Fig. 3.5
Zu C: Funktionswerte der Pagodenfunktionen ($\cdot$ Knoten mit
u = 0, $\bigcirc$ Knoten mit u = 1, – – – Firstlinien)

Betrachtet man gemäß Fig. 3.5 vier benachbarte Rechtecke, und gibt man sich im mittleren Knoten den Wert u = 1 und in allen übrigen Knoten den Wert u = 0 vor, dann erhält man auch wieder eine Dachfunktion, die in diesem Fall als P a g o d e n f u n k t i o n bezeichnet wird. Anders als bei den Pyramidenfunktionen unter (B) erhält man nämlich diesmal zwar noch geradlinige, von der Spitze ausgehende Dachfirste, aber keine ebenen Dachflächen mehr.

Wegen der Eigenschaft der Basisfunktionen w_j, als Produkt von linearen Funktionen in x und y darstellbar zu sein, ist die Auswertung des Energieintegrals für ein einzelnes finites Element besonders einfach. Außerdem ist das Analogen für Gebiete im $\mathbf{R}^3$ mit einer Zerlegung in Quader noch praktikabel, während das Analogon zur Dreieckzerlegung, nämlich eine Zerlegung von Gebieten des $\mathbf{R}^3$ in Tetraeder, programmiertechnisch vergleichsweise kompliziert ist.

Ein Problem sind natürlich in jedem Fall gekrümmte Ränder, die man in irgend einer Form approximieren muß. Hierfür muß auf einschlägige Literatur zur Methode der finiten Elemente verwiesen werden.

3.3.3 Zur Kondition der Ritzschen Matrix

Die Matrix $A = (a_{jk})$ ist bei der Methode der finiten Elemente zwar schwach besetzt, aber bei Gebieten mit komplizierteren Rändern können die von Null verschiedenen Elemente a_{jk} der Matrix A ziemlich unregelmäßig verteilt sein. Von Sonderfällen abgesehen, ist es daher nicht ganz einfach, für die Konditionszahl cond A eine gute Abschätzung anzugeben, ohne den größten und kleinsten Eigenwert von A numerisch wirklich zu berechnen.

Wir wollen uns daher mit einer ganz einfachen Betrachtung begnügen, die einen Zusammenhang zwischen den Eigenwerten der Matrizen A_r eines einzelnen finiten Elementes und den Eigenwerten der Matrix A herstellt. Das liefert eine gewisse Einsicht in die Dinge, deren praktischer Nutzen allerdings begrenzt ist.

Die Matrix A habe n Zeilen und Spalten. Wir setzen dann $x^T = (\xi_1, \ldots, \xi_n)$. Ferner bezeichne A_r wieder die Matrix, die zu dem finiten Element G_r $(r = 1, \ldots, N)$ gehört. Es sei nun x_r^T der Vektor, der aus x^T dadurch entsteht, daß man alle Komponenten ξ_j gleich Null setzt, die an dem finiten Element G_r nicht beteiligt sind. Ist das finite Element G_r beispielsweise ein Dreieck mit den Eckpunkten P_j, P_{j+1}, P_{j+2}, dann ist also $x_r^T = (0, \ldots, 0, \xi_j, \xi_{j+1}, \xi_{j+2}, 0, \ldots, 0)$.

Wenn nun ein einzelner Knoten P_j $(j = 1, \ldots, n)$ maximal an p verschiedenen finiten]Elementenbeteiligt ist, dann bestehen offensichtlich für einen beliebigen Vektor $x^T = (\xi_1, \ldots, \xi_n)$ und die zugehörigen x_r^T die Ungleichungen

$$x^T x \leqslant \sum_{r=1}^{N} x_r^T x_r \leqslant p\, x^T x .$$

Weiter ist wegen $A = A_1 + \ldots + A_N$ auch

$$x^T A x = \sum_{r=1}^{N} x^T A_r x = \sum_{r=1}^{N} x_r^T A_r x_r .$$

Daraus ergibt sich für $x \neq 0$

$$\frac{x^T A_r x}{x^T x} \leqslant \frac{x^T A x}{x^T x} \leqslant p \left(\sum_{r=1}^{N} x_r^T A_r x_r \right) \bigg/ \left(\sum_{r=1}^{N} x_r^T x_r \right) .$$

Ist Λ_{max} der größte unter allen Eigenwerten der Matrizen $A_1, \ldots, A_N$ und ist λ_n der größte Eigenwert von A, so folgt

$$\Lambda_{max} \leqslant \lambda_n \leqslant p\, \Lambda_{max} .$$

Bezeichnet Λ_{min} das Minimum der Werte aller Rayleighschen Quotienten

$$R_r(x) = \frac{x_r^T A_r x_r}{x_r^T x_r} \qquad (x_r \neq 0) ,$$

dann findet man durch eine ähnliche Überlegung bezüglich des kleinsten Eigenwertes λ_1 von A die Ungleichung $\Lambda_{min} \leqslant \lambda_1$ und damit insgesamt

$$\text{cond } A \leqslant p\, \Lambda_{max}/\Lambda_{min} .$$

Zu beachten ist allerdings, daß man bisweilen $\Lambda_{min} = 0$ erhält. Dann ist die Abschätzung für cond A natürlich wertlos.

Für detaillierte Untersuchungen zur Kondition der Koeffizientenmatrix A siehe man
etwa F r i e d [1] sowie die dort zitierte Literatur.

4 Komplementäre Extremalprobleme

In ganz verschiedenartigen Anwendungsgebieten, in denen die betrachteten Probleme
als Extremalaufgaben formuliert werden können, spielen Paare von sog. dualen oder
komplementären Extremalproblemen eine Rolle. In der Optimierungstheorie spricht
man gewöhnlich von d u a l e n Problemen. In der Variationsrechnung ist die Bezeichnung k o m p l e m e n t ä r die üblichere.

Ganz allgemein gesprochen handelt es sich bei einem Paar komplementärer Extremalprobleme um folgendes: Es sind zwei Funktionale F und G mit verschiedenen Defini-
tionsbereichen U und V gegeben, und es gibt ein Element $\bar{u} \in U \cap V$, das gleichzeitig F
minimiert und G maximiert, wobei außerdem $F(\bar{u}) = G(\bar{u})$ ist. Man hat also

$$F(u) \geqslant F(\bar{u}) = G(\bar{u}) \geqslant G(v) \qquad \forall\, u \in U, v \in V\,.$$

Für eine ganze Reihe von Problemen aus der Physik und Mechanik, die auf lineare Randwertaufgaben führen, ist die Charakterisierung der Lösung $\bar{u}$ durch komplementäre Extremalprinzipien schon lange bekannt. In der Theorie elektrostatischer Felder ist das
eine Extremalprinzip das P r i n z i p v o m M i n i m u m d e r p o t e n t i e l l e n
E n e r g i e, und das zu ihm komplementäre ist das P r i n z i p v o n T h o m s o n
(Lord Kelvin). Mit ihrer Hilfe lassen sich Feldenergie und Kapazität eines geladenen
Kondensators in zweiseitige Schranken einschließen.

In der Theorie elastisch deformierbarer Körper sind das Prinzip vom Minimum der potentiellen Energie und das P r i n z i p v o n C a s t i g l i a n o komplementäre Extremalprinzipien.

Ein weiteres wohlbekanntes Beispiel liefert der Torsionsstab. Hier kann die sog. Torsionssteifigkeit mit Hilfe komplementärer Extremalprinzipien in zweiseitige Schranken
eingeschlossen werden.

Die M e t h o d e v o n T r e f f t z [1] schließlich, die ein Gegenstück zum Verfahren
von Rayleigh und Ritz darstellt, beruht auf der Verwendung eines zum Energiefunktional komplementären Funktionals. Außerdem besteht ein enger Zusammenhang mit
der H y p e r k r e i s m e t h o d e v o n P r a g e r u n d S y n g e [1], die zunächst
für Randwertaufgaben aus der Elastizitätstheorie entwickelt worden ist und neuerdings
auch in Verbindung mit der Methode der finiten Elemente Anwendung findet.

Die genannten Methoden sollen im folgenden mit ihren wechselseitigen Beziehungen zueinander dargestellt werden.

4.1 Komplementäre Extremalprobleme bei linearen Randwertaufgaben

4.1.1 Additive Zerlegung bei Operatorgleichungen

Die im folgenden beschriebene Methode zur Konstruktion eines Paares komplementärer Extremalprobleme ist in der Literatur in verschiedenem Zusammenhang vorgeschlagen worden. Man vergleiche etwa H e r s c h [1] sowie S l o b o d i a n s k i [1]. Für lineare Operatorgleichungen kann die Methode wie folgt beschrieben werden: Wie in Abschn. 2.1.2 sei E ein linearer Raum mit innerem Produkt (,), und es sei U ein linearer Unterraum von E. Die Operatorgleichung

$$Au = f, \quad u \in U \tag{4.1}$$

besitze eine Lösung $\bar{u} \in U$. Außerdem sei

$$(Au, v) = (u, Av) \quad \forall\, u, v \in U \tag{4.2}$$

$$(Au, u) > 0 \quad \forall\, u \in U, u \neq 0. \tag{4.3}$$

Dann ist $\bar{u}$ eindeutig bestimmt und ist zugleich Lösung von

$$I(u) = (Au, u) - 2\,(f, u) \rightarrow \min, \quad u \in U. \tag{4.4}$$

Eine erste Möglichkeit, ein komplementäres Extremalproblem zu konstruieren, beruht auf einer Zerlegung von A der Gestalt $A = A_1 + \ldots + A_r$.

Es seien $A_1, \ldots, A_r$ lineare Operatoren, deren Definitionsbereiche $D(A_j)$ alle den Unterraum U umfassen. Es sei also

$$A_j : D(A_j) \rightarrow E, \quad U \subset D(A_j) \subset E.$$

Außerdem seien die $A_1, \ldots, A_r$ symmetrisch und nicht negativ:

$$(A_j u, v) = (u, A_j v) \quad \forall\, u, v \in D(A_j) \tag{4.5}$$

$$(A_j u, u) \geqslant 0 \quad \forall\, u \in D(A_j). \tag{4.6}$$

Schließlich sei

$$Au = A_1 u + \ldots + A_r u \quad \forall\, u \in U. \tag{4.7}$$

Wir betrachten nun den linearen Raum E' aller r-tupel $v' = (v_1, \ldots, v_r)$ mit Komponenten $v_j \in D(A_j)$. Wegen (4.5), (4.6) ist dann durch

$$\langle u', v' \rangle = \sum_{j=1}^{r} (u_j, A v_j) \tag{4.8}$$

und $\quad \| u' \| = \langle u', u' \rangle^{1/2}$

ein semidefinites inneres Produkt $\langle\ ,\ \rangle$ bzw. eine Halbnorm $\|\ \|$ erklärt. Für beliebige $u', v' \in E'$ ist also

$$\| u' - v' \|^2 = \langle u', u' \rangle - 2 \langle u', v' \rangle + \langle v', v' \rangle \geqslant 0 \; . \tag{4.9}$$

Es sei nun speziell $u' = (u, \ldots, u)$ mit $u \in U$, und es sei $v' = (v_1, \ldots, v_r)$ eine Lösung von

$$A_1 v_1 + \ldots + A_r v_r = f \; . \tag{4.10}$$

Dann erhält man

$$\langle u', u' \rangle = \sum_{j=1}^{r} (u_j, A_j u_j) = (u, Au)$$

sowie $\quad \langle u', v' \rangle = \sum_{j=1}^{r} (u_j, A_j v_j) = (u, f) \; .$

Aus (4.9) folgt also $\| u' - v' \|^2 = I(u) + \langle v', v' \rangle \geqslant 0$ oder

$$I(u) \geqslant - \langle v', v' \rangle \; . \tag{4.11}$$

Hierin darf speziell $u = \overline{u}$ oder auch $v' = (\overline{u}, \ldots, \overline{u})$ gesetzt werden. Daraus ergibt sich sogleich

Satz 4.1 *Es ist*

$$\min_{u} I(u) = I(\overline{u}) = \max_{v'} (- \langle v', v' \rangle) \; .$$

Dabei sind alle $u \in U$ *sowie alle* $v' = (v_1, \ldots, v_r) \in E'$ *mit*

$$A_1 v_1 + \ldots + A_r v_r = f \tag{4.12}$$

zur Konkurrenz zugelassen. Minimum bzw. Maximum werden angenommen für $u = \overline{u}$
bzw. $v' = (\overline{u}, \ldots, \overline{u})$.

Das komplementäre Extremalproblem gestattet es nun auch, für die Fehlerabschätzung (2.30) untere Schranken $d \leqslant I(\overline{u})$ zu berechnen:

Korollar 1 Für beliebiges $u \in U$ und beliebiges $v' \in E'$ mit (4.12) ist

$$I u - \overline{u} I^2 \leqslant I(u) + \langle v', v' \rangle \; .$$

Um eine gute untere Schranke $d \leqslant I(\overline{u})$ zu erhalten, kann man nun ganz analog wie beim Ritzschen Verfahren vorgehen:

Es sei $v'_0 \in E'$ eine spezielle Lösung von (4.12), und es seien $v'_1, \ldots, v'_n$ linear unabhängige Lösungen der zu (4.12) gehörigen homogenen Gleichung. Die $v'_1, \ldots, v'_n$ spannen einen Unterraum $V'_n \subset E'$ auf. Die beste untere Schranke ist dann

$$d = \max_{v'} (- \langle v', v' \rangle) \; , \qquad v' - v'_0 \in V'_n \; . \tag{4.13}$$

Setzt man $v' = v'_0 + \xi_1 v'_1 + \ldots + \xi_n v'_n$, so erhält man folgendes Resultat:

Satz 4.2 *Das Extremalproblem* (4.13) *ist äquivalent mit dem System linearer Gleichungen*

$$\sum_{k=1}^{n} a_{jk}\xi_k = b_j \qquad (j = 1, \ldots, n)$$

$$mit \qquad a_{jk} = \langle v_j', v_k' \rangle, \qquad b_j = -\langle v_0', v_j' \rangle. \tag{4.14}$$

Es besitzt mindestens eine Lösung.

B e w e i s. Die Matrix der Koeffizienten a_{jk} ist symmetrisch und die quadratische Form

$$\| \xi_1 v_1' + \ldots + \xi_n v_n' \|^2 = \sum_{j,\,k=1}^{n} a_{jk}\xi_j\xi_k$$

ist nichtnegativ. Daher ist Satz 2.2′ anwendbar. Im übrigen erhält man für jede Lösung $(\xi_1^0, \ldots, \xi_n^0)$ von (4.14)

$$d = \sum_{j=1}^{n} b_j\xi_j^0 - \langle v_0', v_0' \rangle. \qquad\qquad \Box$$

Beispiel 4.1 In $H^2(G)$ betrachten wir für $f \in L_2(G)$ und positive Konstante c die Randwertaufgabe

$$-\Delta u + cu = f \quad \text{in } G, \qquad u = 0 \quad \text{auf } \partial G.$$

Mit $E = L_2(G)$, $U = \{u \in H^2(G) \mid u = 0 \text{ auf } \partial G\}$ und $Au = -\Delta u + cu$ ist sie von der Gestalt (4.1).

Eine mögliche Zerlegung $A = A_1 + A_2$ ergibt sich mit

$$A_1 u = -\Delta u, \qquad D(A_1) = H^2(G)$$

$$A_2 u = cu \quad\quad, \qquad D(A_2) = L_2(G).$$

Es folgt

$$I(u) \geqslant I(\overline{u}) \geqslant \int_G (v_1 \Delta v_1 - cv_2^2)\,dx$$

für alle $u \in U$ und alle $v_1 \in H^2(G)$, $v_2 \in L_2(G)$ mit

$$-\Delta v_1 + cv_2 = f \quad\quad \text{in } G. \tag{4.15}$$

Spezielle Lösungen lassen sich leicht angeben: Man wähle v_1 beliebig und bestimme v_2 aus (4.15).

4.1.2 Energiefunktional und komplementäres Funktional

Wie in Abschn. 2.2.1 sei E ein linearer Raum, U ein Unterraum und $a(\ ,\ ) : E \times E \to \mathbf{R}$ eine Bilinearform mit

$$a(u, v) = a(v, u) \qquad \forall\, u, v \in E \tag{4.16}$$

$$a(u, u) \geqslant 0 \qquad \forall\, u \in E \tag{4.17}$$

$$a(u, u) > 0 \qquad \forall\, u \in U, u \neq 0. \tag{4.18}$$

Der Unterraum U sei in der Energienorm $|\,u\,| = a(u, u)^{1/2}$ abgeschlossen und das lineare Funktional $\ell(\ ) : E \to \mathbf{R}$ sei in U beschränkt:

$$|\ell(u)| \leqslant c\,|\,u\,| \qquad \forall\, u \in U. \tag{4.19}$$

Nach Satz 2.9 besitzen dann die Extremalaufgabe

$$J(u) = a(u, u) - 2\,\ell(u) \to \min, \qquad u - u_0 \in U \tag{4.20}$$

bzw. die mit ihr äquivalente Variationsgleichung

$$a(u, \varphi) = \ell(\varphi) \qquad \forall\, \varphi \in U, \ u - u_0 \in U \tag{4.21}$$

genau eine Lösung $\overline{u}$.

Wir betrachten nun neben dem linearen Teilraum $U \subset E$ noch den linearen Teilraum V aller $v \in E$ mit

$$a(v, \varphi) = 0 \qquad \forall\, \varphi \in U. \tag{4.22}$$

Die Unterräume U und V sind also orthogonal im Sinne des (semidefiniten) inneren Produktes $a(\ ,\ )$. Nach Satz 2.14 ist außerdem $E = U \oplus V$, d. h., jedes $w \in E$ läßt sich auf genau eine Weise in der Form $w = u + v$ mit $u \in U, v \in V$ schreiben.

Die Lösungen $v \in E$ der linearen Gleichung

$$a(v, \varphi) = \ell(\varphi) \qquad \forall\, \varphi \in U \tag{4.23}$$

bilden eine lineare Mannigfaltigkeit. Sie ist nicht leer, da $\overline{u}$ eine spezielle Lösung ist. Wenn v_0 irgend eine Lösung ist, dann sind die übrigen Lösungen durch $v - v_0 \in V$ charakterisiert.

Ein Element v, das sowohl die Eigenschaft $v - v_0 \in V$ besitzt (d. h. der Gleichung (4.23) genügt), als auch die Eigenschaft $v - u_0 \in U$, ist Lösung der Variationsgleichung (4.21) und damit gleich $\overline{u}$.

Anders ausgedrückt: Der Durchschnitt der beiden orthogonalen linearen Mannigfaltigkeiten $u_0 + U$ und $v_0 + V$ besteht aus genau einem Element, nämlich der Lösung $\overline{u}$ von (4.21) bzw. (4.20).

Aus (4.17) folgt für beliebige $u, v \in E$

$$|\,u - v\,|^2 = |\,u\,|^2 - 2\,a(u, v) + |\,v\,|^2 \geqslant 0. \tag{4.24}$$

Es sei nun speziell $u - u_0 \in U$ und $v - v_0 \in V$. Aus (4.23) folgt dann mit $\varphi = u - u_0 \in U$

$$a(v, u) = \ell(u) + a(v, u_0) - \ell(u_0).$$

Trägt man dies in (4.24) ein und ordnet nach Termen, die nur von u bzw. nur von v abhängen, so erhält man

$$| u - v |^2 = J(u) - K(v) \geqslant 0 \tag{4.25}$$

mit $K(v) = - a(v, v) + 2\, a(u_0, v) - 2\, \ell(u_0)\,.$ (4.26)

Satz 4.3 *Es ist*

$$\min_{u - u_0 \in U} J(u) = J(\overline{u}) = \max_{v - v_0 \in V} K(v)\,. \tag{4.27}$$

Minimum und Maximum werden für $u = v = \overline{u}$ *angenommen. Außerdem bestehen für alle* $u, v \in E$ *mit* $u - u_0 \in U$, $v - v_0 \in V$ *die Gleichungen*

$$| u - \overline{u} |^2 = J(u) - J(\overline{u})\,, \qquad | v - \overline{u} |^2 = J(\overline{u}) - K(v) \tag{4.28}$$

sowie $4\,\left| \dfrac{u + v}{2} - \overline{u} \right|^2 = | u - v |^2 = J(u) - K(v)\,.$ (4.29)

B e w e i s. Nach (4.25) hat man zunächst $J(u) \geqslant K(v)$. Bei festem u (z. B. $u = \overline{u}$) gilt dies für alle zulässigen v und bei festem v (z. B. $v = \overline{u}$) für alle zulässigen u. Außerdem ist $J(\overline{u}) = K(\overline{u})$.

Daraus folgt (4.27). Die Gleichungen (4.28) ergeben sich aus (4.25), indem man $v = \overline{u}$ bzw. $u = \overline{u}$ setzt. Die Gleichungen (4.29) folgen aus $a(u - \overline{u}, v - \overline{u}) = 0$. Es ist nämlich

$$| u + v - 2\,\overline{u} |^2 = | (u - \overline{u}) + (v - \overline{u}) |^2 = | (u - \overline{u}) - (v - \overline{u}) |^2 = | u - v |^2\,.$$

Zusammen mit (4.25) ergibt sich (4.29).   □

Korollar 1 Es sei $u - u_0 \in U$, $v - v_0 \in V$. Dann ist $d = K(v)$ eine untere Schranke für $J(\overline{u})$, und es ist

$$| u - \overline{u} |^2 \leqslant J(u) - K(v)\,.$$

Beispiel 4.2 Gegeben sei die Randwertaufgabe

$$- \Delta u = f \quad \text{in } G\,, \qquad u = 0 \quad \text{auf } \partial G$$

mit $f \in L_2(G)$. Mit $E = H^1(G)$, $U = H_0^1(G)$ sowie

$$a(u, v) = \int_G \text{grad } u \text{ grad } v \, dx\,, \qquad \ell(u) = \int_G f\, u \, dx$$

erhält man

$$J(u) \geqslant J(\overline{u}) \geqslant - \int_G | \text{grad } v |^2 \, dx$$

für alle $u \in H_0^1(G)$ und alle $v \in H^1(G)$ mit

$$a(v, \varphi) = \ell(\varphi) \qquad \forall\, \varphi \in H_0^1(G)\,.$$

Dies ist eine schwache Form der Differentialgleichung

$$- \Delta v = f \qquad \text{in } G$$

ohne Randbedingungen.

Beispiel 4.3 In der Randwertaufgabe

$$- \Delta u = f \ \text{ in } G, \qquad u = 0 \ \text{ auf } \Gamma_1 \,, \qquad \frac{\partial u}{\partial n} = 0 \ \text{ auf } \Gamma_2$$

$(\Gamma_2 = \partial G - \Gamma_1)$ ist $u = 0$ wesentliche und $\partial u / \partial n = 0$ natürliche Randbedingung. Mit $E = H^1(G)$, $U = \{u \in H^1(G) \mid u = 0 \text{ auf } \Gamma_1\}$ und $a(\ ,\ )$, $\ell(\ )$ wie in Beispiel 4.2 erhält man

$$J(u) \geqslant J(\overline{u}) \geqslant - \int\limits_G | \operatorname{grad} v |^2 \, dx$$

für alle $u \in U$ und alle $v \in H^1(G)$, die der Gleichung

$$a(v, \varphi) = \ell(\varphi) \qquad \forall \ \varphi \in U$$

genügen. Dies ist eine schwache Form der Randwertaufgabe

$$- \Delta v = f \ \text{ in } G\,, \qquad \frac{\partial v}{\partial n} = 0 \ \text{ auf } \Gamma_2 \,.$$

Das heißt, die v müssen diesmal der Differentialgleichung sowie der natürlichen Randbedingung genügen.

4.1.3 Das Verfahren von Trefftz

Das nach Trefftz benannte Verfahren zur genäherten Berechnung der Lösung $\overline{u}$ einer linearen Randwertaufgabe wurde von ihm selbst als „Gegenstück zum Ritzschen Verfahren" bezeichnet (vgl. T r e f f t z [1]).
Das Verfahren von Ritz beruht auf der Gleichung

$$| u - \overline{u} |^2 = J(u) - J(\overline{u})\,, \qquad u - u_0 \in U\,.$$

Beim Ritzschen Verfahren löst man für einen endlichdimensionalen Unterraum U_n das Extremalproblem

$$J(u) \to \min\,, \qquad u - u_0 \in U_n$$

und erhält als Näherung für $\overline{u}$ die orthogonale Projektion von $\overline{u}$ auf die lineare Mannigfaltigkeit $u_0 + U_n$.
Das Verfahren von Trefftz beruht auf der Gleichung

$$| v - \overline{u} |^2 - J(\overline{u}) - K(v)\,, \qquad v - v_0 \in V\,.$$

Diesmal wählt man einen endlichdimensionalen Unterraum $V_n \subset V$ und löst das Extremalproblem

$$- K(v) \to \min , \qquad v - v_0 \in V_n . \tag{4.30}$$

Dabei ist allerdings zu beachten, daß die Energienorm nach Voraussetzung zwar in U eine Norm ist, in E aber im allgemeinen nur eine Halbnorm. Die Lösung von (4.30) ist daher im allgemeinen nicht eindeutig bestimmt. Immerhin ist folgendes der Fall: Ist $v_1, \ldots, v_n$ eine Basis in V_n, so gilt

Satz 4.4 *Das Extremalproblem*

$$- K(v_0 + \xi_1 v_1 + \ldots + \xi_n v_n) \to \min , \qquad (\xi_1, \ldots, \xi_n) \in \mathbf{R}^n$$

ist äquivalent mit dem System linearer Gleichungen

$$\sum_{k=1}^{n} a_{jk} \xi_k = b_j$$

mit $\qquad a_{jk} = a(v_j, v_k) , \qquad b_j = a(v_j, u_0 - v_0) .$ $\qquad$ (4.31)

Es besitzt mindestens eine Lösung.

B e w e i s. Die Matrix der Koeffizienten a_{jk} ist symmetrisch und die quadratische Form

$$| \xi_1 v_1 + \ldots + \xi_n v_n |^2 = \sum_{j, k=1}^{n} a_{jk} \xi_j \xi_k$$

ist nichtnegativ. Also ist Satz 2.2′ anwendbar und liefert die Aussage des Satzes. $\qquad \square$

B e m e r k u n g. Sind die $v_1, \ldots, v_n$ so gewählt, daß die Matrix der a_{jk} maximalen Rang hat, dann ist (4.31) eindeutig lösbar.

Manchmal wird unter dem Verfahren von Trefftz (im engeren Sinne) die Anwendung auf Randwertaufgaben mit Dirichletschen Nullrandbedingungen verstanden. In diesem Falle sind alle Randbedingungen wesentlich, und die Funktionen v müssen lediglich der Differentialgleichung genügen und keinerlei Randbedingungen. Wenn jedoch natürliche Randbedingungen auftreten und man dennoch haben möchte, daß die zulässigen Funktionen v des komplementären Extremalproblems lediglich der Differentialgleichung genügen sollen, dann muß man andere Funktionale heranziehen, die dann auch als v e r a l l g e m e i n e r t e T r e f f t z s c h e F u n k t i o n a l e bezeichnet werden. Wir kommen darauf in Abschn. 4.1.4 zurück.

Zunächst wollen wir uns noch klarmachen, wie man bei Dirichletschen Randwertaufgaben erreichen kann, daß die Matrix der a_{jk} in (4.31) maximalen Rang hat und das lineare Gleichungssystem daher eindeutig lösbar ist.

In $H^m(G)$ mit $m \geqslant 1$ ist

$$| u |_m = \left(\sum_{|\alpha|=m} \| D^\alpha u \|_0^2 \right)^{1/2}$$

nur eine Halbnorm. Aber nach Abschn. 2.2.8 kann man in $H^m(G)$ zu $\| \ \|_m$ äquivalente Normen konstruieren, indem man die neue Norm

$$\| u \| = (| u |_P^2 + | u |_m^2)^{1/2}$$

bildet. Dabei muß $| \ |_P$ lediglich eine Halbnorm sein, die auf dem linearen Unterraum P_{m-1} der Polynome vom Grad kleiner m eine Norm ist.
Beispielsweise ist dies der Fall für

$$| u |_P^2 = \sum_{0 < |\alpha| < m-1} \left(\int_{\partial G} D^\alpha u \, dS \right)^2 .$$

Es folgt dann aus Satz 2.17, daß $\| \ \|_m$ und $| \ |_m$ auf dem Unterraum

$$U_P = \{ u \in H^m(G) \mid \ | u |_P = 0 \}$$

äquivalente Normen sind. Offensichtlich ist dabei

$$H_0^m(G) \subset U_P \subset H^m(G) .$$

Bei Dirichletschen Randwertaufgaben hat daher die Matrix der a_{jk} in (4.31) maximalen Rang, wenn die $v_1, \ldots, v_n$ als linear unabhängige Funktionen aus U_P gewählt werden.

Beispiel 4.4 Im Falle der Dirichletschen Randwertaufgabe

$$-\Delta u = f \ \text{ in } G , \qquad u = 0 \ \text{ auf } \partial G$$

ist die Energienorm

$$| u |_1 = \left(\int_G | \text{grad } u |^2 \, dx \right)^{1/2}$$

eine Halbnorm in $H^1(G)$ und eine Norm in

$$U_P = \{ u \in H^1(G) \mid \int_{\partial G} u \, dS = 0 \} .$$

Nun ist mit v_0 auch $v_0 + \text{const}$ eine Lösung von

$$\int_G \text{grad } v \ \text{grad } \varphi \, dx = \int_G f \varphi \, dx \qquad \forall \ \varphi \in H_0^1(G) .$$

Entsprechendes gilt für Lösungen $v_1, \ldots, v_n$ der zugehörigen homogenen Gleichung. Man hat also eine additive Konstante frei, die man durch die Bedingungen

$$\int_{\partial G} v_j \, dS = 0 \qquad (j = 0, 1, \ldots, n)$$

festlegen kann. Sind die $v_1, \ldots, v_n$ überdies linear unabhängig, so hat die Matrix der a_{jk} in (4.31) maximalen Rang.

Beispiel 4.5 Im Falle der Dirichletschen Randwertaufgabe

$$\Delta\Delta u = f \quad \text{in } G, \qquad u = \frac{\partial u}{\partial n} = 0 \quad \text{auf } \partial G$$

ist $\mid \ \mid_2$ die zugehörige Energienorm. Sie ist eine Norm in

$$U_P = \left\{ u \in H^2(G) \mid \int_{\partial G} u \, dS = 0, \ \int_{\partial G} \frac{\partial u}{\partial x_j} \, dS = 0, \ j = 1, \ldots, N \right\}.$$

Diesmal bleiben v_0 bzw. $v_1, \ldots, v_n$ Lösungen von

$$\sum_{|\alpha|=2} \int_G D^\alpha v \, D^\alpha \varphi \, dx = \int_G f \varphi \, dx \qquad \forall \, \varphi \in H_0^2(G)$$

bzw. der zugehörigen homogenen Gleichung, wenn man eine lineare Funktion addiert. Umgekehrt kann man durch Addieren je einer linearen Funktion erreichen, daß $v_0 \in U_P$ und $v_1, \ldots, v_n \in U_P$ ist. Sind die $v_1, \ldots, v_n$ überdies linear unabhängig, dann hat die Matrix der a_{jk} in (4.31) maximalen Rang.

4.1.4 Verallgemeinerte Trefftzsche Funktionale

Wenn man die komplementären Extremalprobleme (4.27) auf eine lineare Randwertaufgabe anwendet, deren Randbedingungen in wesentliche und in natürliche zerfallen, dann hat man zwar den Vorteil, daß die zulässigen Funktionen u des einen Extremalproblems nur den wesentlichen Randbedingungen unterworfen sind. Dafür müssen aber die zulässigen Funktionen v des komplementären Problems zumindest in schwacher Form sowohl der Differentialgleichung als auch den natürlichen Randbedingungen genügen. Diese können aber sehr unhandlich sein. Man ist daher an einem komplementären Extremalproblem interessiert, bei dem die Funktionen v nur der Differentialgleichung, aber keinerlei Randbedingungen genügen müssen.

Dazu gehen wir von der Formulierung der Randwertaufgabe als Operatorgleichung aus. Es sei E ein linearer Raum mit innerem Produkt (,) sowie A ein linearer Operator $D(A) \to E$ mit dem Definitionsbereich $D(A) \subset E$. Gegeben sei eine lineare Randwertaufgabe, die als halbhomogene Operatorgleichung in der Form

$$Au = f, \qquad u \in U \tag{4.32}$$

mit $U \subset D(A) \subset E$ geschrieben sei. (4.32) besitze eine Lösung $\bar{u} \in U$. Außerdem habe A die Eigenschaften

$$(Au, v) = (u, Av) \qquad \forall \, u, v \in U \tag{4.33}$$

$$(Au, u) > 0 \qquad \forall \, u \in U, u \neq 0. \tag{4.34}$$

Dann ist die Lösung $\bar{u}$ eindeutig bestimmt und zugleich Lösung der Extremalaufgabe

$$I(u) = (Au, u) - 2(f, u) \to \min, \qquad u \in U.$$

Neben dem Unterraum $U \subset D(A)$ führen wir noch den linearen Unterraum V aller $v \in D(A)$ ein, die der homogenen Differentialgleichung $Av = 0$ genügen:

$$V = \{v \in D(A) \mid Av = 0\} .$$

Der Durchschnitt $U \cap V$ enthält nur das Nullelement. Denn ein Element $w \in U \cap V$ ist Lösung von

$$Aw = 0 , \qquad w \in U$$

und damit aufgrund von (4.34) notwendig die triviale Lösung $w = 0$.

Was man nun benötigt, ist die Existenz eines (semidefiniten) inneren Produktes $b(\ ,\ )$ in $D(A)$, für das die beiden Unterräume $U \subset D(A)$ und $V \subset D(A)$ orthogonal sind. Dazu setzen wir folgendes voraus: Es gebe eine Bilinearform $b(\ ,\ )$ in $D(A)$ mit

$$b(u, v) = b(v, u) \qquad \forall\, u, v \in D(A) \tag{4.35}$$

$$b(u, u) \geqslant 0 \qquad \forall\, u \in D(A) \tag{4.36}$$

$$b(u, v) = (u, Av) \qquad \forall\, u \in U, v \in D(A) . \tag{4.37}$$

Aus (4.37) folgt in der Tat $b(u, v) = 0$ für alle $u \in U$ und alle $v \in V$.

Satz 4.5 *Die Voraussetzungen* (4.32) *bis* (4.37) *seien erfüllt. Dann ist*

$$\min_{u \in U} I(u) = I(\overline{u}) = \max_{\substack{v \in D(A) \\ Av = f}} (-b(v, v)) . \tag{4.38}$$

Minimum und Maximum werden für $u = v = \overline{u}$ *angenommen.*

B e w e i s. Zunächst ist nach (4.35), (4.36) für alle u und v aus $D(A)$

$$b(u - v, u - v) = b(u, u) - 2\,b(u, v) + b(v, v) \geqslant 0 . \tag{4.39}$$

Es sei nun speziell $u \in U$ und v eine Lösung von $Av = f$. Wegen (4.37) erhält man dann $b(u, u) = (u, Au)$ sowie $b(u, v) = (u, f)$. Trägt man dies in (4.39) ein, so folgt

$$I(u) \geqslant -b(v, v) .$$

Diese Ungleichung gilt speziell auch für $u = \overline{u}$ und für $v = \overline{u}$ und ergibt die Aussage des Satzes. $\square$

Die Bilinearform $b(\ ,\ )$ mit den Eigenschaften (4.35) bis (4.37) ist also ein v e r a l l - g e m e i n e r t e s   T r e f f t z s c h e s   F u n k t i o n a l.

Beispiel 4.6 In einem beschränkten Gebiet G mit regulärem Rand sei die Randwertaufgabe

$$-\Delta u = f \ \text{ in } G , \qquad \frac{\partial u}{\partial n} + c\,u = 0 \ \text{ auf } \partial G$$

mit einer Funktion $f \in L_2(G)$ und konstantem $c > 0$ gegeben. Mit

$$a(u, v) = \int_G \text{grad } u \text{ grad } v \, dx + \int_{\partial G} c \, uv \, dS$$

und $\ell(u) = \int_G fu \, dx$

lautet sie zunächst als Variationsgleichung: Gesucht ist $u \in H^1(G)$ mit

$$a(u, \varphi) = \ell(\varphi) \qquad \forall \varphi \in H^1(G) \, .$$

Die Randbedingung $\partial u/\partial n + c \, u = 0$ ergibt sich als natürliche Randbedingung. Wir betrachten nun in $D(A) = H^2(G)$ den Unterraum

$$U = \{u \in H^2(G) \mid \quad \partial u/\partial n + cu = 0 \ \text{auf } \partial G\} \ .$$

Für den Operator $Au = -\Delta u$ bestätigt man durch Anwenden der Greenschen Formeln leicht die Eigenschaften (4.33) und (4.34). Wir führen nun eine Bilinearform $b(\ , \ )$ wie folgt ein:

$$b(u, v) = \int_G \text{grad } u \text{ grad } v \, dx + \int_{\partial G} \frac{1}{c} \frac{\partial u}{\partial n} \frac{\partial v}{\partial n} \, dS \, . \tag{4.40}$$

Die Eigenschaften (4.35), (4.36) sind evident. Benutzung der Randbedingung $\partial u/\partial n + c \, u = 0$ und partielle Integration liefern für beliebiges $v \in D(A)$

$$b(u, v) = \int_G \text{grad } u \text{ grad } v \, dx - \int_{\partial G} u \frac{\partial v}{\partial n} \, dS = - \int_G u\Delta v \, dx = (u, Av) \, .$$

Das heißt, auch (4.37) ist erfüllt, und (4.40) definiert ein verallgemeinertes Trefftzsches Funktional.

Für die Lösung $\overline{u} \in H^2(G)$ erhält man einerseits $I(\overline{u}) = -(f, \overline{u})$ und andererseits mit $J(u) = a(u, u) - 2(f, u)$ auch $J(\overline{u}) = -(f, \overline{u})$. Man kann also das komplementäre Extremalprinzip auch mit dem Extremalprinzip $J(u) \to \min, u \in H^1(G)$ kombinieren und erhält

$$\min_{u \in H^1(G)} J(u) = -(f, \overline{u}) = \max_{\substack{v \in H^2(G) \\ -\Delta v = f}} (-b(v, v)) \, . \tag{4.41}$$

Die Randbedingung tritt dann bei keinem der beiden komplementären Extremalprobleme (4.41) als Bedingung auf.

Beispiel 4.7 Im Falle der Neumannschen Randwertaufgabe

$$-\Delta u = f \ \text{in } G \, , \qquad \frac{\partial u}{\partial n} = 0 \ \text{auf } \partial G$$

kann man wegen $c = 0$ nicht wie in Beispiel 4.6 verfahren. Zunächst sei die notwendige Bedingung

$$\int_G f \, dx = 0$$

erfüllt, die nach Abschn. 2.2.9 auch hinreichend für die Existenz einer schwachen Lösung in $H^1(G)$ ist. Andererseits ist die Lösung nur bis auf eine additive Konstante bestimmt, die wir durch

$$\int_G u \, dx = 0$$

festlegen. Wir setzen $A = -\Delta$ sowie

$$D(A) = \{u \in H_2(G) \mid \int_G u \, dx = 0\} \,.$$

In $D(A)$ sind $\| \ \|_1$ und $| \ |_1$ nach Satz 2.18, Korollar 2, äquivalente Normen. Zusammen mit der Ungleichung (1.30) aus Abschn. 1.1.8 folgt dann, daß es eine positive Konstante α gibt, so daß

$$\alpha \int_{\partial G} u^2 \, dS \leq \int_G |\operatorname{grad} u|^2 \, dx \qquad \forall \, u \in D(A) \,. \tag{4.42}$$

Als Unterraum $U \subset D(A)$ wählen wir

$$U = \{u \in D(A) \mid \frac{\partial u}{\partial n} = 0 \text{ auf } \partial G\} \ \cdot$$

Wir führen nun die Bilinearform $b(\ ,\ )$ wie folgt ein:

$$b(u,v) = \int_G \operatorname{grad} u \, \operatorname{grad} v \, dx - \alpha \int_{\partial G} uv \, dS +$$
$$+ \frac{1}{\alpha} \int_{\partial G} \left(\frac{\partial u}{\partial n} - \alpha u\right) \left(\frac{\partial v}{\partial n} - \alpha v\right) dS \,. \tag{4.43}$$

Sie erfüllt offensichtlich (4.35) und wegen (4.42) auch (4.36). Benutzung von $\partial u/\partial n = 0$ und partielle Integration liefern für beliebiges $v \in D(A)$

$$b(u,v) = \int_G \operatorname{grad} u \, \operatorname{grad} v \, dx - \int_{\partial G} u \, \frac{\partial v}{\partial n} \, dS = -\int_G u\Delta v \, dx = (u, Av) \,.$$

Das heißt, auch (4.37) ist erfüllt, und (4.43) definiert in $D(A)$ ein verallgemeinertes Trefftzsches Funktional. In Analogie zu (4.41) erhält man diesmal mit (4.43), $c = 0$

$$\min_{u \in H^1(G)} J(u) = -(f, \overline{u}) = \max_{\substack{v \in H^2(G) \\ -\Delta u = f}} (-b(v,v)) \,, \tag{4.44}$$

worin die Randbedingung nicht als Bedingung auftritt.

Beispiele verallgemeinerter Trefftzscher Funktionale in der Theorie elastischer Platten werden in Abschn. 4.1.4 besprochen.

4.1.5 Komplementäre Extremalprobleme bei a(u, v) = (Tu, Tv)

Der Ausgangspunkt ist zunächst genau derselbe wie in Abschn. 4.1.2: Es sei E ein linearer Raum, U ein Unterraum sowie $a(\ ,\ ) : E \times E \to \mathbf{R}$ eine Bilinearform mit

$$a(u, v) = a(v, u) \qquad \forall\, u, v \in E \tag{4.45}$$

$$a(u, u) \geqslant 0 \qquad \forall\, u \in E \tag{4.46}$$

$$a(u, u) > 0 \qquad \forall\, u \in U, u \neq 0 \, . \tag{4.47}$$

Der Unterraum U sei bezüglich der Energienorm $|\,u\,| = a(u, u)^{1/2}$ abgeschlossen und das lineare Funktional $\ell(\ ) : E \to \mathbf{R}$ in U beschränkt:

$$|\ell(u)| \leqslant c\,|\,u\,| \qquad \forall\, u \in U \, .$$

Dann besitzen für gegebenes $u_0 \in E$ die Extremalaufgabe

$$J(u) = a(u, u) - 2\,\ell(u) \to \min, \qquad u - u_0 \in U \tag{4.48}$$

sowie die mit ihr äquivalente Variationsgleichung

$$a(u, \varphi) = \ell(\varphi) \qquad \forall\, \varphi \in U, \quad u - u_0 \in U \tag{4.49}$$

eine eindeutig bestimmte Lösung $\bar{u}$.

Diesmal wird zusätzlich noch folgendes vorausgesetzt: Außer E sei noch ein Hilbert- oder Prähilbertraum E', $(\ ,\ )$, $\|\ \|$ gegeben sowie ein linearer Operator $T : E \to E'$ mit der Eigenschaft

$$a(u, v) = (Tu, Tv) \qquad \forall\, u, v \in E \, . \tag{4.50}$$

Wir betrachten nun in E' den linearen Unterraum $U' = TU$ sowie den zu U' orthogonalen Unterraum V'. Es besteht also V' aus allen $v' \in E'$ mit

$$(v', T\varphi) = 0 \qquad \forall\, \varphi \in U \, . \tag{4.51}$$

Neben dieser homogenen Gleichung betrachten wir noch die inhomogene Gleichung

$$(v', T\varphi) = \ell(\varphi) \qquad \forall\, \varphi \in U, \quad v' \in E' \, . \tag{4.52}$$

Sie ist lösbar, denn $v' = T\bar{u}$ ist eine Lösung. Es bezeichne nun v'_0 irgend eine Lösung von (4.52). Dann sind die Lösungen v' von (4.52) charakterisiert durch $v' - v'_0 \in V'$. In Analogie zu (4.24) hat man diesmal für beliebige u' und v' aus E'

$$\| u' - v' \|^2 = \| u' \|^2 - 2\,(u', v') + \| v' \|^2 \geqslant 0 \, . \tag{4.53}$$

Es sei nun speziell $u' = Tu$ mit $u - u_0 \in U$ und $v' \in E'$ mit $v' - v'_0 \in V'$, d. h., v' sei eine Lösung von (4.52). Mit der speziellen Wahl $\varphi = u - u_0$ folgt dann aus (4.52)

$$(v', u') = \ell(u) + (v', Tu_0) - \ell(u_0) \, .$$

Trägt man dies in (4.53) ein, so erhält man in Analogie zu (4.25)

$$\| Tu - v' \|^2 = J(u) - K(v') \geqslant 0 \tag{4.54}$$

mit $\quad K(v') = - (v', v') + 2 (v', Tu_0) - 2\, \ell(u_0)\,.$ $\tag{4.55}$

Satz 4.6 *Es ist*

$$\min_{u - u_0 \in U} J(u) = J(\overline{u}) = \max_{v' - v_0' \in V'} K(v')\,. \tag{4.56}$$

Minimum und Maximum werden für $u = \overline{u}$ *bzw.* $v' = T\overline{u}$ *angenommen. Außerdem bestehen für alle* $u \in U$ *und* $v' \in E'$ *mit* $u - u_0 \in U$ *bzw.* $v' - v_0' \in V'$ *die Gleichungen*

$$\| Tu - T\overline{u} \|^2 = J(u) - J(\overline{u})\,, \qquad \| v' - T\overline{u} \|^2 = J(\overline{u}) - K(v') \tag{4.57}$$

sowie $\quad 4 \left\| \dfrac{Tu + v'}{2} - T\overline{u} \right\|^2 = \| Tu - v' \|^2 = J(u) - K(v')\,. \tag{4.58}$

B e w e i s. Aus (4.54) folgt sofort (4.56) und (4.57). Wegen der Orthogonalität von U' und V' ist

$$(Tu - T\overline{u}, v' - T\overline{u}) = 0$$

für alle $u \in E$, $v' \in E'$ mit $u - u_0 \in U$ bzw. $v' - v_0' \in V'$. Daher ist

$$\| Tu + v' - 2\, T\overline{u} \|^2 = \| (Tu - T\overline{u}) + (v' - T\overline{u}) \|^2 = \| (Tu - T\overline{u}) - (v' - T\overline{u}) \|^2$$
$$= \| Tu - v' \|^2\,.$$

Zusammen mit (4.57) erhält man hieraus (4.58).   □

Korollar 1 Es sei $u - u_0 \in U$ und $v' - v_0' \in V'$. Dann ist $d = K(v')$ eine untere Schranke für $J(\overline{u})$, und es ist

$$| u - \overline{u} |^2 \leqslant J(u) - K(v')\,.$$

Wir wollen nun noch die beiden Sonderfälle betrachten, die darin bestehen, daß entweder $u_0 = 0$ ist oder aber $\ell(u) = 0$ für alle $u \in E$.

Korollar 2 Es sei $u_0 = 0$. Dann ist für alle $u \in U$, $u \neq 0$, und alle $v' \in E'$ mit $v' - v_0' \in V'$

$$J(u) \geqslant - \left(\frac{\ell(u)}{| u |} \right)^2 \geqslant J(\overline{u}) \geqslant - \| v' \|^2\,. \tag{4.59}$$

B e w e i s. Mit $u \in U$ ist auch $\lambda u \in U$. Es folgt bei festem u

$$J(u) \geqslant \min_{\lambda \in \mathbb{R}} J(\lambda u) \geqslant J(\overline{u})\,.$$

Das Minimum wird angenommen für $\lambda = \ell(u)/| u |^2$. Mit diesem λ folgt (4.59).   □

Korollar 3 Es sei $\ell(u) = 0$ für alle $u \in E$. Dann ist für alle $u \in E$ mit $u - u_0 \in U$ und alle $v' \in V'$ mit $\| v' \| \neq 0$

$$| u |^2 \geqslant | \overline{u} |^2 \geqslant \left(\frac{(v', Tu_0)}{\| v' \|} \right)^2 \geqslant K(v') . \tag{4.60}$$

B e w e i s. Wenn $\ell(u) = 0$ ist für alle $u \in E$, dann liegt der Sonderfall $v_0' = 0$ vor. Mit $v' \in V'$ ist dann auch $\lambda v' \in V'$. Für ein festes v' mit $\| v' \| \neq 0$ folgt

$$| \overline{u} |^2 \geqslant \max_{\lambda \in \mathbf{R}} K(\lambda v') \geqslant K(v') .$$

Das Maximum wird angenommen für $\lambda = (v', Tu_0)/\| v' \|^2$. Mit diesem λ erhält man (4.60).   □

Beispiel 4.8 Es sei G ein Gebiet im $\mathbf{R}^N$. Es sei $E = H^1(G)$ und U ein Unterraum mit $H_0^1(G) \subset U \subset E$. Für gegebenes $f \in L_2(G)$ und $u_0 \in H^1(G)$ betrachten wir

$$J(u) = a(u, u) - 2\, \ell(u) \;\to\; \min , \qquad u - u_0 \in U \tag{4.61}$$

mit $\quad a(u, v) = \int\limits_{G} \operatorname{grad} u \operatorname{grad} v \, dx , \qquad \ell(u) = \int\limits_{G} fu \, dx .$

Ferner sei E' der lineare Raum aller N-tupel $u' = (u_1, \ldots, u_N)$ mit Komponenten $u_j \in L_2(G)$, versehen mit dem inneren Produkt bzw. der Norm

$$(u', v') = \sum_{j=1}^{N} \int\limits_{G} u_j v_j \, dx , \qquad \| u' \| = (u', u')^{1/2} .$$

Wir setzen $Tu = \operatorname{grad} u = (\partial u/\partial x_1, \ldots, \partial u/\partial x_N)$. Offensichtlich ist T ein linearer Operator $H^1(G) \to E'$ mit

$$a(u, v) = (Tu, Tv) \qquad \forall\, u, v \in H^1(G) .$$

Es folgt aus Satz 4.6

$$J(u) \geqslant J(\overline{u}) \geqslant K(v')$$

für $u - u_0 \in U$ und für alle $v' = (v_1, \ldots, v_N) \in E'$ mit

$$\int\limits_{G} v' \operatorname{grad} \varphi \, dx = \int\limits_{G} f\varphi \, dx \qquad \forall\, \varphi \in U . \tag{4.62}$$

S o n d e r f ä l l e. a) Es sei $U = H_0^1(G)$. Dann lautet die zugrundeliegende Randwertaufgabe

$$-\Delta u = f \quad \text{in } G , \qquad u = u_0 \quad \text{auf } \partial G .$$

In diesem Fall ist (4.62) eine schwache Form der Differentialgleichung

$$- \operatorname{div} v' = f \quad \text{in } G$$

ohne Randbedingungen.

b) Es sei $U = \{u \in H^1(G) \mid u = 0 \text{ auf } \Gamma_1\}$. Dann lautet die zugrundeliegende Randwertaufgabe

$$- \Delta u = f \ \text{ in } G \,, \qquad u = u_0 \ \text{ auf } \Gamma_1 \,, \qquad \frac{\partial u}{\partial n} = 0 \ \text{ auf } \Gamma_2$$

mit $\Gamma_2 = \partial G - \Gamma_1$. Die Randbedingung auf Γ_2 ist eine natürliche Randbedingung. Diesmal ist (4.62) eine schwache Form der Randwertaufgabe

$$- \operatorname{div} v' = f \ \text{ in } G, \qquad v' n = 0 \ \text{ auf } \Gamma_2 \,,$$

wobei $n = (n_1, \ldots, n_N)$ der Vektor der äußeren Normalen ist.

Beispiel 4.9 Im Falle der Randwertaufgabe

$$\Delta \Delta u = f \ \text{ in } G \,, \qquad u = \frac{\partial u}{\partial n} = 0 \ \text{ auf } \partial G$$

erhält man mit $E = H^2(G)$, $U = H_0^2(G)$, $E' = L_2(G)$ sowie

$$a(u, v) = \int\limits_G \Delta u \, \Delta v \, dx \,, \qquad \ell(u) = \int\limits_G fu \, dx$$

und $Tu = \Delta u$ die Ungleichungen

$$J(u) \geqslant J(\overline{u}) \geqslant - \int\limits_G |v'|^2 dx \,.$$

Sie gelten für alle $u \in H_0^2(G)$ und alle $v' \in L_2(G)$ mit

$$\int\limits_G v' \Delta \varphi \, dx = \int\limits_G f \varphi \, dx \qquad \forall \, \varphi \in H_0^2(G) \,.$$

Dies ist eine schwache Form der Differentialgleichung $\Delta v' = f$ in G ohne Randbedingungen.

4.1.6 Die Methode der orthogonalen Projektion

In einer grundlegenden Arbeit hat H. W e y l [1] eine Methode benutzt, der er den Namen „Methode der orthogonalen Projektion" gegeben hat. Der Grundgedanke der Methode findet sich aber auch schon in den Arbeiten von Z a r e m b a [1], [2]. Von W e y l, Z a r e m b a und späteren Autoren wurde die Methode für konstruktive Existenzbeweise bei Randwertaufgaben für partielle Differentialgleichungen benutzt. Wir wollen im folgenden die Methode der orthogonalen Projektion als eine Methode betrachten, mit deren Hilfe man Näherungen für die gesuchte Lösung konstruieren kann. Zugleich soll der enge Zusammenhang mit anderen Methoden herausgestellt werden, nämlich einerseits den Verfahren von Ritz und von Trefftz sowie andererseits der Hyperkreismethode von Prager und Synge, die wir in Abschn. 4.1.8 näher besprechen werden. Dem V e r f a h r e n d e r o r t h o g o n a l e n P r o j e k t i o n wie auch der H y p e r k r e i s m e t h o d e v o n P r a g e r u n d S y n g e liegt folgende Situation zugrunde:

Gegeben ist ein Hilbertraum H, (,), ‖ ‖ mit zwei abgeschlossenen, orthogonalen Unterräumen U und V mit der Eigenschaft $H = U \oplus V$. Insbesondere ist also $U \cap V = \{0\}$.

Es seien nun u_0 und v_0 gegebene Elemente aus H. Zunächst ist klar, daß die beiden linearen Mannigfaltigkeiten $u_0 + U$ und $v_0 + V$ höchstens ein Element $\overline{w}$ gemeinsam haben. Gehören nämlich w_1 und w_2 dem Durchschnitt an, so ist auch $w_1 - w_2 \in U \cap V$, d. h. $w_1 - w_2 = 0$.

Wir werden sehen, daß der Durchschnitt nicht leer ist. Das Problem besteht dann darin, das eindeutig bestimmte Element $\overline{w}$ zu berechnen.

Satz 4.7 *Das gesuchte $\overline{w}$ mit $\overline{w} - u_0 \in U$ und zugleich $\overline{w} - v_0 \in V$ ist die gemeinsame Lösung der beiden Extremalprobleme*

$$\| u - v_0 \|^2 \to \min , \qquad u - u_0 \in U \tag{4.63}$$

und $\qquad \| v - u_0 \|^2 \to \min , \qquad v - v_0 \in V . \tag{4.64}$

Das heißt, $\overline{w}$ ist die orthogonale Projektion von v_0 auf die lineare Mannigfaltigkeit $u_0 + U$ sowie auch die orthogonale Projektion von u_0 auf $v_0 + V$.

B e w e i s . Nach Abschn. 2.2.4 besitzt die Extremalaufgabe (4.63) eine Lösung, die wir mit $\overline{u}$ bezeichnen. Sie genügt zugleich der zugehörigen Variationsgleichung

$$(u, \varphi) = (v_0, \varphi) \qquad \forall \; \varphi \in U .$$

Also ist auch $(\overline{u} - v_0, \varphi) = 0$ für alle $\varphi \in U$, d. h. $\overline{u} - v_0 \in V$. Daher ist $\overline{u} = \overline{w}$. Für die Lösung $\overline{v}$ von (4.64) folgt ganz analog $\overline{v} = \overline{w}$ und damit $\overline{u} = \overline{v} = \overline{w}$. $\qquad\square$

Zur numerisch genäherten Berechnung von $\overline{w}$ kann man also jedes der beiden Extremalprobleme (4.63) und (4.64) heranziehen: Ist $U_n \subset U$ ein endlichdimensionaler Unterraum mit der Basis $u_1, \ldots, u_n$, und setzt man $u = u_0 + \xi_1 u_1 + \ldots + \xi_n u_n$, so ist das Extremalproblem

$$\| u - v_0 \|^2 \to \min , \qquad u - u_0 \in U_n \tag{4.65}$$

äquivalent mit dem linearen Gleichungssystem

$$\sum_{k=1}^{n} a_{jk} \xi_k = b_j \qquad (j = 1, \ldots, n) \tag{4.66}$$

mit $\qquad a_{jk} = (u_j, u_k) , \qquad b_j = (u_j, v_0 - u_0) .$

Ist analog $V_n \subset V$ ein Unterraum mit der Basis $v_1, \ldots, v_n$ und setzt man $v = v_0 + \eta_1 v_1 + \ldots + \eta_n v_n$, so ist das Extremalproblem

$$\| v - u_0 \|^2 \to \min , \qquad v - v_0 \in V_n \tag{4.67}$$

äquivalent mit

$$\sum_{k=1}^{n} a_{jk} \eta_k = b_j \qquad (j = 1, \ldots, n) \tag{4.68}$$

mit $\qquad a_{jk} = (v_j, v_k) , \qquad b_j = (v_j, u_0 - v_0) .$

Zwischen den in Satz 4.6 betrachteten Extremalproblemen und der Methode der orthogonalen Projektion besteht nun ein sehr einfacher Zusammenhang. Wendet man nämlich Satz 4.7 auf den Hilbertraum $E', (\ , \ ), \| \ \|$ mit den Elementen $u', v', \ldots$ und den orthogonalen Unterräumen U', V' aus Abschn. 4.1.5 an, dann erhält man mit den Bezeichnungen von Abschn. 4.1.5

Satz 4.8 *Für alle* $u' = Tu$ *mit* $u - u_0 \in U$ *ist*

$$\| u' - v_0' \|^2 = J(u) + \text{const} \tag{4.69}$$

und für alle v' *mit* $v' - v_0' \in V'$ *ist*

$$\| v' - u_0' \|^2 = - K(v') + \text{const} . \tag{4.70}$$

Das heißt, die beiden Extremalprobleme (4.63) *und* (4.64) *sind mit den beiden Extremalproblemen* (4.56) *äquivalent.*

B e w e i s. Aus der Orthogonalität von U' und V' folgt mit $u' = Tu$, $\overline{w}' = T\overline{u}$ unter Benutzung von (4.57)

$$\| u' - v_0' \|^2 = \| u' - T\overline{u} \|^2 + \| T\overline{u} - v_0' \|^2 = J(u) + \text{const}$$

sowie $\qquad \| v' - u_0' \|^2 = \| v' - T\overline{u} \|^2 + \| T\overline{u} - u_0' \|^2 = - K(v') + \text{const} .$

Daraus folgen (4.69) und (4.70). $\qquad\qquad\qquad\qquad\qquad\qquad\qquad\qquad$ □

Das Verfahren der orthogonalen Projektion liefert also in diesem Falle nichts anderes als die beiden Extremalprobleme

$$J(u) \to \min , \qquad u - u_0 \in U_n$$

bzw. $\qquad - K(v') \to \min , \qquad v' - v_0' \in V_n' .$

4.1.7 Das Verfahren der anharmonischen Reste

Im Sonderfall der Randwertaufgabe

$$\Delta\Delta u = f \quad \text{in } G , \qquad u = \frac{\partial u}{\partial n} = 0 \quad \text{auf } \partial G$$

ist das auf dem Extremalproblem (4.64) beruhende Näherungsverfahren (4.67) bzw. (4.68) unter dem Namen „Verfahren der anharmonischen Reste" bekannt (M i c h l i n [1]).

Mit den Bezeichnungen von Abschn. 4.1.5, Beispiel 4.9, lautet das Extremalproblem (4.64) wegen $u_0 = 0$

$$\int\limits_G |v'|^2\,dx \;\to\; \min\,, \qquad v' - v_0' \in V'\,.$$

Dabei ist $v_0' \in L_2(G)$ irgend eine Lösung von

$$\int\limits_G v'\Delta\varphi\,dx = \int\limits_G f\varphi\,dx \qquad \forall\,\varphi \in H_0^2(G)\,,$$

und V' besteht aus allen Lösungen der zugehörigen homogenen Gleichung

$$\int\limits_G v'\Delta\varphi\,dx = 0 \qquad \forall\,\varphi \in H_0^2(G)\,. \tag{4.71}$$

Dies ist eine schwache Form der Differentialgleichung $\Delta v' = 0$ in G. Die Funktionalgleichung (4.71) ist daher für alle harmonischen Funktionen $v' \in H^2(G)$ erfüllt.

Es sei nun $v_1', v_2', \ldots, v_n'$ ein System von harmonischen Funktionen aus $H^2(G)$, die überdies orthonormiert seien. Dann ist also in (4.68)

$$a_{jk} = \int\limits_G v_j'v_k'\,dx = \delta_{jk}\,,$$

und man erhält als Lösung der Extremalaufgabe nach (4.68)

$$v' = v_0' - \sum_{j=1}^{n} (v_j', v_0')\,v_j'\,.$$

Ist $v_1', v_2', \ldots$ ein unendliches Orthonormalsystem, das in V' vollständig ist, dann erhält man im Sinne der Konvergenz in $L_2(G)$-Norm

$$\Delta\overline{u} = \overline{v}' = v_0' - \sum_{j=1}^{\infty} (v_j', v_0')\,v_j'\,.$$

Die gesuchte Funktion $\Delta\overline{u} = \overline{v}' \in L_2(G)$ wird also erhalten, indem man von v_0' seine Projektion auf V' subtrahiert. Was übrig bleibt, ist der „anharmonische Rest" $\Delta\overline{u}$. Das Verfahren der anharmonischen Reste liefert also zunächst nur die Funktion $\Delta\overline{u}$ und nicht die Lösung $\overline{u}$ der Randwertaufgabe selbst.

4.1.8 Die Hyperkreismethode von Prager und Synge

Die Hyperkreismethode von P r a g e r und S y n g e [1] wurde ursprünglich anhand von Randwertaufgaben der Elastizitätstheorie entwickelt und ist eine in der Elastizitätstheorie viel benutzte Methode.

Der Ausgangspunkt ist genau derselbe wie beim Verfahren der orthogonalen Projektion:
Gegeben ist ein Hilbertraum H, $(\ ,\ )$, $\|\ \|$ mit zwei abgeschlossenen, orthogonalen
Unterräumen U und V mit $H = U \oplus V$. Gesucht ist $\overline{w}$ als Durchschnitt der beiden gegebenen linearen Mannigfaltigkeiten $u_0 + U$ und $v_0 + V$. Nach Abschn. 4.1.6 ist $\overline{w}$ gemeinsame Lösung der beiden Extremalprobleme

$$\|u - v_0\|^2 \to \min , \qquad u - u_0 \in U$$

und $\qquad \|v - u_0\|^2 \to \min , \qquad v - v_0 \in V .$

Die Methode von Prager und Synge beruht auf

Satz 4.9 *Für alle u und v aus H mit $u - u_0 \in U$ und $v - v_0 \in V$ ist*

$$\left\| \frac{u + v}{2} - \overline{w} \right\|^2 = \frac{1}{4} \|u - v\|^2 \tag{4.72}$$

*d. h., das gesuchte $\overline{w}$ liegt auf dem „Hyperkreis" mit dem Mittelpunkt $(u + v)/2$ und dem
Radius $\rho = \|u - v\|/2$ (Fig. 4.1).*

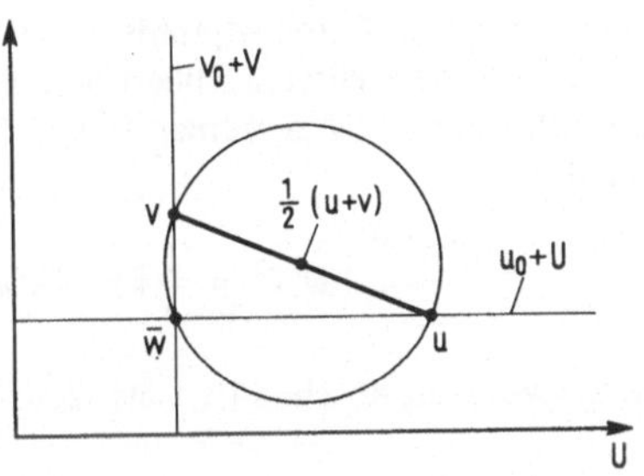

Fig. 4.1
Zur Hyperkreismethode von Prager und Synge

B e w e i s. Wegen $u - \overline{w} \in U$ und $v - \overline{w} \in V$ ist $(u - \overline{w}, v - \overline{w}) = 0$, und daher auch

$$\|u - v - 2\overline{w}\|^2 = \|(u - \overline{w}) + (v - \overline{w})\|^2 = \|(u - \overline{w}) - (v - \overline{w})\|^2$$
$$= \|u - v\|^2 .$$

Daraus folgt (4.72). $\qquad\qquad\qquad\qquad\qquad\qquad\qquad\qquad\qquad$ $\square$

Auf der Gleichung (4.72) beruht das V e r f a h r e n   v o n   P r a g e r   u n d   S y n g e
zur genäherten Berechnung von $\overline{w}$: Man wählt endlichdimensionale Unterräume $U_m \subset U$
und $V_n \subset V$ mit den Basen $u_1, \ldots, u_m$ bzw. $v_1, \ldots, v_n$ und minimiert in (4.72) die rechte
Seite:

$$\|u - v\|^2 \to \min , \qquad u - u_0 \in U_m , \qquad v - v_0 \in V_n . \tag{4.73}$$

Setzt man u und v in der Form

$$u = u_0 + \xi_1 u_1 + \ldots + \xi_m u_m , \qquad v = v_0 + \eta_1 v_1 + \ldots + \eta_n v_n$$

an, so erhält man unter Benutzung der Orthogonalität von U und V unmittelbar

Satz 4.10 *Das quadratische Extremalproblem* (4.73) *ist äquivalent mit den beiden Systemen linearer Gleichungen*

$$\sum_{k=1}^{m} (u_j, u_k)\, \xi_k = (u_j, v_0 - u_0) \qquad (j = 1, \ldots, m) \tag{4.74}$$

sowie $\quad \displaystyle\sum_{k=1}^{n} (v_j, v_k)\, \eta_k = (v_j, u_0 - v_0) \qquad (j = 1, \ldots, n) \quad . \tag{4.75}$

Die Gleichungssysteme (4.74) und (4.75) sind identisch mit den beiden Systemen (4.66) und (4.68), die aus (4.65) und (4.67) folgen. Das heißt, die beste Approximation $(u + v)/2$ im Sinne der Hyperkreismethode ist nichts anderes als das arithmetische Mittel der besten Approximationen im Sinne der orthogonalen Projektionen (4.65) und (4.67). Der Aufwand bei der Hyperkreismethode ist insofern größer, als man die Gleichungssysteme (4.74) und (4.75) beide lösen muß. Dafür erhält man nach (4.72) für die Näherung $(u + v)/2$ eine Fehlerabschätzung in der Norm $\| \ \|$.

Wir wollen noch den einfachen Zusammenhang mit den in Abschn. 4.1.5 betrachteten komplementären Extremalproblemen aufzeigen. Wendet man die Hyperkreismethode auf den dort betrachteten Hilbertraum E', (,), $\| \ \|$ mit den Elementen u', v', . . . und den orthogonalen Unterräumen U' und V' an, dann nimmt die Gleichung (4.72) die Gestalt

$$\left\| \frac{u' + v'}{2} - \overline{w}' \right\|^2 = \frac{1}{4} \| u' - v' \|^2$$

an. Sie wurde in Abschn. 4.1.5 als Gleichung (4.58) bereits in der Gestalt

$$4 \left\| \frac{Tu + v'}{2} - T\overline{u} \right\|^2 = \| Tu - v' \|^2 = J(u) - K(v')$$

mit $u' = Tu$ und $\overline{w}' = T\overline{u}$ erhalten. Für die Hyperkreismethode gilt in jedem Falle wie für die Methode der orthogonalen Projektion, daß man $T\overline{u}$ approximiert und nicht $\overline{u}$ selbst.

4.2 Verschiedene Anwendungen

4.2.1 Feldenergie und Kapazität eines Kondensators

Wir betrachten zunächst das I n n e n r a u m p r o b l e m : Es sei $G \subset \mathbb{R}^3$ das beschränkte Gebiet zwischen zwei geschlossenen, elektrisch leitenden Flächen Γ_0 und Γ_1 (Fig. 4.2). Das Gebiet G sei ladungsfrei und mit einem homogenen Dielektrikum ausgefüllt (Dielektrizitätskonstante $\kappa > 0$). Wir schreiben aber alle Gleichungen so, daß sie auch für ortsabhängiges $\kappa \in C^1(\overline{G})$ gültig sind.

Auf Γ_1 und Γ_0 befinde sich die Gesamtladung $Q_1 = Q$ bzw. $Q_0 = -Q$. Das erzeugte elektrostatische Potential $\bar{u}$ genügt dann der Differentialgleichung

$$\mathrm{div}\,(\kappa\,\mathrm{grad}\,u) = 0 \text{ in } G \tag{4.76}$$

sowie den Randbedingungen

$$u|_{\Gamma_1} = \text{const}, \quad u|_{\Gamma_0} = \text{const} \tag{4.77}$$

und $\quad \displaystyle\int_{\Gamma_1} \kappa\,\frac{\partial u}{\partial n}\,dS = 4\,\pi Q\,.$ $\tag{4.78}$

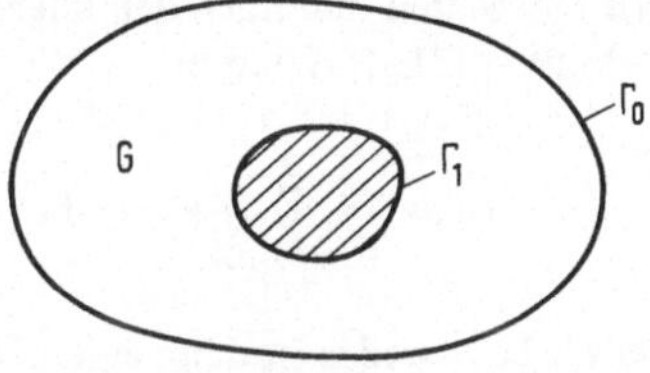

Fig. 4.2
Zum Kondensator (Innenraumproblem)

Die konstanten Werte von u auf Γ_1 und Γ_0 bezeichnen wir mit α_1 bzw. α_0. Gibt man sie beide vor, so ist das Potential $\bar{u}$ als Lösung von (4.76) eindeutig bestimmt, und die zugehörige Ladung Q ergibt sich aus (4.78). Ist jedoch die Ladung Q gegeben, dann ist das Potential $\bar{u}$ durch die Randwertaufgabe (4.76) bis (4.78) nur bis auf eine additive Konstante bestimmt. Man kann sie beispielsweise festlegen durch die Bedingung $\alpha_0 = 0$.
Die Größe

$$W(\bar{u}) = \frac{1}{2}\int_G \kappa\,|\,\mathrm{grad}\,\bar{u}\,|^2\,dx = \frac{1}{2}\,(4\,\pi\,Qd) \tag{4.79}$$

ist die F e l d e n e r g i e des geladenen Kondensators. Die Größe

$$C = Q/d \quad \text{mit} \quad d = \alpha_1 - \alpha_0$$

wird als K a p a z i t ä t des Kondensators bezeichnet. Da man das elektrostatische Potential $\bar{u}$ nur in Sonderfällen explizit kennt, ist man an zweiseitigen Schranken für Feldenergie und Kapazität im allgemeinen Fall interessiert.
Dazu formulieren wir die Randwertaufgabe (4.76) bis (4.78) zunächst als Variationsgleichung. Wir setzen $E = H^1(G)$ sowie

$$U = \{u \in H^1(G)\,|\ \ u|_{\Gamma_1} = \text{const}\,,\ \ u|_{\Gamma_0} = 0\}\,.$$

Die Aufgabe lautet dann: Gesucht ist $u \in U$ als Lösung von

$$a(u, \varphi) = \ell(\varphi) \qquad \forall\ \varphi \in U \tag{4.80}$$

mit $\quad a(u, v) = \displaystyle\int_G \kappa\,\mathrm{grad}\,u\,\mathrm{grad}\,v\,dx\,, \qquad \ell(u) = Qu|_{\Gamma_1}\,.$

Offensichtlich ist die symmetrische Bilinearform $a(\ ,\ )$ in $H^1(G)$ nichtnegativ und in U positiv. Da nun nach Satz 2.17, Korollar 2, die Norm $\|\ \|_1$ mit der Energienorm $|\,u\,| = a(u, u)^{1/2}$ in U äquivalent ist, folgt aus (1.29) die Ungleichung

$$\int_{\Gamma_1} u^2\, dS \leqslant c\, |\,u\,|^2 \qquad \forall\, u \in U .$$

Mit ihrer Hilfe sieht man leicht, daß U bezüglich der Energienorm abgeschlossen und das lineare Funktional $\ell(\ )$ in U beschränkt ist. Nach Abschn. 2.2.4 besitzt also (4.80) eine (eindeutig bestimmte) Lösung $\overline{u} \in U$.

Wir betrachten nun noch den linearen Raum E', $(\ ,\ )$, $\|\ \|$ der Vektorfelder $v' = (v_1, v_2, v_3)$ mit $v_j \in L_2(G)$ und mit

$$(u', v') = \sum_{j=1}^{3} \int_G \kappa\, u_j v_j\, dx , \qquad \|v'\| = (v', v')^{1/2} .$$

Durch $Tu = \operatorname{grad} u$ ist dann eine lineare Abbildung $T : H^1(G) \to E'$ definiert. Damit sind alle Voraussetzungen für die Anwendung von Satz 4.6 gegeben, und man erhält mit $J(u) = a(u, u) - 2\,\ell(u)$ die komplementären Extremalprobleme

$$\min_{u \in U}\ J(u) = -\,|\,\overline{u}\,|^2 \ = \ \max_{v'}\left\{ -\sum_{j=1}^{3} \int_G \kappa\, v_j^2\, dx \right\} . \tag{4.81}$$

Dabei sind alle Vektorfelder $v' = (v_1, v_2, v_3) \in E'$ zugelassen, die der Gleichung

$$\int_G \kappa\, v'\operatorname{grad} \varphi\, dx = \ell(\varphi) \qquad \forall\, \varphi \in U \tag{4.82}$$

genügen. Dies ist eine schwache Form der Randwertaufgabe

$$\operatorname{div}(\kappa v') = 0 \text{ in } G \tag{4.83}$$

mit der Randbedingung

$$\int_{\Gamma_1} \kappa v'n\, dS = 4\,\pi Q . \tag{4.84}$$

Mit Hilfe von (4.81) kann man also die Feldenergie $W(\overline{u}) = |\,\overline{u}\,|^2/2$ in zweiseitige Schranken einschließen. Dabei entspricht das Extremalproblem $J(u) \to \min$ dem Prinzip vom Minimum der potentiellen Energie in der Mechanik. Das dazu komplementäre Extremalprinzip ist das Prinzip von Thomson, das man gewöhnlich so zitiert: Unter allen divergenzfreien Feldern $\kappa v'$ mit (4.84) besitzt das elektrostatische Feld $\kappa v' = \kappa \operatorname{grad} \overline{u}$ die kleinste Feldenergie:

$$\min_{v'}\ \frac{1}{2}\, \|v'\|^2 \ = \ W(\overline{u}) .$$

Ein anderes Paar komplementärer Extremalprobleme erhält man, wenn man von der Dirichletschen Randwertaufgabe

$$\operatorname{div}(\kappa \operatorname{grad} u) = 0 \text{ in } G$$

mit den Randbedingungen

$$u|_{\Gamma_1} = d , \qquad u|_{\Gamma_0} = 0 \tag{4.85}$$

ausgeht. Ist $u_0 \in H^1(G)$ eine Funktion, die den Randbedingungen (4.85) genügt, dann lautet die zugehörige Extremalaufgabe

$$|u|^2 \to \min , \qquad u - u_0 \in H_0^1(G) ,$$

und man erhält das Paar komplementärer Extremalprobleme

$$\min_{u-u_0 \in H_0^1(G)} |u|^2 = |\bar{u}|^2 = \max \left(-\int_G \kappa |v'|^2 \, dx + 2 \int_G \kappa v' \operatorname{grad} u_0 \, dx \right).$$

Dabei sind alle $v' \in E'$ zugelassen, die der Gleichung

$$\int_G \kappa v' \operatorname{grad} \varphi \, dx = 0 \qquad \forall \, \varphi \in H_0^1(G)$$

genügen. Dies ist eine schwache Form der Differentialgleichung (4.83) ohne Randbedingungen. Für differenzierbare Vektorfelder $\kappa v'$ erhält man daher durch partielle Integration

$$|u|^2 \geqslant |\bar{u}|^2 \geqslant -\int_G \kappa |v'|^2 \, dx + 2 \, d \int_{\Gamma_1} \kappa v' n \, dS . \tag{4.86}$$

Dies liefert zunächst zweiseitige Schranken für die Feldenergie des geladenen Kondensators. Führt man anstelle des Vektorfeldes v' das Vektorfeld $w' = v'/d$ ein, und dividiert man anschließend die Ungleichungen (4.86) durch d^2, so erhält man nach (4.79) für die Kapazität C die zweiseitigen Schranken

$$\frac{1}{d^2} |u|^2 \geqslant 4\pi C \geqslant -\int_G \kappa |w'|^2 \, dx + 2 \int_{\Gamma_1} \kappa w' n \, dS . \tag{4.87}$$

Dabei muß u den Randbedingungen (4.85) genügen und w' der homogenen Differentialgleichung $\operatorname{div}(\kappa w') = 0$ in G. Aus (4.87) folgt (vgl. auch Satz 4.6, Korollar 3) für $w' \neq 0$

$$4\pi C \geqslant \frac{\left(\int_{\Gamma_1} \kappa w' n \, dS \right)^2}{\int_G \kappa |w'|^2 \, dx} .$$

Das A u ß e n r a u m p r o b l e m läßt sich ganz ähnlich behandeln wie das Innenraumproblem. Es sei zunächst $\Omega \subset \mathbf{R}^3$ ein einfach zusammenhängendes, beschränktes Gebiet und G das Komplement von $\overline{\Omega}$. Wir bezeichnen G als das Außengebiet zu $\overline{\Omega}$. Der Rand Γ_1 von Ω sei elektrisch leitend und trage die Gesamtladung Q. Dann genügt das elektrostatische Potential im ladungsfreien Außengebiet der Differentialgleichung

$$\text{div}\,(\kappa\ \text{grad}\ u) = 0 \qquad \text{in } G$$

sowie den Randbedingungen

$$u\,|_{\Gamma_1} = \text{const}\,, \qquad \int\limits_{\Gamma_1} \kappa\ \frac{\partial u}{\partial n}\ dS = 4\,\pi Q\,.$$

Dabei ist der Normalenvektor n von G aus gesehen nach außen gerichtet und weist also in das Innere von Ω. An die Stelle einer Randbedingung auf einer zweiten leitenden Fläche Γ_0 tritt jetzt eine Bedingung für das asymptotische Verhalten der Lösung für $|x| \to \infty$. Für u lautet sie

$$|u(x)| = O\left(\frac{1}{|x|}\right) \qquad \text{für } |x| \to \infty\,,$$

und für grad u bzw. für Vektorfelder $v' \in E'$ lautet sie

$$|v'(x)| = O\left(\frac{1}{|x|^2}\right) \qquad \text{für } |x| \to \infty\,.$$

Hierin bezeichnet $|x|$ bzw. $|v'(x)|$ den Betrag des jeweiligen Vektors, also

$$|x| = \left(\sum_{j=1}^{3} x_j^2\right)^{1/2}\,, \qquad |v'(x)| = \left(\sum_{j=1}^{3} v_j(x)^2\right)^{1/2}\,,$$

und das Symbol $O(1/|x|)$ bedeutet bekanntlich: Mit geeigneten Konstanten M und R ist

$$|u(x)| \leqslant \frac{M}{|x|} \qquad \text{für } |x| \geqslant R\,.$$

Man kann das Außenraumproblem als Grenzfall eines Innenraumproblems auffassen, bei dem die zweite leitende Fläche Γ_0 die Oberfläche einer Kugel mit dem Radius R ist, den man gegen unendlich gehen läßt. Man bekommt dann — jedenfalls zunächst formal — dieselben komplementären Extremalprobleme und dieselben Schranken für die Kapazität. Einzelheiten können dem Leser überlassen bleiben.

Für das Außenraumproblem im $\mathbf{R}^3$ wurde die Kapazität C für einen Würfel Ω der Kantenlänge 1 von verschiedenen Autoren genähert berechnet, darunter von P ó l y a [1], P ó l y a und S z e g ö [1], M c M a h o n [1], P a r r [1]. Die numerischen Resultate lauten

$$0.62033 \ < C < \ 0.71055 \qquad \text{(Pólya 1947)}$$

$$0.632 \qquad < C \qquad\qquad\quad \text{(Pólya und Szegö 1951)}$$

$$0.639273 < C \qquad\qquad\quad \text{(McMahon 1952)}$$

$$\qquad\qquad\quad C < 0.66755 \qquad \text{(Parr 1961)}$$

Eine andere Methode, die nicht auf der Verwendung komplementärer Extremalprobleme beruht und auf Picone zurückgeht, wurde von G r o s s [1] benutzt. Eine Fehlerabschätzung für die Näherung von Gross wurde von P a y n e und W e i n b e r g e r [1] erhalten:

$$0.627 < C < 0.668 \qquad \text{(Gross 1952, Payne und Weinberger 1955)} \,.$$

Die schärfsten bekannten Schranken wurden von M. S. S n e i d e r L u d o v i c i [1] berechnet:

$$0.6523 < C < 0.66002 \,.$$

Eine kurze Charakterisierung der verschiedenen Methoden findet man bei F i c h e r a [5], Seite 173 bis 196.

4.2.2 Torsion eines elastischen Stabes

Für einen auf Torsion beanspruchten elastischen Stab mit dem Querschnitt $G \subset R^2$ genügt die P r a n d t l s c h e S p a n n u n g s f u n k t i o n der Differentialgleichung

$$-\Delta u = 2 \qquad \text{in } G \,. \tag{4.88}$$

Ist das Gebiet G einfach zusammenhängend, so lautet die Randbedingung

$$u = 0 \qquad \text{auf } \partial G \,.$$

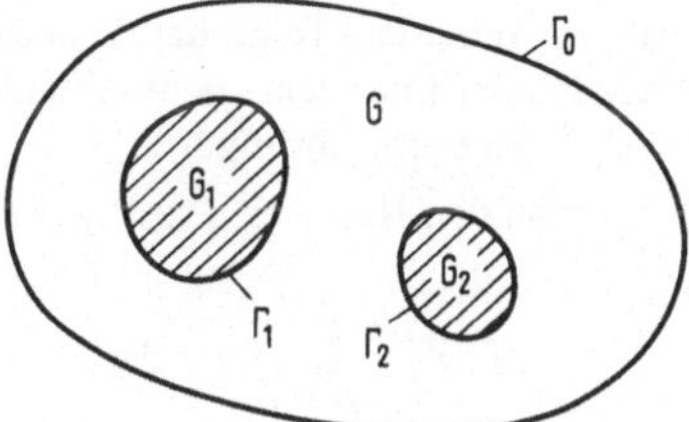

Fig. 4.3
Zur Torsion eines elastischen Stabes mit mehrfach zusammenhängendem Querschnitt

Es liegt dann die erste Randwertaufgabe für die Poissonsche Differentialgleichung (4.88) vor. Wenn das Gebiet G hingegen mehrfach zusammenhängend ist (Fig. 4.3), wenn der Stab also Hohlräume aufweist, dann lauten die Randbedingungen

$$u|_{\Gamma_0} = 0 \,, \qquad u|_{\Gamma_j} = \text{const} \qquad (j = 1, \ldots, r) \tag{4.89}$$

$$\text{sowie} \quad \int_{\Gamma_j} \frac{\partial u}{\partial n} \, dS = 2 \, A_j \qquad (j = 1, \ldots, r) \,. \tag{4.90}$$

Dabei sind die A_j die Flächeninhalte der Gebiete G_j (Fig. 4.3), und die Normale n weist von G aus gesehen nach außen. Für eine Herleitung von (4.88) bis (4.90) siehe man etwa

S o k o l n i k o f f [1], Seite 171 ff. Bezeichnet $\bar{u}$ die Lösung der Randwertaufgabe, d. h. die gesuchte Prandtlsche Spannungsfunktion, dann ist die Torsionssteifigkeit J_T gegeben durch

$$J_T = \int_G |\operatorname{grad} \bar{u}|^2 \, dx \; . \tag{4.91}$$

Wir wollen die Randwertaufgabe (4.88) bis (4.90) zunächst als Variationsgleichung formulieren. Mit $E = H^1(G)$ und

$$U = \{u \in H^1(G) \mid \; u|_{\Gamma_0} = 0 \, , \; u|_{\Gamma_j} = \text{const} \, , \; j = 1, \ldots, r\}$$

lautet sie: Gesucht ist $u \in U$ als Lösung von

$$a(u, \varphi) = \ell(\varphi) \qquad \forall \, \varphi \in U \tag{4.92}$$

mit $\quad a(u, v) = \int_G \operatorname{grad} u \operatorname{grad} v \, dx \, , \qquad \ell(u) = 2 \int_G u \, dx + 2 \sum_{j=1}^{r} A_j \, u|_{\Gamma_j} \; .$

Die Variationsgleichung (4.92) ist eine schwache Form der Differentialgleichung (4.88) mit (4.90) als natürlichen Randbedingungen. Ganz analog zu Abschn. 4.2.1 findet man auch hier, daß die Norm $\| \; \|_1$ mit der Energienorm $|u| = a(u, u)^{1/2}$ äquivalent ist, und daß mit einer geeigneten Konstanten die Ungleichung

$$\int_{\partial G} u^2 \, ds \leqslant c \, |u|^2 \qquad \forall \, u \in U$$

besteht. Außerdem folgt, daß U bezüglich der Energienorm abgeschlossen und $\ell(\;)$ in U bezüglich der Energienorm beschränkt ist. Nach Abschn. 2.2.4 existiert also eine eindeutig bestimmte Lösung $\bar{u} \in U$.

Führt man den Raum $E', (\; , \;), \| \; \|$ der Vektorfelder $v' = (v_1, v_2)$ mit $v_j \in L_2(G)$,

$$(u', v') = \sum_{j=1}^{2} \int_G u_j v_j \, dx \, , \qquad \| v' \| = (v', v')^{1/2}$$

ein, so folgt mit $Tu = \operatorname{grad} u$ aus Satz 4.6 zusammen mit Korollar 2 sofort die Einschließung der Torsionssteifigkeit J_T

$$-J(u) \leqslant \left(\frac{\ell(u)}{|u|} \right)^2 \leqslant J_T \leqslant \int_G (v_1^2 + v_2^2) \, dx$$

für alle $u \in U, u \neq 0$, und für alle $v' = (v_1, v_2)$, die der Gleichung

$$\int_G v' \operatorname{grad} \varphi \, dx = \ell(\varphi) \qquad \forall \, \varphi \in U$$

genügen. Dies ist eine schwache Form der Randwertaufgabe

$$-\operatorname{div} v' = 2 \qquad \text{in } G$$

mit den Randbedingungen

$$\int_{\Gamma_j} v'n \, ds = 2 A_j \qquad (j = 1, \ldots, r) \, .$$

Das Problem, zweiseitige Schranken für die Torsionssteifigkeit zu berechnen, wurde u. a. von **D i a z** und **W e i n s t e i n** [2] behandelt. Für Literaturangaben siehe man auch den Übersichtsartikel von **D i a z** [1].

4.2.3 Eingespannte Platte auf elastischer Unterlage

Eine dünne elastische Platte, die im unbeanspruchten Zustand das ebene Gebiet G einnehme, liege auf einer elastischen Unterlage (Elastizitätsmodul $K > 0$) und sei am Rande eingespannt. Wird die Platte durch eine in Richtung der Flächennormalen wirkende Flächenkraft f auf Durchbiegung beansprucht, so genügt die Verschiebung u der Platte im Rahmen der linearen Theorie der Differentialgleichung

$$D \, \Delta\Delta u + K u = f \qquad \text{in } G \, .$$

Die Randbedingungen der eingespannten Platte lauten

$$u = 0 \, , \qquad \frac{\partial u}{\partial n} = 0 \qquad \text{auf } \partial G \, .$$

Dabei ist D die positive Konstante

$$D = E \, h^3 / 12 \, (1 - \sigma^2) \, , \qquad 0 \leqslant \sigma < 1$$

mit dem **Y o u n g s c h e n   M o d u l** E, der Plattendicke h und der **P o i s s o n s c h e n   Z a h l** σ.

Wir betrachten die linearen Räume $E = H^2(G)$ und $U = H_0^2(G)$. Die Aufgabe lautet dann: Gegeben ist $f \in L_2(G)$. Gesucht ist $u \in H_0^2(G)$ als Lösung der Variationsgleichung

$$a(u, \varphi) = \ell(\varphi) \qquad \forall \, \varphi \in H_0^2(G) \tag{4.93}$$

mit $\quad a(u, v) = \int_G (D \, \Delta u \, \Delta v + K u v) \, dx \, , \qquad \ell(u) = \int_G f u \, dx \, .$

Die Norm $\| \ \|_2$ ist mit der Energienorm $|u| = a(u, u)^{1/2}$ in U äquivalent, und $\ell(\ )$ ist in Energienorm beschränkt. Es existiert daher eine eindeutig bestimmte Lösung $\bar{u} \in H_0^2(G)$. Es sei nun E', $(\ , \ )$, $\| \ \|$ der lineare Raum aller $v' = (v_1, v_2)$ mit $v_j \in L_2(G)$,

$$(u', v') = \int_G (D u_1 v_1 + K u_2 v_2) \, dx \, , \qquad \| v' \| = (v', v')^{1/2} \, .$$

Dann ist durch $Tu = (v_1, v_2)$ mit $v_1 = \Delta u$, $v_2 = u$ eine lineare Abbildung $T : H^2(G) \to E'$ definiert. Aus Satz 4.6 folgen mit $J(u) = a(u, u) - 2 \, \ell(u)$ die komplementären Extremalprobleme

$$\min_{u \in H_0^2(G)} J(u) = J(\overline{u}) = \max_{v'} \{-\| v' \|^2\}\,.$$

Dabei sind alle $v' = (v_1, v_2) \in E'$ zugelassen, die der Gleichung

$$\int_G (Dv_1 \Delta\varphi + Kv_2\varphi)\, dx = \int_G f\varphi\, dx \qquad \forall\, \varphi \in H_0^2(G)$$

genügen. Dies ist eine schwache Form der Differentialgleichung

$$D\Delta v_1 + Kv_2 = f \qquad \text{in } G$$

ohne Randbedingungen. Spezielle Lösungen erhält man, indem man $v_1 \in H^2(G)$ vorgibt und sodann v_2 aus der Differentialgleichung bestimmt.

4.2.4 Gelenkig gelagerte elastische Platte

Bei der am Rande gelenkig gelagerten Platte hat man zunächst die Randbedingung $u = 0$ auf ∂G. Hinzu kommt eine natürliche Randbedingung, in die die Krümmung der Randkurve eingeht.

Wir wollen zunächst einige Formeln zusammenstellen, die im weiteren benötigt werden, und betrachten dazu eine Darstellung der Randkurve ∂G in der Form

$$x = x(s)\,, \qquad y = y(s) \tag{4.94}$$

mit der Bogenlänge s als Parameter. Die Randkurve bestehe aus endlich vielen Stücken, auf denen die Funktionen (4.94) erste und zweite Ableitungen nach s besitzen, so daß auf diesen Stücken auch die Krümmung

$$\kappa = \dot{x}\ddot{y} - \dot{y}\ddot{x} \tag{4.95}$$

definiert ist. Bei Verwendung der Bogenlänge als Parameter ist bekanntlich $\dot{x}^2 + \dot{y}^2 = 1$. Außerdem ist $(\dot{x}, \dot{y})$ der Einheitsvektor in Tangentenrichtung und $(n_1, n_2) = (\dot{y}, -\dot{x})$ der nach außen gerichtete Normalenvektor. Wir setzen

$$\frac{\partial u}{\partial s} = u_x \dot{x} + u_y \dot{y} \tag{4.95}$$

$$\frac{\partial u}{\partial n} = u_x \dot{y} - u_y \dot{x} \tag{4.96}$$

$$\frac{\partial^2 u}{\partial s^2} = u_{xx}\dot{x}^2 + 2u_{xy}\dot{x}\dot{y} + u_{yy}\dot{y}^2 + u_x\ddot{x} + u_y\ddot{y} \tag{4.97}$$

$$\frac{\partial^2 u}{\partial n^2} = u_{xx}\dot{y}^2 - 2u_{xy}\dot{x}\dot{y} + u_{yy}\dot{x}^2\,. \tag{4.98}$$

Aus $\dot{x}^2 + \dot{y}^2 = 1$ folgt durch Differenzieren $\dot{x}\ddot{x} + \dot{y}\ddot{y} = 0$. Mit Hilfe dieser beiden Gleichungen ergibt sich leicht auch

$$-\kappa \, \frac{\partial u}{\partial n} = u_x \ddot{x} + u_y \ddot{y} \, .$$

Indem man (4.97) und (4.98) addiert, erhält man eine Darstellung von $\Delta u = u_{xx} + u_{yy}$ auf dem Rande, nämlich

$$\Delta u = \frac{\partial^2 u}{\partial n^2} + \kappa \, \frac{\partial u}{\partial n} + \frac{\partial^2 u}{\partial s^2} \, . \tag{4.99}$$

Wir wenden nun den Gaußschen Satz

$$\int_G \mathrm{div} \, v' \mathrm{dx} \, \mathrm{dy} = \int_{\partial G} v'n \, \mathrm{ds}$$

auf folgendes spezielle Vektorfeld $v' = (v_1, v_2)$ an:

$$v_1 = u_x v_{yy} - u_y v_{xy} \, , \qquad v_2 = -u_x v_{xy} + u_y v_{xx} \, .$$

Dabei sei $u \in H^2(G)$ mit $u = 0$ auf ∂G und $v \in H^3(G)$ beliebig. Man findet dann

$$\mathrm{div} \, v' = u_{xx} v_{yy} + u_{yy} v_{xx} - 2 \, u_{xy} v_{xy}$$

sowie $\quad v'n = u_x(v_{yy}\dot{y} + v_{xy}\dot{x}) - u_y(v_{xy}\dot{y} + v_{xx}\dot{x}) \, .$

Wegen $u = 0$ auf ∂G ist auch $\partial u/\partial s = 0$ auf ∂G. Löst man für diesen Sonderfall die beiden Gleichungen (4.95) und (4.96) nach u_x und u_y auf, erhält man

$$u_x = \frac{\partial u}{\partial n} \, \dot{y} \, , \qquad u_y = - \frac{\partial u}{\partial n} \, \dot{x} \, .$$

Trägt man dies in den Ausdruck für $v'n$ ein, so folgt weiter

$$v'n = \frac{\partial u}{\partial n} \, (v_{xx}\dot{x}^2 + 2 v_{xy}\dot{x}\dot{y} + v_{yy}\dot{y}^2)$$

$$= \frac{\partial u}{\partial n} \left(\kappa \, \frac{\partial v}{\partial n} + \frac{\partial^2 v}{\partial s^2} \right) \, .$$

Für das betrachtete spezielle Vektorfeld v' liefert also der Gaußsche Satz

$$\int_G (u_{xx} v_{yy} + u_{yy} v_{xx} - 2 \, u_{xy} v_{xy}) \, \mathrm{dx} \, \mathrm{dy}$$

$$= \int_{\partial G} \frac{\partial u}{\partial n} \left(\kappa \, \frac{\partial v}{\partial n} + \frac{\partial^2 v}{\partial s^2} \right) \mathrm{ds} \, . \tag{4.100}$$

Nach diesen Vorbereitungen betrachten wir jetzt eine dünne elastische Platte, die am Rande festgehalten ist ($u = 0$) und durch eine Flächenkraft $f \in L_2(G)$ auf Durchbiegung beansprucht wird. Für die (doppelte) potentielle Energie einer Verschiebung u aus der Ausgangslage findet man

$$J(u) = D \int_G \{\Delta u^2 + 2(1 - \sigma)(u_{xy}^2 - u_{xx}u_{yy})\} \mathrm{dx} \, \mathrm{dy} - 2 \int_G fu \, \mathrm{dx} \, \mathrm{dy} \, .$$

(Man siehe hierzu etwa C o u r a n t und H i l b e r t [1], Band 1.) Umformung mit Hilfe von (4.100) ergibt

$$J(u) \;=\; D \int\limits_{G} \Delta u^2 dx\,dy \;-\; D(1-\sigma) \int\limits_{\partial G} \kappa \left(\frac{\partial u}{\partial n}\right)^2 ds \;-\; 2 \int\limits_{G} fu\,dx\,dy\;. \qquad (4.101)$$

Wir betrachten nun in $E = H^2(G)$ mit dem Unterraum

$$U = \{u \in H^2(G) \mid \quad u = 0 \text{ auf } \partial G\}$$

die symmetrische Bilinearform

$$a(u,v) \;=\; D \int\limits_{G} \{\Delta u \Delta v + (1-\sigma)(2\,u_{xy}v_{xy} - u_{xx}v_{yy} - u_{yy}v_{xx})\}\,dx\,dy\;.$$

Wir zeigen zunächst: Für $0 \leqslant \sigma \leqslant 1$ ist

$$a(u,u) \geqslant 0 \qquad \forall\, u \in H^2(G) \qquad\qquad\qquad (4.102)$$
$$a(u,u) > 0 \qquad \forall\, u \in U\,,\, u \neq 0\;. \qquad\qquad\quad (4.103)$$

Der Beweis beruht auf der Bemerkung, daß $a(u,u)$ bei fest gewähltem $u \in H^2(G)$ eine lineare Funktion in σ ist. Es genügt daher, die Ungleichungen (4.102) und (4.103) für $\sigma = 0$ und $\sigma = 1$ zu verifizieren. Sie gelten dann auch für $0 \leqslant \sigma \leqslant 1$.
Im Sonderfall $\sigma = 1$ reduziert sich $a(u,u)$ auf

$$a(u,u) = D \int\limits_{G} \Delta u^2\,dx\,dy \geqslant 0 \qquad \forall\, u \in H^2(G)\;.$$

Aus $a(u,u) = 0$ folgt notwendig $\Delta u = 0$ in G. Die einzige Lösung mit $u = 0$ auf ∂G ist aber $u = 0$. Daraus folgen (4.102) und (4.103) für $\sigma = 1$. Für $\sigma = 0$ reduziert sich $a(u,u)$ auf

$$a(u,u) = D \int\limits_{G} (u_{xx}^2 + 2\,u_{xy}^2 + u_{yy}^2)\,dx\,dy \geqslant 0 \qquad \forall\, u \in H^2(G)\;.$$

Aus $a(u,u) = 0$ folgt diesmal, daß u eine lineare Funktion sein muß. Die einzige lineare Funktion mit $u = 0$ auf ∂G ist $u = 0$. Daraus folgen (4.102) und (4.103) auch für $\sigma = 0$ und damit für $0 \leqslant \sigma \leqslant 1$.
Es ist leicht zu sehen, daß die Energienorm $|\,u\,| = a(u,u)^{1/2}$ für $0 \leqslant \sigma < 1$ mit der Norm $\|\;\|_2$ in U äquivalent ist. Man kann nämlich $a(u,u)$ in der Form

$$a(u,u) \;=\; D \left\{(1-\sigma)\int\limits_{G} (u_{xx}^2 + 2\,u_{xy}^2 + u_{yy}^2)\,dx\,dy \;+\; \sigma \int\limits_{G} \Delta u^2\,dx\,dy\right\}$$

schreiben. Nun ist aber die Norm $|\;|_2$,

$$|\,u\,|_2^2 \;=\; \int\limits_{G} (u_{xx}^2 + 2\,u_{xy}^2 + u_{yy}^2)\,dx\,dy\;,$$

nach Satz 2.17, Korollar 3, in U mit der Norm $\| \ \|_2$ äquivalent. Daher gilt dies bei festem σ mit $0 \leqslant \sigma < 1$ auch für die Energienorm $|\ |$. Außerdem ist klar, daß das Funktional

$$\ell(u) = \int\limits_G fu \, dx \, dy$$

in U beschränkt ist. Also besitzen die Extremalaufgabe (Prinzip vom Minimum der potentiellen Energie)

$$J(u) \to \min , \qquad u \in U$$

sowie die zugehörige Variationsgleichung

$$a(u, \varphi) = \ell(\varphi) \qquad \forall \, \varphi \in U \tag{4.104}$$

genau eine Lösung $\overline{u} \in U$.

Wir wollen nun aus der Variationsgleichung noch die natürliche Randbedingung herleiten. Für $u \in H^4(G)$ mit $u = 0$ auf ∂G folgt aus (4.104) durch partielle Integration und Anwendung von (4.100) sowie $\varphi = 0$ auf ∂G

$$\frac{1}{D} a(u, \varphi) = \int\limits_G \Delta\Delta u\varphi \, dx \, dy + \int\limits_{\partial G} \Delta u \, \frac{\partial \varphi}{\partial n} \, ds -$$

$$- (1 - \sigma) \int\limits_{\partial G} \left(\kappa \, \frac{\partial u}{\partial n} + \frac{\partial^2 u}{\partial s^2} \right) \frac{\partial \varphi}{\partial n} \, ds .$$

Die Variationsgleichung ist also eine schwache Form der Randwertaufgabe

$$D\Delta\Delta u = f \quad \text{in } G \tag{4.105}$$

mit den Randbedingungen

$$u = 0 , \qquad \Delta u - (1 - \sigma) \kappa \, \frac{\partial u}{\partial n} = 0 \quad \text{auf } \partial G . \tag{4.106}$$

Das ist die Randwertaufgabe der gelenkig gelagerten Platte. Wegen (4.99) können die Randbedingungen (4.106) auch in der Form

$$u = 0 , \qquad \frac{\partial^2 u}{\partial n^2} + \sigma\kappa \, \frac{\partial u}{\partial n} = 0 \quad \text{auf } \partial G \tag{4.107}$$

geschrieben werden.

Nach Satz 4.3 hat man dann die komplementären Extremalprobleme

$$\min_{u \in U} J(u) = J(\overline{u}) = \max_v \{ - | v |^2 \} . \tag{4.108}$$

Dabei sind alle $v \in H^2(G)$ zugelassen, die der Gleichung

$$a(v, \varphi) = \ell(\varphi) \qquad \forall \, \varphi \in U$$

genügen. Dies ist eine schwache Form der Randwertaufgabe

$$D\Delta\Delta v = f \quad \text{in } G$$

mit der Randbedingung

$$\Delta v - (1 - \sigma)\left(\kappa\,\frac{\partial v}{\partial n} + \frac{\partial^2 v}{\partial s^2}\right) = 0 \quad \text{auf } \partial G\,.$$

Diese Randbedingung ist im allgemeinen sehr unhandlich. Daher besteht ein Interesse, verallgemeinerte Trefftzsche Funktionale zu konstruieren, bei denen die v zwar der Differentialgleichung, aber nicht notwendig der natürlichen Randbedingung genügen müssen.

4.2.5 Trefftzsche Funktionale bei der elastischen Platte

Wir betrachten zunächst eine elastische Platte, die auf einem Teil Γ_1 des Randes ∂G eingespannt ist, während sie auf dem Rest $\Gamma_2 = \partial G - \Gamma_1$ des Randes gelenkig gelagert ist. Die zugehörige Randwertaufgabe lautet:

$$D\Delta\Delta u = f \text{ in } G \tag{4.109}$$

mit den Randbedingungen

$$u = 0\,, \qquad \frac{\partial u}{\partial n} = 0 \quad \text{auf } \Gamma_1 \tag{4.110}$$

sowie $\quad u = 0\,, \qquad \Delta u - (1 - \sigma)\kappa\,\dfrac{\partial u}{\partial n} = 0 \quad \text{auf } \Gamma_2\,. \tag{4.111}$

Auf Γ_1 sind beide Bedingungen wesentliche Randbedingungen. Auf Γ_2 ist die zweite Bedingung eine natürliche Randbedingung. Nach Abschn. 4.2.4 ist (4.111) äquivalent mit

$$u = 0\,, \qquad \frac{\partial^2 u}{\partial n^2} + \sigma\kappa\,\frac{\partial u}{\partial n} = 0 \quad \text{auf } \Gamma_2\,. \tag{4.112}$$

Wir betrachten nun den Differentialoperator $D\Delta\Delta$ als linearen Operator $A : H^4(G) \to L_2(G)$ und schreiben die Randwertaufgabe als Operatorgleichung

$$Au = f\,, \qquad u \in U$$

wobei $U \subset H^4(G)$ der lineare Unterraum der Funktionen u ist, die allen Randbedingungen (4.110) und (4.111) genügen.

Der Operator A ist auf U symmetrisch und positiv. Die Symmetrie folgt unmittelbar aus der Greenschen Formel (1.41). Daß A positiv ist, ergibt sich mit Hilfe von (4.100): Es ist für $u \in U$

$$\frac{1}{D}(u, Au) = \int_G (\Delta u)^2 \, dx \, dy - \int_{\partial G} \Delta u \, \frac{\partial u}{\partial n} \, ds$$

$$= \int_G (\Delta u)^2 \, dx \, dy - (1 - \sigma) \int_{\partial G} \kappa \left(\frac{\partial u}{\partial n}\right)^2 ds = \frac{1}{D} a(u, u) \, .$$

In Abschn. 4.2.4 ist aber bereits gezeigt worden, daß für $0 \leqslant \sigma \leqslant 1$ und $u \neq 0$ stets $a(u, u) > 0$ ist.

Gesucht sind nun Trefftzsche Funktionale in $H^4(G)$, d. h. symmetrische, nichtnegative Bilinearformen $b(\, , \,)$ mit der Eigenschaft

$$(u, Av) = b(u, v) \qquad \forall \, u \in U, v \in H^4(G) \, .$$

Für jedes solche Funktional $b(\, , \,)$ ist dann nach Abschn. 4.1.4

$$(Au, u) - 2(f, u) \geqslant -(f, \overline{u}) \geqslant -b(v, v)$$

für alle $u \in U$, die also allen Randbedingungen genügen müssen, sowie für alle $v \in H^4(G)$ mit $D\Delta\Delta v = f$ in G. Die Ungleichungen lassen sich dann wegen $J(\overline{u}) = -|\overline{u}|^2 = -(f, \overline{u})$ auch mit (4.108) kombinieren, und man erhält

$$J(u) \geqslant J(\overline{u}) \geqslant -b(v, v) \, , \tag{4.113}$$

wobei diesmal sogar alle $u \in H^2(G)$ zugelassen sind, die lediglich den wesentlichen Randbedingungen genügen, d. h.

$$u = \frac{\partial u}{\partial n} = 0 \text{ auf } \Gamma_1 \, , \qquad u = 0 \text{ auf } \Gamma_2 \, .$$

Die natürliche Randbedingung auf Γ_2 wird also in (4.113) weder von u noch von v verlangt.

Zur Konstruktion Trefftzscher Funktionale gehen wir aus von

$$\frac{1}{D}(u, Av) = \int_G u\Delta\Delta v \, dx \, dy \, .$$

Für $u \in U$ und beliebiges $v \in H^4(G)$ ergibt sich durch partielle Integration unter Benutzung von $u = 0$ auf ∂G

$$\frac{1}{D}(u, Av) = \int_G \Delta u \Delta v \, dx \, dy - \int_{\partial G} \frac{\partial u}{\partial n} \Delta v \, ds \, . \tag{4.114}$$

Dies kann unter Benutzung von (4.99) und (4.100) auch auf die Gestalt

$$\frac{1}{D}(u, Av) = \int_G (u_{xx}v_{xx} + 2\, u_{xy}v_{xy} + u_{yy}v_{yy}) \, dx \, dy - \int_{\partial G} \frac{\partial u}{\partial n} \frac{\partial^2 v}{\partial n^2} \, ds$$

$$\tag{4.115}$$

gebracht werden.

Im Anschluß an (4.114) und (4.115) lassen sich nun in gewissen Sonderfällen Trefftzsche Funktionale konstruieren.

a) Auf dem gelenkig gelagerten Teil Γ_2 sei $\kappa \leqslant \kappa_0 < 0$. Ein Beispiel dafür liefert etwa eine eingespannte Platte mit einer Einkerbung oder auch mit einem Loch (Fig. 4.4). Als Sonderfall ist auch $\Gamma_2 = \partial G$ enthalten, sofern der gelenkig gelagerte Rand ∂G nur aus konkav gekrümmten Stücken besteht (Fig. 4.5).

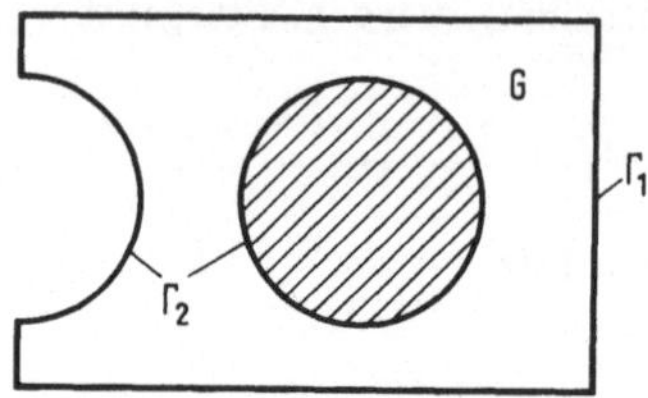

Fig. 4.4
Platte mit Einkerbung oder Loch
(Krümmung $\kappa = 0$ auf Γ_1,
$\kappa < 0$ auf Γ_2)

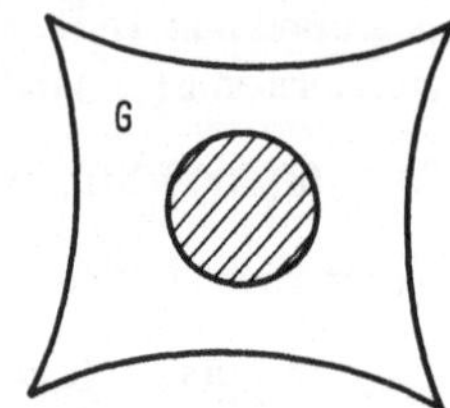

Fig. 4.5
Platte mit Krümmung $\kappa < 0$
auf dem gesamten Rand

Mit Hilfe der Randbedingungen (4.110), (4.111) erhält man aus (4.114)

$$(u, Av) = D \int\limits_G \Delta u \Delta v \, dx \, dy \; - \; D \int\limits_{\Gamma_2} \frac{1}{(1 - \sigma)\kappa} \Delta u \Delta v \, ds \,. \tag{4.116}$$

Die rechte Seite ist eine symmetrische Bilinearform in $H^4(G)$. Für $0 < \sigma < 1, \kappa \leqslant \kappa_0 < 0$ ist sie nichtnegativ und stellt daher ein Trefftzsches Funktional dar, für das (4.113) gilt.

b) Auf dem gelenkig gelagerten Teil Γ_2 sei $\kappa \geqslant \kappa_0 > 0$. Ein Beispiel hierfür ist etwa eine Platte gemäß Fig. 4.6. Diesmal erhält man aus (4.115) unter Benutzung der Randbedingungen (4.110), (4.112) für die Funktion u

$$(u, Av) = D \int\limits_G (u_{xx}v_{xx} + 2\,u_{xy}v_{xy} + u_{yy}v_{yy}) \, dx \, dy \; + \; D \int\limits_{\Gamma_2} \frac{1}{\sigma\kappa} \frac{\partial^2 u}{\partial n^2} \frac{\partial^2 v}{\partial n^2} \, ds \,.$$

$$\tag{4.117}$$

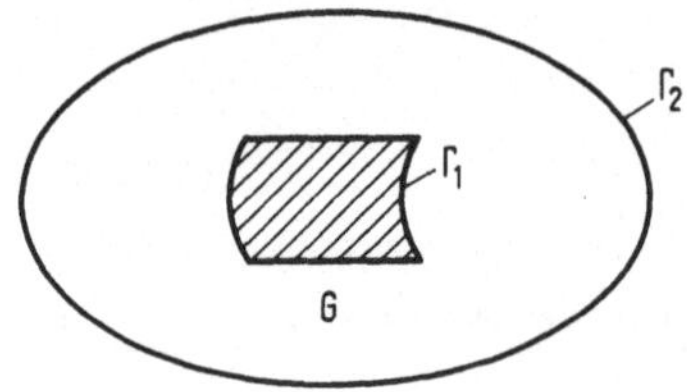

Fig. 4.6
Platte mit Krümmung $\kappa > 0$ auf dem gelenkig gelagerten
Teil Γ_2 des Randes und beliebiger Krümmung des einge-
spannten Teiles Γ_1 des Randes

Die rechte Seite ist eine symmetrische Bilinearform in $H^4(G)$. Für $0 < \sigma < 1, \kappa \geqslant \kappa_0 > 0$ ist sie nicht negativ und stellt daher ein Trefftzsches Funktional dar, für das (4.113) gilt.

Wenn der gelenkig gelagerte Teil Γ_2 des Randes auch geradlinige Stücke ($\kappa = 0$) enthält, dann versagen die Trefftzschen Funktionale (4.116) und (4.117).

Man kann aber in ähnlich einfacher Weise verallgemeinerte Trefftzsche Funktionale konstruieren, wenn man für die Funktionen v auf dem Rande die Bedingung v = 0 in Kauf nimmt, die im allgemeinen leichter zu handhaben ist als die natürliche Randbedingung.

Die Konstruktion Trefftzscher Funktionale beruht dann darauf, daß mit geeigneten positiven Konstanten $\alpha > 0$ und $\beta > 0$ für alle Funktionen $v \in H^4(G)$ mit v = 0 auf ∂G die Ungleichungen

$$\alpha \int_{\partial G} \left(\frac{\partial v}{\partial n}\right)^2 ds \leq \int_G (\Delta v)^2 \, dx \, dy \tag{4.118}$$

und
$$\beta \int_{\partial G} \left(\frac{\partial v}{\partial n}\right)^2 ds \leq |v|_2^2 \tag{4.119}$$

gelten. Die Ungleichung (4.119) folgt mit (1.29) aus

$$\int_{\partial G} \left(\frac{\partial v}{\partial n}\right)^2 ds \leq \int_{\partial G} (v_x^2 + v_y^2) \, ds \leq c(\| v_x \|_1^2 + \| v_y \|_1^2) \leq c \| v \|_2^2$$

zusammen mit der Tatsache, daß $\| \ \|_2$ und $| \ |_2$ in dem Raum $E = \{v \in H^2(G) \,|\, v = 0$ auf $\partial G\}$ nach (2.74) äquivalente Normen sind. (In (2.74) ist Γ sogar nur ein Teil des Randes ∂G. Wir benötigen die Äquivalenz der Normen hier für den Sonderfall $\Gamma = \partial G$.) Die Ungleichung (4.118) ist richtig mit $\alpha = \mu_1$, wobei μ_1 der kleinste Eigenwert des Eigenwertproblems

$$\Delta \Delta v = 0 \quad \text{in } G ,$$

$$v = \Delta v - \mu \frac{\partial v}{\partial n} = 0 \quad \text{auf } \partial G$$

ist. Dies ist ein sogen. S t e k l o w s c h e s   E i g e n w e r t p r o b l e m mit dem Eigenwertparameter μ in einer der Randbedingungen. μ_1 ist zugleich das Minimum des Rayleighschen Quotienten

$$R(v) = \frac{\int_G (\Delta v)^2 \, dx \, dy}{\int_{\partial G} \left(\frac{\partial v}{\partial n}\right)^2 ds}$$

für Funktionen $v \in H^2(G)$ mit v = 0 auf ∂G.

Wenn man Konstante $\alpha > 0$ und $\beta > 0$ kennt, für die die Ungleichungen (4.118) und (4.119) gültig sind, dann kann man wie folgt verfahren:

c) Auf Γ_2 sei $\kappa \leq 0$. Wir setzen

$$\frac{1}{D} b(u, v) = \int_G \Delta u \Delta v \, dx \, dy - \int_{\Gamma_2} [\alpha + (1 - \sigma)\kappa] \frac{\partial u}{\partial n} \frac{\partial v}{\partial n} \, ds \qquad (4.120)$$

$$+ \frac{1}{\alpha} \int_{\Gamma_2} \left(\Delta u - [\alpha + (1 - \sigma)\kappa] \frac{\partial u}{\partial n} \right) \left(\Delta v - [\alpha + (1 - \sigma)\kappa] \frac{\partial v}{\partial n} \right) ds \, .$$

Wegen $(1 - \sigma)\kappa \leqslant 0$ und (4.118) ist dies eine nichtnegative symmetrische Bilinearform. Für $u \in U$ und $v \in E$ reduziert sie sich wegen (4.110), (4.111) und (4.114) auf

$$\frac{1}{D} b(u, v) = \int_G \Delta u \Delta v \, dx \, dy - \int_{\partial G} \frac{\partial u}{\partial n} \Delta v \, ds = \frac{1}{D} (u, Av) \, .$$

Daher ist $b(\ ,\ )$ für $0 < \sigma < 1$ und $\kappa \leqslant 0$ ein verallgemeinertes Trefftzsches Funktional, wobei allerdings in (4.113) die zugelassenen $v \in H^4(G)$ außer der Differentialgleichung $D\Delta\Delta v = f$ in G auch noch der Randbedingung $v = 0$ auf ∂G genügen müssen.

d) Auf Γ_2 sei $\kappa \geqslant 0$. Diesmal setzen wir

$$\frac{1}{D} b(u, v) = \int_G (u_{xx}v_{xx} + 2 u_{xy}v_{xy} + u_{yy}v_{yy}) \, dx \, dy + \int_{\Gamma_2} (\sigma\kappa - \beta) \frac{\partial u}{\partial n} \frac{\partial v}{\partial n} \, ds$$

$$(4.121)$$

$$+ \frac{1}{\beta} \int_{\Gamma_2} \left(\frac{\partial^2 u}{\partial n^2} + (\sigma\kappa - \beta) \frac{\partial u}{\partial n} \right) \left(\frac{\partial^2 v}{\partial n^2} + (\sigma\kappa - \beta) \frac{\partial v}{\partial n} \right) ds \, .$$

Wegen $\sigma\kappa \geqslant 0$ und wegen (4.119) ist dies eine nichtnegative symmetrische Bilinearform. Für $u \in U$ und $v \in E$ reduziert sie sich wegen (4.110), (4.112) und (4.115) auf

$$b(u, v) = (u, Av) \, .$$

Daher ist $b(\ ,\ )$ für $0 < \sigma < 1$ und $\kappa \geqslant 0$ ein verallgemeinertes Trefftzsches Funktional, wobei allerdings wie unter c) auch hier die zugelassenen v der Differentialgleichung $D\Delta\Delta v = f$ sowie der Randbedingung $v = 0$ auf ∂G genügen müssen.

Für die Konstruktion Trefftzscher Funktionale bei verschiedenartigen Randbedingungen siehe man auch B i r m a n [1], [2], M i c h l i n [1].

4.2.6 Das Prinzip von Castigliano beim elastischen Körper

In der Elastizitätstheorie spielt neben dem Prinzip vom Minimum der potentiellen Energie auch das nach C a s t i g l i a n o benannte E x t r e m a l p r i n z i p d e r k o m - p l e m e n t ä r e n E n e r g i e eine wichtige Rolle. Dabei wird die potentielle Energie mit Verschiebungen u gebildet, die den wesentlichen (oder geometrischen) Randbedingungen genügen. Die komplementäre Energie wird mit Spannungstensoren gebildet, die den Gleichgewichtsbedingungen genügen. Diese Bedingungen bestehen aus einem System von Differentialgleichungen in G, zu denen im allgemeinen noch Bedingungen auf dem Rande hinzutreten.

Wie in Abschn. 2.2.10 betrachten wir im $\mathbf{R}^3$ einen elastischen Körper, der im nicht deformierten Zustand das beschränkte Gebiet G einnehme. Elastische Verformung unter dem Einfluß von Kräften werde in einem kartesischen Koordinatensystem durch das Vektorfeld $u = (u_1, u_2, u_3)$ der Verschiebungen beschrieben.

Wie in Abschn. 2.2.10 legen wir die Annahme der linearen Elastizitätstheorie zugrunde: Die V e r z e r r u n g e n e_{jk} seien durch

$$e_{jk} = \frac{1}{2}\,(u_{j,k} + u_{k,j}) \tag{4.122}$$

gegeben und die durch sie verursachten S p a n n u n g e n s_{jk} durch

$$s_{jk} = c_{jkmn} e_{mn} \tag{4.123}$$

(H o o k e s c h e s G e s e t z). Über m und n ist von 1 bis 3 zu summieren. Die konstanten Koeffizienten seien symmetrisch,

$$c_{jkmn} = c_{kjmn} = c_{mnjk}\,, \tag{4.124}$$

und die quadratische Form

$$W(e) = \frac{1}{2}\,c_{jkmn} e_{jk} e_{mn}$$

sei als Funktion der sechs Variablen e_{jk} mit $e_{jk} = e_{kj}$ positiv definit. Dann kann man im Hookeschen Gesetz (4.123) nach den e_{jk} auflösen:

$$e_{jk} = c^*_{jkmn} s_{mn}\,. \tag{4.125}$$

Es ist also gleichgültig, ob man von dem Tensor der Verzerrungen e_{jk} oder dem — ebenfalls symmetrischen — Tensor der Spannungen s_{jk} ausgeht.

Liegt das Hookesche Gesetz speziell in der Gestalt

$$s_{jk} = 2\,\mu\,e_{jk} + \lambda\,(e_{11} + e_{22} + e_{33})\,\delta_{jk}$$

mit den L a m é s c h e n K o n s t a n t e n $\mu > 0$, $\lambda > 0$ zugrunde, dann kann man wegen

$$s_{11} + s_{22} + s_{33} = (2\,\mu + 3\,\lambda)\,(e_{11} + e_{22} + e_{33})$$

leicht nach den e_{jk} auflösen und erhält (4.125) in der speziellen Gestalt

$$e_{jk} = \frac{1}{2\,\mu}\,s_{jk} - \frac{\lambda}{2\,\mu\,(2\,\mu + 3\,\lambda)}\,(s_{11} + s_{22} + s_{33})\,\delta_{jk}\,.$$

Für $W(e)$ erhält man in diesem Fall

$$W(e) = \frac{1}{2}\,e_{jk} s_{jk} = \mu\,e_{jk} e_{jk} + \frac{\lambda}{2}\,(e_{11} + e_{22} + e_{33})^2\,.$$

Diese quadratische Form ist offensichtlich positiv definit.

Wir betrachten nun wieder allgemeiner einen elastischen Körper, für den das Hookesche Gesetz in der Form (4.123) gültig ist und die c_{jkmn} den obigen Voraussetzungen genügen. Auf den Körper wirke in G eine Volumenkraft $f = (f_1, f_2, f_3)$ mit Komponenten aus $L_2(G)$. Der Rand bestehe aus zwei Anteilen Γ_1 und $\Gamma_2 = \partial G - \Gamma_1$. Auf Γ_1 seien die Werte der Verschiebungen $u = (u_1, u_2, u_3)$ vorgegeben, und auf Γ_2 wirke eine Flächenkraft $g = (g_1, g_2, g_3)$ mit Komponenten aus $L_2(\Gamma_2)$.

Wir setzen $E = (H^1(G))^3$ und $U = \{u \in E \mid u = 0 \text{ auf } \Gamma_1\}$. Inneres Produkt und Norm seien gegeben durch

$$(u, v) = \sum_{j=1}^{3} (u_j, v_j)_1 , \qquad \| u \| = (u, u)_1^{1/2} .$$

Dann lautet die Aufgabe: Gegeben ist $u_0 = (u_1^0, u_2^0, u_3^0) \in E$. Gesucht ist $u \in E$ als Lösung der Extremalaufgabe

$$J(u) = a(u, u) - 2\, \ell(u) \rightarrow \min , \qquad u - u_0 \in U \tag{4.126}$$

mit $\qquad a(u, v) = \dfrac{1}{4} \int\limits_G c_{jkmn} (u_{j,k} + u_{k,j})(v_{m,n} + v_{n,m})\, dx$

und $\qquad \ell(u) = \int\limits_G f_j u_j\, dx + \int\limits_{\Gamma_2} g_j u_j\, dS .$

Dabei ist $J(u)/2$ die potentielle Energie der Verschiebung u, und daher (4.126) also das Prinzip vom Minimum der potentiellen Energie. Die zugehörige Variationsgleichung

$$a(u, \varphi) = \ell(\varphi) \qquad \forall\, \varphi \in U , \quad u - u_0 \in U$$

ist eine schwache Form der Randwertaufgabe

$$-s_{jk,k} = f_j \quad \text{in } G , \qquad (j = 1, 2, 3) \tag{4.127}$$

mit den natürlichen Randbedingungen

$$s_{jk} n_k = g_j \qquad \text{auf } \Gamma_2 , \quad (j = 1, 2, 3) . \tag{4.128}$$

Nach (4.122) und (4.123) ist dabei

$$s_{jk} = c_{jkmn} \left(\frac{u_{m,n} + u_{n,m}}{2} \right) . \tag{4.129}$$

Die Gleichungen (4.127) und (4.128) sind die Gleichgewichtsbedingungen für die Spannungen s_{jk}, die zu der Verschiebung $u = (u_1, u_2, u_3)$ gehören.

Es bezeichne nun E' den linearen Raum aller symmetrischen Tensoren e mit Komponenten $e_{jk} \in L_2(G)$, die nicht notwendig gemäß (4.122) aus Verschiebungen hervorgehen. In E' werde durch

$$(e, e') = \int\limits_G c_{jkmn} e_{jk} e'_{mn}\, dx , \qquad \| e \| = (e, e')^{1/2}$$

ein inneres Produkt und eine Norm definiert. Bezeichnen s und s' die zugehörigen Spannungstensoren gemäß (4.123), so hat man offensichtlich

$$(e, e') = \int_G e_{jk}s'_{jk}\, dx = \int_G s_{jk}e'_{jk}\, dx = (e', e) .$$

Wir betrachten nun die lineare Abbildung $T : E \to E'$, die wie folgt definiert ist:

$$Tu = e \qquad \text{mit } e_{jk} = \frac{1}{2}\,(u_{j,k} + u_{k,j}) . \tag{4.130}$$

Ferner sei $\overline{u} \in E$ die Lösung der Extremalaufgabe (4.126). Dann erhält man aus Satz 4.6 als Korollar

Satz 4.11 *Es ist*

$$\min_{u - u_0 \in U} J(u) = J(\overline{u}) = \max_e \{- \| e \|^2 + 2(e, Tu_0) - 2\, \ell(u_0)\} . \tag{4.131}$$

Dabei sind alle $e \in E'$ zugelassen, die der Gleichung

$$(e, T\varphi) = \ell(\varphi) \qquad \forall\, \varphi \in U$$

genügen. Dies ist eine schwache Form der Randwertaufgabe

$$-s_{jk,k} = f_j \quad in\ G , \qquad (j = 1, 2, 3) \tag{4.132}$$

mit den Randbedingungen

$$s_{jk}n_k = g_j \quad auf\ \Gamma_2 , \qquad (j = 1, 2, 3) . \tag{4.133}$$

Es sei ausdrücklich darauf hingewiesen, daß die zulässigen s_{jk} zwar den Gleichgewichtsbedingungen genügen müssen, aber nicht notwendig gemäß (4.129) aus einem Vektorfeld von Verschiebungen hervorgehen müssen.

Man kann in (4.131) die rechte Seite auch auf andere Gestalt bringen. Für $e_{jk} \in H^1(G)$ liefert partielle Integration unter Benutzung von (4.132) und (4.133) zunächst

$$(e, Tu_0) = \int_G s_{jk}u^0_{j,k}\, dx = \int_G f_j u^0_j\, dx + \int_{\Gamma_1} (s_{jk}n_k)\, u^0_j\, dS + \int_{\Gamma_2} g_j u^0_j\, dS$$

und damit insgesamt

$$\frac{1}{2}\, \| e \|^2 - (e, Tu_0) + \ell(u_0) = \frac{1}{2} \int_G e_{jk}s_{jk}\, dx - \int_{\Gamma_1} (s_{jk}n_k)\, u^0_j\, dS .$$

Dieser Ausdruck wird als die komplementäre Energie $W_c(s)$ eines Spannungstensors s bezeichnet. Das komplementäre Extremalprinzip in (4.131) ist daher nichts anderes als das C a s t i g l i a n o s c h e   P r i n z i p   d e r   k o m p l e m e n t ä r e n   E n e r g i e, das man gewöhnlich als Minimalprinzip formuliert,

$$W_c(s) \to \min ,$$

wobei alle symmetrischen Spannungstensoren s zur Konkurrenz zugelassen sind, die den Gleichgewichtsbedingungen (4.132) und (4.133) genügen.

4.2.7 Die Hyperkreismethode beim elastisch deformierbaren Körper

Im Anschluß an die Betrachtungen des vorigen Abschnitts soll nun noch die H y p e r - k r e i s m e t h o d e v o n P r a g e r u n d S y n g e [1] im Sonderfall des elastisch deformierbaren Körpers formuliert werden.

Es bezeichne E' den in Abschn. 4.2.6 eingeführten linearen Raum der symmetrischen Tensoren e mit

$$(e, e') = \int\limits_G c_{jkmn} e_{jk} e'_{mn}\, dx = \int\limits_G e_{jk} s'_{jk}\, dx = \int\limits_G e'_{jk} s_{jk}\, dx\ ,$$

wobei die e_{jk} und s_{jk} bzw. die e'_{jk} und s'_{jk} jeweils durch das Hookesche Gesetz (4.123) verknüpft sind. Es sei U' der Unterraum der Tensoren e mit e = Tu, u $\in$ U, die sich also in der Form

$$e_{jk} = \frac{1}{2}\,(u_{j,k} + u_{k,j})\ , \qquad u_j = 0 \text{ auf } \Gamma_1 \tag{4.134}$$

darstellen lassen. Der zu U' orthogonale Unterraum V' besteht dann aus allen symmetrischen Tensoren e' mit

$$(e', T\varphi) = 0 \qquad \forall\ \varphi \in U\ .$$

Die Gleichung ist erfüllt für solche e' bzw. s', die den homogenen Gleichgewichtsbedingungen

$$-s'_{jk,k} = 0 \ \text{ in } G\ , \qquad s'_{jk} n_k = 0 \ \text{ auf } \Gamma_2$$

genügen.

Die für die Hyperkreismethode grundlegende Gleichung (4.72) lautet dann für den elastisch deformierbaren Körper

$$\left\| \frac{e + e'}{2} - \bar{e} \right\|^2 = \frac{1}{4}\, \| e - e' \|^2\ ,$$

wobei e irgend ein Tensor mit (4.122) und $u_j = u_j^0$ auf Γ_1 ist und e' ein Tensor, der den Gleichgewichtsbedingungen

$$-s'_{jk,k} = f_j \ \text{ in } G\ , \qquad s'_{jk} n_k = g_j \ \text{ auf } \Gamma_2$$

genügt. Bei der Hyperkreismethode $\| e - e' \|^2 \to \min$ wird also der Tensor $\bar{e}$ der Verzerrungen

$$\bar{e}_{jk} = \frac{1}{2}\,(\bar{u}_{j,k} + \bar{u}_{k,j})$$

approximiert bzw. — was auf dasselbe hinausläuft — der Tensor der zugehörigen Spannungen $\overline{s}_{jk}$, die über das Hookesche Gesetz mit den $\overline{e}_{jk}$ zusammenhängen.

Bei den Anwendungen in der Elastizitätstheorie interessiert man sich aber häufig in erster Linie gerade für die Spannungen. Die Hyperkreismethode von Prager und Synge hat dann den Vorteil, daß sie nicht nur eine Näherung für die $\overline{e}_{jk}$ bzw. $\overline{s}_{jk}$ liefert, sondern zugleich eine Fehlerabschätzung in der Norm $\| \ \|$. Will man das Vektorfeld der Verschiebungen $\overline{u} = (\overline{u}_1, \overline{u}_2, \overline{u}_3)$ berechnen, dann bietet sich in erster Linie das Ritzsche Verfahren (Prinzip vom Minimum der potentiellen Energie) an.

5 Einschließung der Lösung linearer Randwertaufgaben

Bei den in Abschn. 3 besprochenen Variationsmethoden ergaben sich für den Fehler einer Näherung der gesuchten Lösung $\overline{u}$ zunächst nur Abschätzungen in einer Norm (Fehlerquadratnorm, Energienorm). Häufig ist man aber in den Anwendungen auch daran interessiert, in einem Punkt $x_0 \in G$ des betrachteten Gebietes G den Funktionswert $\overline{u}(x_0)$ der Lösung $\overline{u}$ in zweiseitige Schranken einzuschließen.

Methoden zur Einschließung der Lösung linearer Randwertaufgaben in einem gegebenen Punkt x_0 wurden von verschiedenen Autoren angegeben, darunter von D i a z und G r e e n b e r g [1] sowie M a p l e [1] und S y n g e [2], [3]. Diesen Methoden ist folgendes gemeinsam: Sie beruhen alle auf der expliziten Kenntnis einer Fundamentallösung der zugrundeliegenden Differentialgleichung sowie auf der Anwendung einer Greenschen Formel, mit deren Hilfe der gesuchte Funktionswert $\overline{u}(x_0)$ als eine Summe von Gebiets- und Randintegralen dargestellt wird, die nun ihrerseits — soweit sie noch von $\overline{u}$ abhängen — in Schranken einzuschließen sind.

Die verschiedenen angegebenen Methoden unterscheiden sich nur in der Art, wie die Abschätzung von $\overline{u}(x_0)$ über eine Greensche Formel auf das Problem von Normabschätzungen zurückgeführt wird.

Im folgenden betrachten wir zunächst das etwas allgemeinere Problem, für die Lösung $\overline{u}$ der zugrundeliegenden Randwertaufgabe den Wert $g(\overline{u})$ eines gegebenen linearen Funktionals $g(\ )$ in Schranken einzuschließen. Für spezielle Randwertaufgaben bei der Potential- und Bipotentialgleichung wurde das Problem schon von T r e f f t z [2] behandelt, für Operatorgleichungen $Au = f$ mit positivem, symmetrischen Operator A unter anderem von S l o b o d i a n s k i [2], K a t o [1] und F u j i t a [1]. Auf diesem Wege kann man dann auch zu Schranken für $\overline{u}(x_0)$ gelangen.

In Abschn. 5.1.2 wird das Ergebnis von K a t o [1] hergeleitet, wobei allerdings nicht eine Operatorgleichung, sondern eine Randwertaufgabe in schwacher Form (Variationsgleichung) zugrunde gelegt wird.

In Abschn. 5.2.3 wird die Methode von D i a z und G r e e n b e r g [1] dargestellt, und zwar im Anschluß an W a s h i z u [1].

5.1 Zweiseitige Schranken für den Wert eines linearen Funktionals

5.1.1 Einschließung bei Variationsgleichungen

Wie in Abschn. 4.1 sei E ein linearer Raum, U ein Unterraum sowie a(,) eine symmetrische Bilinearform mit

$$a(u, u) \geqslant 0 \quad \forall\, u \in E$$

$$a(u, u) > 0 \quad \forall\, u \in U,\, u \neq 0\,.$$

Der Unterraum U sei bezüglich der Energienorm $\lvert u \rvert = a(u, u)^{1/2}$ abgeschlossen, und die beiden linearen Funktionale f( ) : E → **R** und g( ) : E → **R** seien in U beschränkt. Dann besitzt jede der beiden Variationsgleichungen

$$a(u, \varphi) = f(\varphi) \qquad \forall\, \varphi \in U \tag{5.1}$$

$$a(v, \varphi) = g(\varphi) \qquad \forall\, \varphi \in U \tag{5.2}$$

genau eine Lösung in U, die wir mit $\overline{u}$ bzw. $\overline{v}$ bezeichnen wollen. Gesucht sind Schranken für die Werte $g(\overline{u})$ und $f(\overline{v})$. Diese Werte hängen sehr einfach zusammen: Mit $\varphi = \overline{v}$ folgt aus (5.1) die Gleichung $a(\overline{u}, \overline{v}) = f(\overline{v})$, und mit $\varphi = \overline{u}$ folgt aus (5.2) analog $a(\overline{v}, \overline{u}) = g(\overline{u})$. Es ist also

$$g(\overline{u}) = f(\overline{v}) = a(\overline{u}, \overline{v})\,.$$

Man kann nun $g(\overline{u})$ wie folgt in Schranken einschließen:

Satz 5.1 *Es seien* u *und* v *beliebige Elemente aus* U, *und es seien* u′ *und* v′ *Elemente aus* E, *die der Gleichung*

$$a(u', \varphi) = f(\varphi) \qquad \forall\, \varphi \in U \tag{5.3}$$

bzw. $\quad a(v', \varphi) = g(\varphi) \qquad \forall\, \varphi \in U \tag{5.4}$

genügen. Dann gilt mit den Konstanten

$$\alpha = g(u) + f(v) - a(u, v)\,, \qquad \beta = a(u', v')$$

die Ungleichung

$$\left\lvert \frac{\alpha + \beta}{2} - g(\overline{u}) \right\rvert \leqslant \frac{1}{2}\, \lvert u' - u \rvert\, \lvert v' - v \rvert\,. \tag{5.5}$$

B e w e i s. Für die beiden Lösungen $\overline{u}, \overline{v} \in U$ folgt aus (5.1) und (5.2) mit $\varphi = u$ bzw. $\varphi = v$

$$a(u - \overline{u}, v - \overline{v}) = a(u, v) - a(\overline{v}, u) - a(\overline{u}, v) + a(\overline{u}, \overline{v})$$

$$= g(\overline{u}) - \alpha\,.$$

Analog erhält man für die beiden Lösungen $u', v' \in E$ von (5.3) bzw. (5.4)

$$a(u' - \overline{u}, v' - \overline{v}) = a(u', v') - a(u', \overline{v}) - a(v', \overline{u}) + a(\overline{u}, \overline{v})$$
$$= \beta - g(\overline{u}) \, .$$

Aus der Schwarzschen Ungleichung für Normen (und Halbnormen) folgt

$$|\alpha + \beta - 2\, g(\overline{u})| \leqslant |a(u - \overline{u}, v - \overline{v})| + |a(u' - \overline{u}, v' - \overline{v})|$$
$$\leqslant |u - \overline{u}|\,|v - \overline{v}| + |u' - \overline{u}|\,|v' - \overline{v}| \, .$$

Anwendung der Schwarzschen Ungleichung für Produktsummen ergibt dann

$$|\alpha + \beta - 2\, g(\overline{u})|^2 \leqslant (|u - \overline{u}|^2 + |u' - \overline{u}|^2)\,(|v - \overline{v}|^2 + |v' - \overline{v}|^2) \, . \tag{5.6}$$

Es bezeichne nun wie früher V das orthogonale Komplement von U in E, d. h. den linearen Unterraum aller $v \in E$ mit

$$a(v, \varphi) = 0 \qquad \forall \varphi \in U \, .$$

Offensichtlich ist $u - \overline{u} \in U$, $v - \overline{v} \in U$ sowie $u' - \overline{u} \in V$, $v' - \overline{v} \in V$. Aus der Orthogonalität von U und V folgt

$$|u' - u|^2 = |(u' - \overline{u}) - (u - \overline{u})|^2 = |u' - \overline{u}|^2 + |u - \overline{u}|^2$$

sowie $\quad |v' - v|^2 = |(v' - \overline{v}) - (v - \overline{v})|^2 = |v' - \overline{v}|^2 + |v - \overline{v}|^2 \, .$

Mit diesen Gleichungen folgt aus (5.6) zunächst

$$|\alpha + \beta - 2\, g(\overline{u})|^2 \leqslant |u' - u|^2\,|v' - v|^2$$

und daraus die behauptete Gleichung (5.5).   □

5.1.2 Einschließung im Fall $a(u, v) = (Tu, Tv)$

Wir wollen nun ein Analogon zu einem Satz von K a t o [1] und F u j i t a [1] herleiten, den die genannten Autoren für eine Operatorgleichung $Au = f$ mit $A = T^*T$ formuliert haben, wobei T^* und T adjungierte Operatoren sind.

Der Ausgangspunkt ist genau derselbe wie in Abschn. 5.5.1. Außer den dort formulierten Voraussetzungen seien jetzt zusätzlich noch folgende Voraussetzungen erfüllt: Es sei E' ein weiterer linearer Raum mit innerem Produkt $(\ ,\ )$ und Norm $\|\ \|$. Außerdem existiere ein linearer Operator $T : E \to E'$ mit

$$a(u, v) = (Tu, Tv) \qquad \forall\, u, v \in U \, . \tag{5.7}$$

Dann läßt sich für die Lösung $\overline{u}$ von (5.1) der Wert $g(\overline{u})$ des zweiten linearen Funktionals $g(\ )$ wie folgt abschätzen:

Satz 5.2 *Es seien* u *und* v *beliebige Elemente aus* U, *und es seien* u' *und* v' *Elemente aus* E', *die der Gleichung*

$$(u', T\varphi) = f(\varphi) \qquad \forall\, \varphi \in U \tag{5.8}$$

bzw. $\quad (v', T\varphi) = g(\varphi) \qquad \forall\, \varphi \in U$ \hfill (5.9)

genügen. Dann gilt mit den Konstanten

$$\alpha = g(u) + f(v) - a(u, v)\,, \quad \beta = (u', v')$$

die Ungleichung

$$\left| \frac{\alpha + \beta}{2} - g(\overline{u}) \right| \leqslant \frac{1}{2}\, \| u' - Tu \|\, \| v' - Tv \|\,. \tag{5.10}$$

B e w e i s. Ganz ähnlich wie im Beweis von Satz 5.1 findet man diesmal

$$(Tu - T\overline{u},\, Tv - T\overline{v}) \;=\; a(u - \overline{u},\, v - \overline{v}) \;=\; g(\overline{u}) - \alpha$$

und $\qquad (u' - T\overline{u},\, v' - T\overline{v}) \;=\; \beta - g(\overline{u})\,.$

Anwendung der Schwarzschen Ungleichung für Normen bzw. für Summen liefert in Analogie zu (5.6)

$$|\alpha + \beta - 2\,g(\overline{u})|^2 \;\leqslant\; (\| Tu - T\overline{u} \|\, \| Tv - T\overline{v} \| + \| u' - T\overline{u} \|\, \| v' - T\overline{v} \|)^2$$
$$\leqslant\; (\| Tu - T\overline{u} \|^2 + \| u' - T\overline{u} \|^2)\,(\| Tv - T\overline{v} \|^2 + \| v' - T\overline{v} \|^2)\,.$$

Aus der Orthogonalität

$$(u' - T\overline{u},\, Tu - T\overline{u}) = 0\,, \qquad (v' - T\overline{v},\, Tv - T\overline{v}) = 0$$

folgt dann unmittelbar

$$|\alpha + \beta - 2\,g(\overline{u})|^2 \;\leqslant\; \| u' - Tu \|^2\, \| v' - Tv \|^2$$

und damit die behauptete Ungleichung (5.10). $\qquad\qquad\qquad\qquad\qquad\qquad\quad \square$

5.1.3 Systematische Verbesserung der Schranken

Die beiden Ungleichungen (5.5) und (5.10) sind scharf in folgendem Sinn: Setzt man in (5.5) $u' = u = \overline{u}$ oder $v' = v = \overline{v}$, so nimmt die rechte Seite den Wert Null an, und es ist $2\,g(\overline{u}) = \alpha + \beta$.

Setzt man in (5.10) $u' = Tu = T\overline{u}$ oder $v' = Tv = T\overline{v}$, so nimmt die rechte Seite auch dort den Wert Null an, und es ist mit den Größen α und β aus Satz 5.2 ebenfalls $2\,g(\overline{u}) = \alpha + \beta$.

Im Anschluß an Satz 5.1 lassen sich nun Schranken für $g(\overline{u})$ wie folgt berechnen: Es seien $U_m \subset U$ und $V_n \subset V$ endlichdimensionale Unterräume, und es seien u_0' und v_0' spezielle Lösungen der Gleichungen (5.3) bzw. (5.4). Die beste Näherung wird dann erhalten, wenn man in (5.5) die rechte Seite minimiert. Dazu hat man die beiden quadratischen Extremalprobleme

$$\mid u' - u \mid^2 \to \min , \qquad u \in U_m , \quad u' - u_0' \in V_n \tag{5.11}$$

$$\text{und} \qquad \mid v' - v \mid^2 \to \min , \qquad v \in U_m, \quad v' - v_0' \in V_n \tag{5.12}$$

zu lösen. Ist $u_1, \ldots, u_m$ eine Basis in U_m und $v_1', \ldots, v_n'$ eine Basis in V_n, und setzt man

$$u = \xi_1 u_1 + \ldots + \xi_m u_m , \qquad u' = u_0' + \eta_1 v_1' + \ldots + \eta_n v_n' \tag{5.13}$$

$$\text{bzw.} \qquad v = \xi_1 u_1 + \ldots + \xi_m u_m , \qquad v' = v_0' + \eta_1 v_1' + \ldots + \eta_n v_n' \tag{5.14}$$

so erhält man unter Benutzung der Orthogonalität von U und V aus Satz 2.2 unmittelbar das Resultat:

Satz 5.3 *Das Extremalproblem* (5.11) *ist äquivalent mit den beiden linearen Gleichungssystemen*

$$\sum_{k=1}^{m} a(u_j, u_k)\, \xi_k = a(u_j, u_0') \qquad (j = 1, \ldots, m)$$

$$\sum_{k=1}^{n} a(v_j', v_k')\, \eta_k = -a(v_j', u_0') \qquad (j = 1, \ldots, n) .$$

Das Extremalproblem (5.12) *ist äquivalent mit den beiden Gleichungssystemen*

$$\sum_{k=1}^{m} a(u_j, u_k)\, \xi_k = a(u_j, v_0') \qquad (j = 1, \ldots, m)$$

$$\sum_{k=1}^{n} a(v_j', v_k')\, \eta_k = -a(v_j', v_0') \qquad (j = 1, \ldots, n) .$$

Die Aufgabe, die rechte Seite in (5.5) zu minimieren, ist damit auf das Auflösen der angegebenen vier linearen Gleichungssysteme zurückgeführt.

Ein ganz analoges Resultat erhält man im Anschluß an Satz 5.2. Es bezeichne $V' \subset E'$ den linearen Raum aller $v' \in E'$ mit

$$(v', T\varphi) = 0 \qquad \forall\, \varphi \in U.$$

Es seien $U_m \subset U$ und $V_n' \subset V'$ endlichdimensionale Unterräume, und es seien u_0' und v_0' spezielle Lösungen von (5.8) bzw. (5.9). Die Aufgabe, die rechte Seite von (5.10) zu minimieren, führt dann auf die beiden Extremalprobleme

$$\| u' - Tu \|^2 \to \min , \qquad u \in U_m , u' - u_0' \in V_n' \tag{5.15}$$

$$\text{und} \qquad \| v' - Tv \|^2 \to \min , \qquad v \in U_m , v' - v_0' \in V_n' . \tag{5.16}$$

Ist $u_1, \ldots, u_m$ eine Basis in U_m und $v_1', \ldots, v_n'$ eine Basis in V_n', dann erhält man diesmal unter Benutzung der Orthogonalität der Räume $U_m' = TU_m$ und V_n'

Satz 5.4 *Das Extremalproblem* (5.15) *ist äquivalent mit den beiden linearen Gleichungssystemen*

$$\sum_{k=1}^{m} a(u_j, u_k)\xi_k = (Tu_j, u_0') \qquad (j = 1, \ldots, m)$$

$$\sum_{k=1}^{n} (v_j', v_k')\eta_k = -(v_j', u_0') \qquad (j = 1, \ldots, n) \, .$$

Das Extremalproblem (5.16) *ist äquivalent mit den beiden linearen Gleichungssystemen*

$$\sum_{k=1}^{m} a(u_j, u_k)\xi_k = (Tu_j, v_0') \qquad (j = 1, \ldots, m)$$

$$\sum_{k=1}^{n} (v_j', v_k')\eta_k = -(v_j', v_0') \qquad (j = 1, \ldots, n) \, .$$

5.2 Schranken für die Lösungen linearer Randwertaufgaben

In diesem Abschnitt wird zunächst anhand von typischen Beispielen gezeigt, wie man im Anschluß an die Betrachtungen aus Abschn. 5.1 auch zu Schranken für den Funktionswert einer Lösung in einem gegebenen Punkt x_0 des Gebietes gelangen kann. Man muß dabei etwas verschieden verfahren, je nachdem ob die Fundamentallösung Φ des Problems in Energienorm beschränkt ist oder nicht. In Abschn. 5.2.3 wird sodann die Methode von D i a z und G r e e n b e r g [1] dargestellt, und zwar im Anschluß an W a s h i z u [1].

5.2.1 Randwertaufgaben für die Bipotentialgleichung

In einem beschränkten Gebiet $G \subset \mathbf{R}^2$ mit regulärem Rand betrachten wir für gegebenes $f \in L_2(G)$ die Bipotentialgleichung

$$\Delta\Delta u = f \qquad \text{in } G$$

in der schwachen Form

$$a(u, \varphi) = f(\varphi) \qquad \forall \, \varphi \in C_0^\infty(G)$$

mit $\qquad a(u, v) = \int_G \Delta u \Delta v \, dx \, , \qquad f(u) = \int_G fu \, dx \, .$

Wir fragen zunächst nach einer F u n d a m e n t a l l ö s u n g, d. h. nach einer kreissymmetrischen Lösung der Gleichung $\Delta\Delta u = 0$. Es sei $x_0 \in G$ ein gegebener Punkt. Wir setzen $r = |x - x_0|$. Man bestätigt dann leicht, daß die Funktion

$$\Phi(r) = \frac{1}{8\pi} r^2 \ln r \tag{5.17}$$

für $N = 2$ eine Fundamentallösung ist. In der Tat ergibt sich für $r \neq 0$

$$\Delta\Phi = \Phi_{rr} + \frac{1}{r}\,\Phi_r = \frac{1}{2\,\pi}\,(\ln r + 1)\,, \qquad \Delta\Delta\Phi = 0\,.$$

Es sei nun K_ρ ein ganz in G gelegenes Kreisgebiet mit dem Mittelpunkt x_0, dem Radius ρ und dem Rand Γ_ρ. Die Greensche Formel (1.41) lautet dann für das Gebiet $G - K_\rho$:

$$\int\limits_{G-\overline{K}_\rho} (u\Delta v - v\Delta u)\,dx = \int\limits_{\partial G} \left(u\,\frac{\partial v}{\partial n} - v\,\frac{\partial u}{\partial n} \right) ds + \int\limits_{\Gamma_\rho} \left(u\,\frac{\partial v}{\partial n} - v\,\frac{\partial u}{\partial n} \right) ds\,.$$

Für u setzen wir eine beliebige Funktion aus $H^2(G)$ ein. Nach dem Lemma von Sobolew ist ein solches u zugleich einer Funktion $u \in C(\overline{G})$ äquivalent. Für v setzen wir die Funktion $v = \Delta\Phi$ ein. Dann ist zunächst $\Delta v = \Delta\Delta\Phi = 0$ in $G - \overline{K}_\rho$. Der Grenzübergang $\rho \to 0$ liefert sodann in bekannter Weise die sog. d r i t t e G r e e n s c h e F o r m e l

$$u(x_0) = \int\limits_G \Delta u\Delta\Phi\,dx + \int\limits_{\partial G} \left(u\,\frac{\partial \Delta\Phi}{\partial n} - \Delta\Phi\,\frac{\partial u}{\partial n} \right) ds\,. \tag{5.18}$$

Wir betrachten nun die Dirichletsche Randwertaufgabe

$$\Delta\Delta u = f \ \text{ in } G\,, \qquad u = \frac{\partial u}{\partial n} = 0 \ \text{ auf } \partial G\,.$$

Sie lautet in schwacher Form: Gesucht ist $u \in H_0^2(G)$ als Lösung von

$$a(u, \varphi) = f(\varphi) \qquad \forall\,\varphi \in H_0^2(G)\,. \tag{5.19}$$

Für die Lösung $\overline{u} \in H_0^2(G)$ reduziert sich (5.18) auf

$$\overline{u}(x_0) = \int\limits_G \Delta\overline{u}\Delta\Phi\,dx\,. \tag{5.20}$$

Wir führen nun das lineare Funktional

$$g(u) = \int\limits_G \Delta u\Delta\Phi\,dx$$

ein. Anwendung der Schwarzschen Ungleichung liefert

$$|g(u)|^2 \leqslant \int\limits_G (\Delta u)^2 dx \int\limits_G (\Delta\Phi)^2 dx\,.$$

Dabei hat das Integral über $(\Delta\Phi)^2$ einen endlichen Wert:

$$\int\limits_G (\Delta\Phi)^2 dx = \frac{1}{(2\,\pi)^2} \int\limits_G (\ln r + 1)^2 dx < \infty\,.$$

Daher ist g( ) ein beschränktes lineares Funktional $H^2(G) \to \mathbf{R}$.

Wegen (5.20) ist also die Aufgabe, den Funktionswert $\overline{u}(x_0)$ in Schranken einzuschließen, gleichbedeutend mit der Aufgabe, den Wert $g(\overline{u})$ des beschränkten linearen Funktionals g( ) in Schranken einzuschließen.

Dazu wenden wir Satz 5.2 an mit $E = H^2(G)$, $U = H_0^2(G)$ und $Tu = \Delta u$. Für E' wählen wir den Hilbertraum $L_2(G)$, $(\ ,\ )_0$, $\|\ \|_0$. Dann ergibt sich aus Satz 5.2 als Korollar

Satz 5.5 *Es bezeichne $\bar{u}$ die Lösung der Dirichletschen Randwertaufgabe* (5.19), *und es sei x_0 ein gegebener Punkt aus G. Ferner seien u und v beliebige Funktionen aus $H_0^2(G)$, sowie u' und v' Funktionen aus $L_2(G)$, die den Gleichungen*

$$\int_G u'\Delta\varphi\,dx = \int_G f\varphi\,dx \qquad \forall\ \varphi \in H_0^2(G) \tag{5.21}$$

bzw. $\quad \int_G v'\Delta\varphi\,dx = \int_G \Delta\Phi\Delta\varphi\,dx \qquad \forall\ \varphi \in H_0^2(G) \tag{5.22}$

genügen. Dann besteht mit den Konstanten

$$\alpha = u(x_0) + \int_G fv\,dx - \int_G \Delta u\Delta v\,dx\,, \qquad \beta = \int_G u'v'dx$$

für den Funktionswert $\bar{u}(x_0)$ die Abschätzung

$$\left|\frac{\alpha+\beta}{2} - \bar{u}(x_0)\right|^2 \leq \frac{1}{4}\int_G (u' - \Delta u)^2\,dx \int_G (v' - \Delta v)^2\,dx\,. \tag{5.23}$$

B e m e r k u n g : (5.21) ist eine schwache Form der Differentialgleichung

$$\Delta u' = f \quad \text{in } G$$

ohne Randbedingungen. Man benötigt also eine spezielle Lösung u_0' dieser Gleichung, zu der man beliebige Lösungen der homogenen Gleichung $\Delta u' = 0$ addieren kann. Für (5.22) kann man sofort eine spezielle Lösung $v_0' \in L_2(G)$ angeben, nämlich $v_0' = \Delta\Phi$. Weitere Lösungen erhält man wie bei (5.21), indem man Lösungen von $\Delta v' = 0$ addiert. Es läßt sich dann auf (5.23) das in Abschn. 5.1.3 beschriebene Verfahren zur systematischen Verbesserung der Schranken für $\bar{u}(x_0)$ in der Form von Satz 5.4 anwenden.

5.2.2 Randwertaufgaben für die Potentialgleichung

Für ein beschränktes Gebiet G im $\mathbf{R}^2$ oder $\mathbf{R}^3$ mit regulärem Rand betrachten wir für gegebenes $f \in L_2(G)$ die Potentialgleichung

$$-\Delta u = f \quad \text{in } G$$

bzw. die zugehörige Funktionalgleichung

$$a(u, \varphi) = f(\varphi) \qquad \forall\ \varphi \in C_0^\infty(G)$$

mit $\quad a(u, v) = \int_G \text{grad } u \text{ grad } v\,dx\,, \qquad f(u) = \int_G fu\,dx\,.$

Wir fragen zunächst wieder nach F u n d a m e n t a l l ö s u n g e n, d. h. nach kreis- bzw. kugelsymmetrischen Lösungen von $\Delta u = 0$. Man bestätigt leicht, daß

$$\Phi(r) = \frac{1}{2\,\pi} \ln \frac{1}{r} \qquad (N = 2) \tag{5.24}$$

$$\text{und} \qquad \Phi(r) = \frac{1}{4\,\pi} \frac{1}{r} \qquad (N = 3) \tag{5.25}$$

mit $r = |x - x_0|$ Fundamentallösungen sind, und zwar mit einer Singularität im Punkt $x = x_0$.

Zwei Dinge sind diesmal anders als im Falle der Bipotentialgleichung: Erstens sind die Fundamentallösungen (5.24) und (5.25) in Energienorm nicht mehr beschränkt. Denn für $N = 2$ und $N = 3$ findet man

$$|2\,\pi \operatorname{grad} \Phi|^2 = \frac{1}{r^2} \quad \text{bzw.} \quad |4\,\pi \operatorname{grad} \Phi|^2 = \frac{1}{r^4}$$

und daher für $x_0 \in G$

$$a(\Phi, \Phi) = \int\limits_{G} |\operatorname{grad} \Phi|^2 \, dx = +\infty\,.$$

Daher ist auch $a(u, \Phi)$ in $H^1(G)$ kein beschränktes lineares Funktional bezüglich u. Zweitens kann man für eine Funktion $u \in H^1(G)$ nicht mehr allgemein garantieren, daß sie einer stetigen Funktion äquivalent ist. Denn das L e m m a v o n S o b o l e w garantiert dies nur für Funktionen aus $H^m(G)$ mit $m > N/2$, d. h. in unserem Falle ($N = 2$, $N = 3$) für $m \geqslant 2$.

Wir beschränken uns daher von jetzt an auf Funktionen $u \in H^2(G) \cap C(\overline{G})$. Für eine solche Funktion erhält man in Analogie zu (5.18) diesmal mit (5.24) bzw. (5.25) die dritte Greensche Formel in der Gestalt

$$u(x_0) = \int\limits_{G} \operatorname{grad} u \operatorname{grad} \Phi \, dx - \int\limits_{\partial G} u \frac{\partial \Phi}{\partial n} \, dS\,. \tag{5.26}$$

Wir betrachten nun speziell die erste Randwertaufgabe: Gesucht ist $u \in H_0^1(G)$ als Lösung von

$$\int\limits_{G} \operatorname{grad} u \operatorname{grad} \varphi \, dx = \int\limits_{G} f\varphi \, dx \qquad \forall\, \varphi \in H_0^1(G)\,. \tag{5.27}$$

Wir entnehmen der Theorie elliptischer Randwertaufgaben (vgl. auch Abschn. 1.2.4), daß die eindeutig bestimmte Lösung $u \in H_0^1(G)$ von selbst auch in $H^2(G)$ liegt und damit einer stetigen Funktion aus $C(\overline{G})$ äquivalent ist, so daß man die dritte Greensche Formel (5.26) auf $\overline{u}$ anwenden kann. Wegen $\overline{u} = 0$ auf ∂G erhält man aus (5.26)

$$\overline{u}(x_0) = \int\limits_{G} \operatorname{grad} \overline{u} \operatorname{grad} \Phi \, dx\,.$$

Die Komplikation, daß die rechte Seite kein in Energienorm beschränktes lineares Funktional in u liefert, kann man nun nach D i a z und G r e e n b e r g [1] umgehen, indem man eine Hilfsfunktion $w \in H^1(G)$ mit der Eigenschaft

$$\Phi - w = 0 \qquad \text{auf } \partial G$$

einführt. Auch bei komplizierten Rändern kann man eine solche Funktion leicht konstruieren: Man wähle einen Kreis bzw. eine Kugel $K_\rho(x_0) \subset G$ mit dem Mittelpunkt x_0 und dem Radius ρ und setze $w(x) = \Phi(r)$ außerhalb $K_\rho(x_0)$ und $w(x) = \text{const} = \Phi(\rho)$ innerhalb $K_\rho(x_0)$.

Durch partielle Integration erhält man dann

$$\overline{u}(x_0) = \int_G \operatorname{grad} \overline{u} \operatorname{grad} (\Phi - w)\, dx \; + \; \int_G \operatorname{grad} \overline{u} \operatorname{grad} w\, dx$$

$$= -\int_G \Delta\overline{u}(\Phi - w)\, dx \; + \; \int_G \operatorname{grad} \overline{u} \operatorname{grad} w\, dx$$

und wegen $-\Delta\overline{u} = f$ weiter

$$\overline{u}(x_0) = \int_G f(\Phi - w)\, dx \; + \; \int_G \operatorname{grad} \overline{u} \operatorname{grad} w\, dx \, . \tag{5.28}$$

Das erste Integral auf der rechten Seite ist bekannt. Die Aufgabe, den Funktionswert $\overline{u}(x_0)$ in Schranken einzuschließen, ist damit auf die andere Aufgabe zurückgeführt, für die Lösung $\overline{u} \in H_0^1(G)$ den Wert des linearen Funktionals

$$g(u) = \int_G \operatorname{grad} u \operatorname{grad} w\, dx$$

in Schranken einzuschließen. Dieses Funktional ist aber wegen $w \in H^1(G)$ in Energienorm beschränkt, so daß man $g(\overline{u})$ nach Satz 5.2 einschließen kann. Insgesamt erhält man

Satz 5.6 *Die Lösung $\overline{u}$ der ersten Randwertaufgabe (5.27) für die Potentialgleichung läßt sich in einem Punkt $x_0 \in G$ wie folgt in Schranken einschließen:*

Es seien u und v beliebige Funktionen aus $H_0^1(G)$. Ferner seien $u' = (u_1, \ldots, u_N)$ und $v' = (v_1, \ldots, v_N)$ Vektorfelder mit Komponenten aus $L_2(G)$, die den Gleichungen

$$\int_G u' \operatorname{grad} \varphi\, dx = \int_G f\varphi\, dx \qquad\qquad \forall\, \varphi \in H_0^1(G) \tag{5.29}$$

bzw. $\qquad \displaystyle\int_G u' \operatorname{grad} \varphi\, dx = \int_G \operatorname{grad} w \operatorname{grad} \varphi\, dx \qquad \forall\, \varphi \in H_0^1(G) \tag{5.30}$

genügen. Dann besteht mit den Konstanten

$$\alpha = \int_G \operatorname{grad} u \operatorname{grad} w\, dx + \int_G fv\, dx - \int_G \operatorname{grad} u \operatorname{grad} v\, dx$$

$$\beta = \int_G u'v'\, dx \, ,$$

$$\gamma = \int_G f(\Phi - w)\, dx$$

die Abschätzung

$$\left| \frac{\alpha + \beta}{2} + \gamma - \overline{u}(x_0) \right|^2 \;\leqslant\; \frac{1}{4} \int_G (u' - \operatorname{grad} u)^2 \, dx \int_G (v' - \operatorname{grad} v)^2 \, dx \; . \qquad (5.31)$$

B e m e r k u n g. (5.29) ist eine schwache Form der Differentialgleichung

$$-\operatorname{div} u' = f \quad \text{in } G$$

ohne Randbedingungen. Man benötigt also eine spezielle Lösung u'_0 der inhomogenen Gleichung, zu der man beliebige Lösungen von $\operatorname{div} u' = 0$ addieren kann. Im Falle der Gleichung (5.30) kann man eine spezielle Lösung der inhomogenen Gleichung sofort angeben, nämlich $v'_0 = \operatorname{grad} w$. Weitere Lösungen erhält man, indem man eine beliebige Lösung von $\operatorname{div} v' = 0$ addiert.

Im Anschluß an Satz 5.6 läßt sich dann das in Abschn. 5.1.3 beschriebene Verfahren zur systematischen Verbesserung der Schranken für $\overline{u}(x_0)$ in der Form von Satz 5.4 anwenden.

5.2.3 Die Methode von Diaz und Greenberg

Die in Abschn. 5.2.1 und 5.2.2 angewandte Methode zur Einschließung der Lösung von Randwertaufgaben setzt voraus, daß die Randwertaufgabe in halbhomogener Form zugrundeliegt.

Bei der Methode von Diaz und Greenberg, die wir jetzt besprechen wollen, kann die Randwertaufgabe auch in inhomogener Form gegeben sein. Als Ausgangspunkt wählen wir wieder die Formulierung der Randwertaufgabe in schwacher Form (Variationsgleichung).

Es sei also wie früher E ein linearer Raum, U ein linearer Unterraum und $a(\ ,\ )$ eine symmetrische Bilinearform mit

$$a(u, u) \geqslant 0 \qquad \forall\, u \in E$$

$$a(u, u) > 0 \qquad \forall\, u \in U,\, u \neq 0 \; .$$

U sei bezüglich der Energienorm $|\,u\,| = a(u, u)^{1/2}$ abgeschlossen und das lineare Funktional $\ell(\ ) : E \to \mathbf{R}$ sei in U bezüglich der Energienorm beschränkt. Die betrachtete Randwertaufgabe sei mit folgender Aufgabe äquivalent: Gegeben ist $u_0 \in E$. Gesucht ist ein $u \in E$ mit $u - u_0 \in U$, das der Gleichung

$$a(u, \varphi) = \ell(\varphi) \qquad \forall\, \varphi \in U \qquad\qquad\qquad (5.32)$$

genügt. Die Aufgabe besitzt unter obigen Voraussetzungen nach Satz 2.12, Korollar 1, eine eindeutig bestimmte Lösung.

Ferner sei ein linearer Raum E' mit (semidefinitem) innerem Produkt $(\ ,\ )$ und zugehöriger (Halb-)Norm $\|\ \|$ gegeben sowie ein linearer Operator $T : E \to E'$ mit

$$a(u, v) = (Tu, Tv) \qquad \forall\, u, v \in E \; .$$

Wie früher bezeichne V' den linearen Unterraum aller $v' \in E'$, die der Gleichung

$$(v', T\varphi) = 0 \qquad \forall \, \varphi \in U$$

genügen. Außerdem sei $v_0' \in E'$ eine spezielle Lösung von

$$(v', T\varphi) = \ell(\varphi) \qquad \forall \, \varphi \in U \,.$$

Ist nun $u \in E$ ein Element mit $u - u_0 \in U$, und ist $u' \in E'$ ein Element mit $u' - v_0' \in V'$, dann ist auch $u - \overline{u} \in U$ sowie $u' - T\overline{u} \in V'$. Aus $(u' - T\overline{u}, Tu - T\overline{u}) = 0$ folgt zunächst

$$\| (u' - T\overline{u}) + (Tu - T\overline{u}) \|^2 = \| (u' - T\overline{u}) - (Tu - T\overline{u}) \|^2$$

und damit auch

$$\| u' + Tu - 2\,T\overline{u} \| = \| u' - Tu \| \,. \tag{5.33}$$

Es seien nun $v \in E$ und $v' \in E'$ zwei Elemente, über die noch in geeigneter Weise verfügt wird. Aus der Schwarzschen Ungleichung folgt zunächst

$$| (u' + Tu - 2\,T\overline{u}, v' - Tv) | \leqslant \| u' + Tu - 2\,T\overline{u} \| \, \| v' - Tv \| \,.$$

Zusammen mit (5.33) ergibt sich daraus die für die Methode von Diaz und Greenberg grundlegende Ungleichung

$$| (u' + Tu, v' - Tv) - 2\,(T\overline{u}, v' - Tv) | \leqslant \| u' - Tu \| \, \| v' - Tv \| \,. \tag{5.34}$$

Der nächste Schritt besteht nun darin, durch geeignete Wahl von v und v' einen Zusammenhang zwischen dem inneren Produkt $(T\overline{u}, v' - Tv)$ und dem Funktionswert $\overline{u}(x_0)$ der Lösung $\overline{u}$ in einem gegebenen Punkt $x_0 \in G$ herzustellen. Dies wird wieder mit Hilfe einer Fundamentallösung Φ der zugrundeliegenden Differentialgleichung unter Heranziehung der dritten Greenschen Formel erreicht.

Wir wollen dies zunächst an einem einfachen Beispiel erläutern: Es sei $E = H^1(G)$, $U = \{u \in H^1(G) \,|\, u = 0 \text{ auf } \Gamma_1\}$, $u_0 \in H^1(G)$, $f \in L_2(G)$ sowie $g \in L_2(\Gamma_2)$ mit $\Gamma_2 = \partial G - \Gamma_1$. Ferner sei

$$a(u, v) = \int\limits_G \text{grad } u \text{ grad } v \, dx \,, \qquad \ell(u) = \int\limits_G fu \, dx \, + \int\limits_{\Gamma_2} g \, u \, ds \,.$$

Dann ist (5.32) eine schwache Form der Randwertaufgabe

$$-\Delta u = f \quad \text{in } G \,, \qquad u = u_0 \quad \text{auf } \Gamma_1 \,, \qquad \frac{\partial u}{\partial n} = g \quad \text{auf } \Gamma_2 \,. \tag{5.35}$$

Für ein Gebiet $G \subset \mathbf{R}^N$ mit $N = 2$ oder $N = 3$ lauten die schon in Abschn. 5.2.2 benutzten Fundamentallösungen der Laplaceschen Differentialgleichung

$$\Phi(r) = \frac{1}{2\,\pi} \ln \frac{1}{r} \; (N = 2) \,, \qquad \Phi(r) = \frac{1}{4\,\pi} \frac{1}{r} \; (N = 3) \tag{5.36}$$

mit $r = |x - x_0|$, $x_0 \in G$. Es besteht dann wieder für Funktionen $u \in H^2(G) \cap C(\overline{G})$ die dritte Greensche Formel (5.26), die wir diesmal in der Form

$$u(x_0) = \int_G - \Delta u \Phi \, dx + \int_{\partial G} \left(\frac{\partial u}{\partial n} \Phi - u \frac{\partial \Phi}{\partial n} \right) dS \tag{5.37}$$

schreiben. Für die Lösung $\overline{u}$ der Randwertaufgabe (5.35) findet man dann

$$\overline{u}(x_0) - \int_G f \Phi \, dx + \int_{\Gamma_1} u_0 \frac{\partial \Phi}{\partial n} \, dS - \int_{\Gamma_2} g \Phi \, dS$$

$$= \int_{\Gamma_1} \frac{\partial \overline{u}}{\partial n} \Phi \, dS - \int_{\Gamma_2} \overline{u} \frac{\partial \Phi}{\partial n} \, dS . \tag{5.38}$$

Dabei treten also auf der rechten Seite zwei Randintegrale auf, die noch explizit die Lösung $\overline{u}$ enthalten.

Für E' wählen wir den linearen Raum der Vektorfelder $v' = (v_1, \ldots, v_N)$ mit Komponenten $v_j \in L_2(G)$ und mit

$$(u', v') = \sum_{j=1}^{N} \int_G u_j v_j \, dx , \qquad \| u' \| = (u', u')^{1/2}$$

und definieren den linearen Operator $T : E \to E'$ durch $Tu = \mathrm{grad}\, u$. Für zunächst noch beliebige $v \in E$ und $v' \in E'$ mit Komponenten aus $H^1(G)$ erhält man dann durch partielle Integration

$$(T\overline{u}, v') = \int_G \mathrm{grad}\, \overline{u}\, v' dx = - \int_G \overline{u} \, \mathrm{div}\, v' dx + \int_{\partial G} \overline{u}(v'n) \, dS$$

sowie $\quad (T\overline{u}, Tv) = \int_G \mathrm{grad}\, \overline{u}\, \mathrm{grad}\, v \, dx = - \int_G \Delta \overline{u} v \, dx + \int_{\partial G} \frac{\partial \overline{u}}{\partial n} v \, dS .$

Insgesamt ergibt sich daraus

$$(T\overline{u}, v' - Tv) + \int_G f v \, dx - \int_{\Gamma_1} u_0(v'n) \, dS + \int_{\Gamma_2} g v \, dS$$

$$= - \int_G \overline{u} \, \mathrm{div}\, v' \, dx - \int_{\Gamma_1} \frac{\partial \overline{u}}{\partial n} v \, dS + \int_{\Gamma_2} \overline{u}(v'n) \, dS . \tag{5.39}$$

Jetzt wird über v und v' wie folgt verfügt: Es sei

$$\mathrm{div}\, v' = 0 \quad \text{in } G , \qquad v'n = - \partial \Phi / \partial n \quad \text{auf } \Gamma_2 , \qquad v = - \Phi \text{ auf } \Gamma_1 .$$

Dann stimmen die noch von $\overline{u}$ abhängigen rechten Seiten von (5.38) und (5.39) überein, und man erhält durch Gleichsetzen der linken Seiten von (5.38) und (5.39)

$$(T\overline{u}, v' - Tv) = \overline{u}(x_0) - \gamma \tag{5.40}$$

mit der Konstanten

$$\gamma = \int_G f(\Phi + v)\, dx \;-\; \int_{\Gamma_1} u_0\left(\frac{\partial \Phi}{\partial n} + v'n\right) dS \;+\; \int_{\Gamma_2} g(\Phi + v)\, dS\,.$$

Es sei nun $u \in E$ ein Element mit $u - u_0 \in U$, und es sei $u' \in E'$ ein Element mit

$$(u', T\varphi) = \ell(\varphi) \qquad \forall\, \varphi \in U\,.$$

Dies ist eine schwache Form der Randwertaufgabe

$$-\operatorname{div} u' = f \quad \text{in } G\,, \qquad u'n = g \quad \text{auf } \Gamma_2\,.$$

Setzt man nun in (5.34)

$$\alpha = (Tu, v' - Tv)\,, \qquad \beta = (u', v' - Tv)\,, \tag{5.41}$$

so folgt nach (5.34) mit (5.40) die Einschließung

$$\left|\frac{\alpha + \beta}{2} + \gamma - \bar{u}(x_0)\right| \leqslant \frac{1}{2}\, \|u' - Tu\|\, \|v' - Tv\|\,. \tag{5.42}$$

Dies ist das Resultat der Methode von Diaz und Greenberg, angewandt auf die Randwertaufgabe (5.35).

Es sei noch bemerkt, daß bei der Herleitung von (5.42) die Fundamentallösung ausschließlich in der Greenschen Formel (5.37) bzw. in der aus ihr folgenden Gleichung (5.38) auftritt. Was man also benötigt, ist lediglich die Gültigkeit der Greenschen Formel (5.37), während z. B. die Frage, ob die Fundamentallösung Φ endliche Energienorm besitzt, bei der Methode von Diaz und Greenberg keine Rolle spielt.

Im übrigen ist die Abschätzung (5.42) scharf in folgendem Sinne: Die rechte Seite wird Null, wenn $u' = Tu$ ist, was $u = \bar{u}$ nach sich zieht. Sie wird auch Null, wenn $v' = Tv$ ist. In diesem Falle ist v Lösung der Randwertaufgabe

$$\Delta v = 0 \quad \text{in } G\,, \qquad \Phi + v = 0 \quad \text{auf } \Gamma_1\,, \qquad \frac{\partial}{\partial n}(\Phi + v) = 0 \quad \text{auf } \Gamma_2\,.$$

In beiden Fällen erhält man $\bar{u}(x_0) = \dfrac{1}{2}(\alpha + \beta) + \gamma\,.$

Die Abschätzung (5.42) läßt sich systematisch verbessern, indem man ganz analog zu Abschn. 5.1.3 die Funktionen u, u', v und v' als Linearkombinationen mit noch verfügbaren Koeffizienten ansetzt und die Normquadrate $\|u' - Tu\|^2$ und $\|v' - Tv\|^2$ minimiert.

N u m e r i s c h e s   B e i s p i e l. Von G r e e n b e r g [1] und auch von F u j i t a [1] wurde als Beispiel die Randwertaufgabe

$$-\Delta u = 1 \quad \text{in } G\,, \qquad u = 0 \quad \text{auf } \partial G$$

für ein quadratisches Gebiet G in der x,y-Ebene betrachtet, das durch $|x| < 1$, $|y| < 1$ gegeben ist. Diese Randwertaufgabe tritt beispielsweise beim Problem der Torsion eines elastischen Stabes mit quadratischem Querschnitt auf, wobei dann u bis auf einen konstanten Faktor die Spannungsfunktion ist. Die Aufgabe laute, den Funktionswert der Lösung $\bar{u}$ im Punkt $(x_0, y_0) = (0, 0)$ in Schranken einzuschließen.

Wir geben im folgenden ein numerisches Resultat nach F u j i t a [1] wieder, allerdings unter Verwendung der oben benutzten Notationen.

Zunächst wird eine Funktion $u \in H^1(G)$ mit $u = 0$ auf ∂G benötigt. Sie wird in der Form $u = \alpha_1 u_1 + \alpha_2 u_2$ mit

$$u_1 = (x^2 - 1)(y^2 - 1), \qquad u_2 = (x^4 - 1)(y^4 - 1)$$

angesetzt. Offensichtlich ist $u_1 = u_2 = 0$ auf ∂G. Das Vektorfeld u', das der Differentialgleichung $-\operatorname{div} u' = 1$ genügen muß, wird in der Form

$$u' = u_0' + \alpha_1' u_1' + \alpha_2' u_2'$$

angesetzt, wobei zunächst

$$u_0' = -\frac{1}{4} \operatorname{grad}(x^2 + y^2)$$

eine spezielle Lösung der inhomogenen Differentialgleichung ist. Für u_1' und u_2' werden Lösungen der homogenen Differentialgleichung gewählt, nämlich

$$u_1' = \operatorname{grad}(r^4 \cos 4\,\varphi), \qquad u_2' = \operatorname{grad}(r^8 \cos 8\,\varphi).$$

Dabei sind r, φ Polarkoordinaten: $x = r \cos \varphi$, $y = r \sin \varphi$. Die Funktion v muß aus $H^1(G)$ sein und der Randbedingung $\Phi + v = 0$ auf ∂G genügen. Sie wird als Funktion aus $D^1(G)$ angesetzt, und zwar in der Form

$$v = w + \beta_1 u_1 + \beta_2 u_2 \, .$$

Dabei sind u_1 und u_2 wieder die oben eingeführten Funktionen, die den Randbedingungen genügen, während $w \in D^1(G)$ wie folgt definiert ist:

$$w(r) = 0 \quad \text{für } r \leqslant 1, \qquad w(r) = -\frac{1}{2\pi} \ln \frac{1}{r} \quad \text{für } r > 1 \, .$$

Es ist dann $\Phi + w = 0$ sowie auch $\Phi + v = 0$ auf ∂G. Schließlich muß v' der Differentialgleichung $\operatorname{div} v' = 0$ genügen, wobei keine Randbedingung zu stellen ist. Hierfür wird

$$v' = \beta_1' u_1' + \beta_2' u_2'$$

mit den oben eingeführten u_1' und u_2' angesetzt. Minimieren der Normquadrate $\| u' - Tu \|^2$ und $\| v' - Tv \|^2$ liefert dann nach F u j i t a [1]

$$\alpha_1 = \ 0.2399 \qquad \beta_1 = -0.0388$$

$$\alpha_2 = \ \ 0.0529 \qquad \beta_2 = \ \ 0.0443$$

$$\alpha_1' = \ \ 0.0453 \qquad \beta_1' = \ \ 0.0117$$

$$\alpha_2' = -0.0013 \qquad \beta_2' = \ \ 0.0003$$

$$\min \| u' - Tu \|^2 = 0.000338 \ , \qquad \min \| v' - Tv \|^2 = 0.00475$$

sowie $\quad | 0.2946 - \bar{u}(0, 0) | \leqslant 0.0007$.

Das heißt, $\bar{u}(0, 0)$ liegt in dem Intervall $0.2939 \leqslant \bar{u}(0, 0) \leqslant 0.2953$. Zum Vergleich sei noch das frühere Resultat von G r e e n b e r g [1] zitiert: $0.2892 \leqslant \bar{u}(0, 0) \leqslant 0.3081$.

5.2.4 Schranken für die Ableitungen

Die Methode von Diaz und Greenberg kann auch dazu benutzt werden, um die partiellen Ableitungen der Lösung einer linearen Randwertaufgabe in Schranken einzuschließen, sofern die Lösung genügend regulär ist. Was man dazu benötigt, ist wieder eine Greensche Formel, durch die der Funktionswert der betrachteten Ableitung in einem gegebenen Punkt $x_0 \in G$ mit Hilfe einer Fundamentallösung dargestellt werden kann.

Wir wollen die Methode am Beispiel der Randwertaufgabe (5.35) erläutern. Dazu setzen wir $x = (\xi_1, \ldots, \xi_N)$ und $x_0 = (\xi_1^0, \ldots, \xi_N^0)$ mit $N = 2$ oder $N = 3$. Für die nur von $r = |x - x_0|$ abhängigen Fundamentallösungen (5.36) findet man dann

$$\frac{\partial \Phi}{\partial \xi_j} = -\frac{\partial \Phi}{\partial \xi_j^0} \ . \tag{5.43}$$

Der Einfachheit halber wollen wir voraussetzen, daß u eine Funktion aus $H^2(G) \cap C^1(\overline{G})$ sei und daß f und g aus $C(\overline{G})$ bzw. $C(\overline{\Gamma}_2)$ seien. Dann kann man die Greensche Formel (5.37) nach ξ_j^0 differenzieren. Benutzt man anschließend (5.43), so lautet das Ergebnis

$$u_{,j}(x_0) = (-1)\left(\int_G - \Delta u \Phi_{,j} \, dx + \int_{\partial G} \left(\frac{\partial u}{\partial n} \Phi_{,j} - u \frac{\partial \Phi_{,j}}{\partial n} \right) dS \right)$$

mit $\quad u_{,j} = \partial u / \partial \xi_j \ , \qquad \Phi_{,j} = \partial \Phi / \partial \xi_j$. $\tag{5.44}$

Da x_0 nach Voraussetzung ein innerer Punkt von G ist, existieren zunächst jedenfalls die Randintegrale. Die Ableitungen $\Phi_{,j}$ lauten im Fall $N = 2$ und $N = 3$

$$\Phi_{,j} = -\frac{1}{2\pi} (\xi_j - \xi_j^0) r^{-2} \quad \text{bzw.} \quad \Phi_{,j} = -\frac{1}{4\pi} (\xi_j - \xi_j^0) r^{-3} \ .$$

Man bestätigt leicht, daß für diese $\Phi_{,j}$ auch das Gebietsintegral in (5.44) existiert. Formal ist also einfach in (5.37) $u(x_0)$ durch $u_{,j}(x_0)$ und Φ durch $-\Phi_{,j}$ zu ersetzen. Dasselbe gilt dann für das Analogon zu der aus (5.37) folgenden Gleichung (5.38). Für die Lösung $\bar{u}$ von (5.35) erhält man daher folgendes Ergebnis:
Wie in (5.42) sei $u \in E$ mit $u - u_0 \in U$ und $u' \in E'$ mit

$$(u', T\varphi) = \ell(\varphi) \qquad \forall \, \varphi \in U \ .$$

Diesmal seien $v' \in E'$ und $v \in E$ wie folgt gewählt: Es sei

$$\operatorname{div} v' = 0 \quad \text{in } G, \qquad v'n = \frac{\partial \Phi_{,j}}{\partial n} \quad \text{auf } \Gamma_2, \qquad v = \Phi_{,j} \quad \text{auf } \Gamma_1.$$

Dann besteht mit den Konstanten

$$\alpha = (Tu, v' - Tv), \qquad \beta = (u', v' - Tv)$$

$$\gamma = \int\limits_G f(-\Phi_{,j} + v)\,dx - \int\limits_{\Gamma_1} u_0 \left(-\frac{\partial \Phi_{,j}}{\partial n} + v'n\right)dS + \int\limits_{\Gamma_2} g(-\Phi_{,j} + v)\,dS$$

für die Ableitung $\overline{u}_{,j} = \partial \overline{u} / \partial \xi_j$ im Punkt $x_0 \in G$ die Abschätzung

$$\left| \frac{\alpha + \beta}{2} + \gamma - \overline{u}_{,j}(x_0) \right| \leqslant \frac{1}{2} \| u' - Tu \| \, \| v' - Tv \|. \tag{5.45}$$

Man kann also für die Abschätzungen (5.42) und (5.45) beidemal dieselben u und u' verwenden. Dagegen sind v und v' in (5.42) und (5.45) verschiedenen Randbedingungen unterworfen. Für das Problem der Einschließung von Funktionswerten von Ableitungen siehe man auch D i a z [1], C o o p e r m a n [1] und W a s h i z u [1] und die dort zitierte Literatur.

Über Anwendungen in der Elastizitätstheorie orientieren im Anschluß an die ältere Arbeit von W e b e r [1] etwa auch die Arbeiten von R i e d e r [1] und von S t u m p f [1], in denen man weitere Literaturangaben findet.

6 Nichtlineare Probleme

In den vorangegangenen Kapiteln handelte es sich jeweils um quadratische Extremalprobleme auf linearen Mannigfaltigkeiten, zu denen lineare Variationsgleichungen bzw. lineare Randwertaufgaben gehörten. In den Anwendungen treten aber auch allgemeinere Probleme auf. So kann beispielsweise das dem Extremalproblem zugrundeliegende Funktional nichtquadratisch sein. Es können andererseits beispielsweise auch Ungleichungen als Nebenbedingungen gestellt sein, so daß die zur Konkurrenz zugelassenen Funktionen nur eine konvexe Teilmenge einer linearen Mannigfaltigkeit bilden. Solche Probleme treten u. a. in der Kontinuumsmechanik auf (F i c h e r a [4], T i n g [1]). Im folgenden werden einige spezielle Klassen in diesem Sinne nichtquadratischer Extremalprobleme betrachtet, für die sich komplementäre Extremalprobleme formulieren lassen.

Es sei noch angemerkt, daß sich der Anwendungsbereich ganz erheblich erweitern läßt, wenn man die Theorie monotoner Operatoren heranzieht (A u s l e n d e r [1], L i o n s [2]). Eine Darstellung dieser Theorie würde aber den Rahmen dieser Einführung überschreiten.

6.1 Einfache Extremalprobleme

6.1.1 Komplementäre Extremalprobleme nach Friedrichs

Im Zusammenhang mit linearen Randwertaufgaben sind komplementäre Extremalprobleme unabhängig voneinander in ganz verschiedenartigen Anwendungsgebieten formuliert worden. Als Beispiel haben wir das Prinzip von Thomson in der Elektrostatik, das Prinzip von Castigliano in der Elastizitätstheorie sowie das Verfahren von Trefftz als Gegenstück zum Ritzschen Verfahren kennengelernt. Ein erster systematischer Zugang zu komplementären Extremalproblemen im Zusammenhang mit nichtlinearen Randwertaufgaben geht auf K. O. F r i e d r i c h s [1] zurück.

Die Methode von Friedrichs ist auch bei C o u r a n t und H i l b e r t [1] (Band 1, Kapitel IV) kurz dargestellt. Dort wird eine Herleitung mit Hilfe Lagrangescher Multiplikatoren gegeben, und zwar unter Verwendung der sog. Friedrichsschen Transformation auf neue Variable.

Wir wollen uns im folgenden enger an die Arbeit von Friedrichs anlehnen, allerdings etwas allgemeiner gleich ein Extremalproblem für ein Gebietsintegral betrachten, zu dem dann eine Randwertaufgabe für eine partielle Differentialgleichung gehört.

In einem Gebiet des $\mathbf{R}^N$ mit den Punkten $x = (x_1, \ldots, x_N)$ betrachten wir ein Extremalproblem für eine gesuchte Funktion u der Variablen $x_1, \ldots, x_N$ von folgender Gestalt:

$$J(u) = \int_G F\left(x_1, \ldots, x_N, u, \frac{\partial u}{\partial x_1}, \ldots, \frac{\partial u}{\partial x_N}\right) dx \to \min . \tag{6.1}$$

Dabei seien alle $u \in C^1(\overline{G})$ zur Konkurrenz zugelassen, die auf einem Teilstück Γ_1 des Randes ∂G der Bedingung

$$u = h \quad \text{auf } \Gamma_1 \tag{6.2}$$

genügen. Ferner sei F, betrachtet als Funktion der $2N + 1$ Variablen $x_1, \ldots, x_N, u, u_1,$ $\ldots, u_N$, eine für $x \in \overline{G}$ und alle $(u, u_1, \ldots, u_N) \in \mathbf{R}^{n+1}$ definierte Funktion mit stetigen ersten Ableitungen. Außerdem seien die partiellen Ableitungen F_{u_j} ihrerseits nach allen $2N + 1$ Variablen stetig differenzierbar.

Wir wollen annehmen, daß das Extremalproblem (6.1) unter der Randbedingung (6.2) eine Lösung $\overline{u}$ besitzt, die sogar in $C^1(\overline{G}) \cap C^2(G)$ liege. Dann ist $\overline{u}$ bekanntlich eine Lösung der zugehörigen Eulerschen Differentialgleichung

$$\frac{d}{dx_j} F_{u_j} - F_u = 0 \quad \text{in } G \tag{6.3}$$

(Summation über j von 1 bis N). Außerdem genügt $\overline{u}$ auf $\Gamma_2 = \partial G - \Gamma_1$ der natürlichen Randbedingung

$$F_{u_k} n_k = 0 \quad \text{auf } \Gamma_2 . \tag{6.4}$$

Dies ergibt sich in bekannter Weise wie folgt: Für eine Funktion $v \in C^1(\overline{G})$ mit $v = 0$ auf Γ_1 ist $u = \overline{u} + \epsilon v$ für alle $\epsilon \in \mathbf{R}$ eine zulässige Vergleichsfunktion. Aus $J(\overline{u} + \epsilon v) \geqslant J(\overline{u})$ folgt dann bei fest gewähltem v die notwendige Bedingung („Verschwinden der ersten Variation")

$$\frac{d\, J(\overline{u} + \epsilon v)}{d\epsilon} \Big|_{\epsilon=0} = 0 \, .$$

Hieraus ergibt sich nach partieller Integration

$$\int_G (F_u v + F_{u_k} v_k)\, dx = \int_G \left(F_u - \frac{d}{dx_k} F_{u_k} \right) v\, dx + \int_{\Gamma_2} (F_{u_k} n_k)\, v\, dS = 0 \, .$$

Insbesondere darf man für v eine beliebige Funktion $\varphi \in C_0^\infty(G)$ einsetzen. Daraus folgt zunächst das Bestehen von (6.3). Da die Randwerte von v auf Γ_2 noch frei wählbar sind, erhält man außerdem (6.4).

Um nun nach Friedrichs ein zu (6.1), (6.2) komplementäres Extremalproblem aufstellen zu können, benötigt man folgende Eigenschaft von F: Es sei, wenn man die $2N + 1$ Variablen mit $x_1, \ldots, x_N, u_0, u_1, \ldots, u_N$ bezeichnet, in ganz $\overline{G} \times \mathbf{R}^{N+1}$

$$\frac{\partial^2 F}{\partial u_j \partial u_k} \xi_j \xi_k \geqslant 0 \qquad \forall\, (\xi_0, \ldots, \xi_N) \in \mathbf{R}^{N+1} \tag{6.5}$$

(Summation über j und k von 0 bis N).

Wir betrachten nun F bei festem $x = (x_1, \ldots, x_N)$ als Funktion von u und $u' = (u_1, \ldots, u_N)$ und entwickeln an der Stelle v, $v' = (v_1, \ldots, v_N)$ nach Taylor bis zu Gliedern zweiter Ordnung. Wegen (6.5) ist das quadratische Restglied nichtnegativ, und man erhält

$$F(x, u, u') \geqslant F(x, v, v') + F_v(x, v, v')(u - v) + F_{v_k}(x, v, v')(u_k - v_k) \tag{6.6}$$

(Summation über k von 1 bis N).

Sind die $u, u_1, \ldots, u_N$ und $v, v_1, \ldots, v_N$ Funktionen von $x_1, \ldots, x_N$, so erhält man nach Integration über G

$$\int_G F(x, u, u')\, dx \geqslant \int_G (F - vF_v - F_{v_k} v_k)\, dx + \int_G (F_v u + F_{v_k} u_k)\, dx \, . \tag{6.7}$$

Es seien nun $u, u_1, \ldots, u_N$ und $v, v_1, \ldots, v_N$ speziell Funktionen mit folgenden Eigenschaften: Es sei

$$u_k = \frac{\partial u}{\partial x_k} \quad \text{in } G, \qquad u = h \ \text{ auf } \Gamma_1 \, , \tag{6.8}$$

und es sei $v, v_1, \ldots, v_N$ Lösung der Randwertaufgabe

$$\frac{d}{dx_k} F_{v_k} \quad F_v = 0 \ \text{ in } G \, , \qquad F_{v_k} n_k = 0 \ \text{ auf } \Gamma_2 \, . \tag{6.9}$$

Dann wird der Integrand im letzten Integral in (6.7) ein Divergenzausdruck, nämlich

$$F_v u + F_{v_k} u_k = \frac{d}{dx_k} (F_{v_k} u) \, .$$

Anwendung des Gaußschen Integralsatzes liefert daher wegen $u = h$ auf Γ_1 und $F_{v_k} n_k = 0$ auf Γ_2

$$\int_G (F_v u + F_{v_k} u_k) \, dx = \int_{\Gamma_1} (F_{v_k} n_k) \, h \, dS \, .$$

Damit ergibt sich aus (6.7) insgesamt

$$J(u) \geq \int_G (F - v F_v - F_{v_k} v_k) \, dx + \int_{\Gamma_1} (F_{v_k} n_k) \, h \, dS \, . \tag{6.10}$$

Hierin darf man speziell $u = \overline{u}$ einsetzen sowie auch $v = \overline{u}$, $v_j = \partial \overline{u}/\partial x_j$, da $\overline{u}$ einerseits der wesentlichen Randbedingung (6.2) sowie andererseits der Differentialgleichung (6.3) sowie der natürlichen Randbedingung (6.4) genügt. Damit folgt

Satz 6.1 (P r i n z i p v o n F r i e d r i c h s) *Es ist*

$$\min_u J(u) = J(\overline{u}) = \max_{(v,v')} \left\{ \int_G (F - v F_v - v_k F_{v_k}) \, dx + \int_{\Gamma_1} (F_{v_k} n_k) \, h \, dS \right\} \, ,$$

wobei u *der Randbedingung* (6.2) *und die* v, $v_1, \ldots, v_N$ *der Bedingung* (6.9) *unterworfen sind.*

Das Resultat läßt sich auch leicht auf den allgemeineren Fall übertragen, der darin besteht, daß (6.2) ersetzt wird durch die Bedingung

$$u \geq h \quad \text{auf } \Gamma_1 \, . \tag{6.2}'$$

Unter der Voraussetzung, daß das Extremalproblem (6.1), (6.2)' eine Lösung $\overline{u} \in C^1(\overline{G}) \cap C^2(G)$ besitzt, erhält man dann mit dem Ansatz $u = \overline{u} + \epsilon v$, $v = 0$ auf Γ_1, zunächst genau wie oben die Eulersche Differentialgleichung (6.3) sowie die natürliche Randbedingung (6.4). Diesmal ist aber auch die Schar von Vergleichsfunktionen $u = \overline{u} + \epsilon v$ mit $v \geq 0$ auf Γ_1, $\epsilon \geq 0$ zulässig. Für eine solche Schar ergibt sich dann aus

$$\frac{d \, J(\overline{u} + \epsilon v)}{d\epsilon} \Big|_{\epsilon=0} \geq 0$$

zusätzlich noch als notwendige Bedingung

$$\int_{\Gamma_1} (F_{u_k} n_k) \, v \, dS \geq 0$$

und damit auch

$$F_{u_k} n_k \geq 0 \quad \text{auf } \Gamma_1 \, .$$

Es seien nun $u, u_1, \ldots, u_N$ Funktionen mit

$$u_k = \frac{\partial u}{\partial x_k} \quad \text{in } G, \qquad u \geqslant h \quad \text{auf } \Gamma_1 \; .$$

Ferner seien $v, v_1, \ldots, v_N$ Funktionen, die den Gleichungen (6.9) sowie der zusätzlichen natürlichen Randbedingung

$$F_{v_k} n_k \geqslant 0 \quad \text{auf } \Gamma_1 \tag{6.9}'$$

genügen. Dann ist

$$\int\limits_G (F_v u + F_{v_k} u_k)\, ds = \int\limits_{\Gamma_1} (F_{v_k} n_k)\, u \, dS \geqslant \int\limits_{\Gamma_1} (F_{v_k} n_k)\, h \, dS \; ,$$

und man erhält wieder aus (6.7) die Ungleichung (6.10) und damit wieder ein Paar komplementärer Extremalprobleme.

Im allgemeinen ist die Randwertaufgabe (6.9), der die zulässigen Funktionen $v, v_1, \ldots,$ v_N des komplementären Extremalproblems genügen müssen, nicht linear. Man kann aber (6.9) in eine lineare Randwertaufgabe überführen mit Hilfe der Friedrichsschen Transformation

$$p = F_v , \qquad p_k = F_{v_k} \; . \tag{6.11}$$

Man erhält dann aus (6.9)

$$\frac{d}{dx_k} p_k - p = 0 \quad \text{in } G , \qquad p_k n_k = 0 \quad \text{auf } \Gamma_2 \; , \tag{6.12}$$

sowie im Falle der Randbedingung $(6.2)'$ zusätzlich aus $(6.9)'$ die Bedingung

$$p_k n_k \geqslant 0 \quad \text{auf } \Gamma_1 \; . \tag{6.12}'$$

Wir wollen nun annehmen, daß die Transformation (6.11) umkehrbar ist. Dann kann man zunächst die $v, v_1, \ldots, v_N$ und anschließend auch $F(x, v, v')$ durch die $2N + 1$ Variablen x, p, p' ausdrücken.

Die Umkehrung der Transformation (6.11) ist jedenfalls dann (lokal) möglich, wenn die Determinante der zugehörigen Funktionalmatrix von Null verschieden ist. Diese Funktionalmatrix ist aber gerade diejenige, mit der die quadratische Form in (6.5) gebildet ist.

Unter der Voraussetzung der Umkehrbarkeit der Transformation erhält man dann in den neuen Variablen x, p, p' den Satz 6.1 in folgender Fassung:

Korollar. Es ist

$$\min_{u} J(u) = J(\bar{u}) = \max_{(p,p')} \left\{ \int\limits_G (F - vp - v_k p_k)\, dx + \int\limits_{\Gamma_1} (p_k n_k)\, h \, dS \right\} \; .$$

Dabei sind die zulässigen Funktionen u der Bedingung (6.2) bzw. $(6.2)'$ unterworfen, während die Funktionen p und p' den linearen Bedingungsgleichungen (6.12) bzw. (6.12) zusammen mit $(6.12)'$ genügen müssen.

6.1.2 Nichtlineare elastische Verformung

Die in Abschn. 6.1.1 beschriebene Methode zur Gewinnung komplementärer Extremalprobleme läßt sich auch auf Probleme mit mehreren gesuchten Funktionen übertragen. Dies soll am Beispiel der nichtlinearen elastischen Verformung erläutert werden.

Wir betrachten einen elastisch deformierbaren Körper, der im nicht deformierten Zustand das Gebiet $G \subset \mathbf{R}^3$ einnehme. Sind $x = (x_1, x_2, x_3)$ die Koordinaten eines Massenpunktes im nicht deformierten Zustand und ist $u = (u_1, u_2, u_3)$ der Vektor der Verschiebung bei elastischer Deformation, so ist die neue Lage des Massenpunktes gegeben durch $y = (y_1, y_2, y_3)$ mit

$$y_i = x_i + u_i(x_1, x_2, x_3) \qquad (i = 1, 2, 3) \, .$$

Partielles Differenzieren ergibt $y_{i,j} = \delta_{ij} + u_{i,j}$ sowie

$$y_{i,j} y_{i,k} = \delta_{jk} + 2\,\gamma_{jk} \qquad \text{mit } \gamma_{jk} = \frac{1}{2}\,(u_{j,k} + u_{k,j} + u_{i,j} u_{i,k}) \, .$$

(Summation über i von 1 bis 3). Im Rahmen der linearen Elastizitätstheorie ersetzt man die V e r z e r r u n g e n γ_{jk} durch die in den $u_{j,k}$ linearen Ausdrücke $e_{jk} = (u_{j,k} + u_{k,j})/2$. Außerdem legt man in der linearen Elastizitätstheorie einen linearen Zusammenhang (Hookesches Gesetz) zwischen den Verzerrungen und den Spannungen zugrunde.

Wir betrachten jetzt allgemeiner das Problem der nichtlinearen elastischen Verformung unter der Voraussetzung, daß sich die potentielle Energie einer elastischen Verformung mit Hilfe einer E n e r g i e d i c h t e f u n k t i o n beschreiben läßt. Damit ist folgendes gemeint: Es gebe eine Funktion W in den neun Variablen u_{jk}, $(j, k = 1, 2, 3)$, mit deren Hilfe sich die potentielle Energie einer elastischen Verformung $u = (u_1, u_2, u_3)$ in der Gestalt

$$J(u) = \int\limits_G W(u_{j,k})\,dx \; - \int\limits_G f_i u_i dx \; - \int\limits_{\Gamma_2} g_i u_i dS$$

schreiben läßt. Hierin bezeichnet wie früher $f = (f_1, f_2, f_3)$ eine Kraftdichte (Volumenkraft) in G und $g = (g_1, g_2, g_3)$ eine Kraftdichte (Flächenkraft) auf dem Teil Γ_2 des Randes ∂G. Außerdem wird folgende Notation benutzt: $W(u_{jk})$ bedeutet, daß W als Funktion der Variablen $u_{11}, \ldots, u_{33}$ aufgefaßt wird, und $W(u_{j,k})$ bedeutet, daß für die u_{jk} speziell die Größen $u_{j,k}$ eingesetzt werden.

Von der Energiedichtefunktion wird vorausgesetzt, daß sie partielle Ableitungen nach den Variablen u_{jk} bis zur zweiten Ordnung besitzt und daß die quadratische Form

$$Q(\xi) = \frac{\partial^2 W}{\partial u_{rs} \partial u_{mn}}\, \xi_{rs} \xi_{mn} \, , \qquad (\xi_{11}, \ldots, \xi_{33}) \in \mathbf{R}^9$$

überall positiv definit ist. Man erhält dann, indem man W bezüglich der u_{jk} an der Stelle v_{jk} nach Taylor entwickelt,

$$W(u_{jk}) \geqslant W(v_{jk}) + \frac{\partial W}{\partial v_{rs}}\,(u_{rs} - v_{rs})\,. \tag{6.13}$$

Es seien nun u_{jk} und v_{jk} Funktionen von $x = (x_1, x_2, x_3)$ mit folgenden Eigenschaften: Die u_{jk} ergeben sich aus Verschiebungen $u = (u_1, u_2, u_3)$ mit gegebenen Werten auf $\Gamma_1 = \partial G - \Gamma_2$, d. h., es ist

$$u_{jk} = u_{j,k} \quad \text{in } G\,, \qquad u_j = h_j \quad \text{auf } \Gamma_1\,, \tag{6.14}$$

und die v_{jk} genügen den sog. Gleichgewichtsbedingungen

$$-\frac{d}{dx_s}\left(\frac{\partial W}{\partial v_{rs}}\right) = f_r \quad \text{in } G\,, \qquad \frac{\partial W}{\partial v_{rs}}\,n_s = g_r \quad \text{auf } \Gamma_2\,. \tag{6.15}$$

Aus (6.13) folgt dann zunächst

$$\int_G W(u_{j,k})\,dx \geqslant \int_G \left(W(v_{jk}) - v_{rs}\,\frac{\partial W}{\partial v_{rs}}\right)dx \;+\; \int_G \frac{\partial W}{\partial v_{rs}}\,u_{r,s}\,dx\,.$$

Umformung des letzten Integrals mittels partieller Integration unter Benutzung von (6.14) und (6.15) ergibt weiter

$$J(u) \geqslant \int_G \left(W(v_{jk}) - v_{rs}\,\frac{\partial W}{\partial v_{rs}}\right)dx \;+\; \int_{\Gamma_1} \left(\frac{\partial W}{\partial v_{rs}}\,n_s\right)h_r\,dS\,.$$

Auf der linken Seite steht die potentielle Energie $J(u)$ der Verschiebung $u = (u_1, u_2, u_3)$, auf der rechten Seite (bis auf das Vorzeichen) ein Ausdruck, der als k o m p l e m e n - t ä r e E n e r g i e W_c bezeichnet wird, und der mit beliebigen v_{jk} gebildet werden darf, die den Gleichgewichtsbedingungen (6.15) genügen.

Der Gleichgewichtszustand $\overline{u} = (u_1, u_2, u_3)$ minimiert das Funktional $J(u)$ unter der Bedingung $u_j = h_j$ auf Γ_1, und für $v_{jk} = \overline{u}_{j,k}$ wird das Funktional der (negativen) komplementären Energie unter der Bedingung (6.15) maximiert:

$$\min_u J(u) = J(\overline{u}) = \max_{v_{jk}} (-W_c(v_{jk}))\,.$$

Wenn die Energiedichtefunktion ein quadratisches Polynom in den v_{jk} ist, dann sind die Gleichgewichtsbedingungen (6.15) lineare Gleichungen in den v_{jk}. Wenn jedoch W eine nichtlineare Funktion allgemeinerer Art ist, dann stellt (6.15) drei nichtlineare Differentialgleichungen mit drei nichtlinearen Randbedingungen dar.

Führt man nun neue Variable D_{kj} mit Hilfe der Transformation

$$D_{sr} = \frac{\partial W}{\partial v_{rs}} \tag{6.16}$$

ein, so gehen die nichtlinearen Bedingungen (6.15) über in die linearen Bedingungen

$$-\frac{d}{dx_s}\, D_{sr} = f_r \quad \text{in } G\,, \qquad D_{sr}n_s = g_r \quad \text{auf } \Gamma_2\,.$$

Die D_{sr} sind die Komponenten eines (im allgemeinen nicht symmetrischen) Tensors, der in der Mechanik als P i o l a s c h e r oder auch L a g r a n g e s c h e r   T e n s o r bekannt ist. Im Sinne von Abschn. 6.1.1 ist (6.16) einfach die Friedrichssche Transformation.

Der Übergang zu den neuen Größen D_{sr} bietet zwar den Vorteil, daß die Gleichgewichtsbedingungen linear werden. Von Nutzen ist dies aber nur dann, wenn man die Transformation (6.16) umkehren und damit die komplementäre Energie durch die D_{sr} ausdrücken kann. Für einen Sonderfall nichtlinearer elastischer Körper ist dies in der Tat möglich, nämlich für den Fall der sogen. semilinearen isotropen Körper. Näheres hierüber findet man etwa bei K o i t e r [1] im Anschluß an Z u b o v [1]. Man siehe auch die Arbeit von F r a e i j s d e V e u b e k e [1], auf die bei K o i t e r verwiesen wird.

6.2 Nichtlineare Randwertaufgaben

In diesem Abschnitt betrachten wir einen speziellen Typ von nichtlinearen Randwertaufgaben, für den man erstens ähnlich wie früher einen einfachen Existenz- und Eindeutigkeitssatz aussprechen kann, und für den man zweitens — ebenfalls ähnlich wie früher — eine Normabschätzung des Fehlers einer Näherungslösung gewinnen kann. In Sonderfällen ergibt sich im Anschluß daran sogar eine Abschätzung des Fehlers dem Betrage nach. Es handelt sich dabei um einen Typ von Randwertaufgaben, zu denen Extremalprobleme der Gestalt

$$J(u) = a(u, u) + 2\,F(u) \;\rightarrow\; \min\,, \qquad u - u_0 \in U$$

gehören, wobei $a(\ ,\ )$ wie früher eine symmetrische Bilinearform ist und $F(\ )$ ein k o n v e x e s Funktional.

6.2.1 Problemstellung

Wie in Abschn. 2.2.1 werden ein linearer Raum E sowie ein linearer Unterraum $U \subset E$ zugrunde gelegt. $a(\ ,\ ) : E \times E \rightarrow \mathbf{R}$ sei eine symmetrische Bilinearform mit

$$a(u, u) \geqslant 0 \qquad \forall u \in E \tag{6.17}$$

$$a(u, u) > 0 \qquad \forall u \in U, u \neq 0\,. \tag{6.18}$$

Wir führen wieder die Energienorm $|\,u\,| = a(u, u)^{1/2}$ ein. Weiter sei $u_0 \in E$ ein gegebenes Element, und es sei $F(\ ) : E \rightarrow \mathbf{R}$ ein Funktional mit folgenden Eigenschaften:
Das Funktional $F(\ )$ sei auf der linearen Mannigfaltigkeit $u_0 + U$ k o n v e x, das heißt, für beliebige u und v aus $u_0 + U$ sei

$$F((1 - t)u + tv) \leqslant (1 - t)F(u) + tF(v) \qquad \forall t \in [0, 1]\,. \tag{6.19}$$

Außerdem sei $F(\ )$ auf $u_0 + U$ nach unten beschränkt, d. h., es gebe ein $\alpha \in \mathbf{R}$, so daß

$$F(u) \geqslant \alpha \qquad \forall\, u \in u_0 + U\,. \tag{6.20}$$

Das Energiefunktional $|\, u\, |^2 = a(u, u)$ ist ebenfalls ein konvexes Funktional, und zwar in ganz E. Auf der linearen Mannigfaltigkeit $u_0 + U$ ist es sogar s t r e n g k o n v e x, das heißt, für u und v aus $u_0 + U$ mit $u \neq v$ ist

$$|\,(1 - t)u + tv\,|^2 \;<\; (1 - t)\,|\,u\,|^2 + t\,|\,v\,|^2 \qquad \forall\, t \in (0, 1)\,. \tag{6.21}$$

Setzt man nämlich

$$p(t) = |\,(1 - t)u + tv\,|^2 - (1 - t)\,|\,u\,|^2 - t\,|\,v\,|^2\,,$$

so ist p ein quadratisches Polynom in t mit folgenden Eigenschaften: Es ist $p(0) = p(1) = 0$, und der Koeffizient von t^2 lautet $|\,v - u\,|^2 \geqslant 0$. Also ist in jedem Fall $p(t) \leqslant 0$ für $0 \leqslant t \leqslant 1$. Für $u, v \in u_0 + U$, $u \neq v$, ist aber wegen $v - u \in U$ sogar $|\,v - u\,|^2 > 0$ und somit $p(t) < 0$ für $0 < t < 1$. Daher ist auch das Funktional

$$J(u) = a(u, u) + 2\,F(u) \tag{6.22}$$

in $u_0 + U$ streng konvex. Daraus folgt zunächst: Das Extremalproblem

$$J(u) \;\to\; \min\,, \qquad u - u_0 \in U$$

hat höchstens eine Lösung.

Gäbe es nämlich zwei Lösungen u und v mit $J(u) = J(v) = d$, so hätte man aufgrund der strengen Konvexität für $0 < t < 1$ sogar

$$J((1 - t)u + tv) < (1 - t)d + td = d\,,$$

im Widerspruch zur Annahme, daß d das Minimum ist.

Wir wollen jetzt zusätzlich voraussetzen, daß das Funktional $F(\ )$ in $u_0 + U$ im Sinne von G a t e a u x differenzierbar ist. Das heißt, zu jedem $u \in u_0 + U$ gebe es ein lineares Funktional $F_u(\ ) : E \to \mathbf{R}$ mit

$$\lim_{t \to 0} \frac{F(u + tv) - F(v)}{t} = F_u(v) \qquad \forall\, v \in E\,. \tag{6.23}$$

$F_u(\ )$ heißt auch Gradient von $F(\ )$ an der Stelle u. Schreibt man (6.19) für $0 < t < 1$ in der Form

$$\frac{1}{t}\,\{F(u + t\,(v - u)) - F(u)\} \;\leqslant\; F(v) - F(u)\,,$$

so folgt daraus nach (6.23) sogleich auch

$$F_u(v - u) \;\leqslant\; F(v) - F(u) \qquad \forall\, u, v \in E\,. \tag{6.24}$$

Satz 6.2 *Die Voraussetzungen (6.17) bis (6.20) seien erfüllt, und* $F(\ )$ *sei in* $u_0 + U$ *differenzierbar im angegebenen Sinn. Dann ist die Extremalaufgabe*

$$J(u) = a(u, u) + 2\,F(u) \to \min, \qquad u - u_0 \in U \tag{6.25}$$

äquivalent mit der Gleichung

$$a(u, \varphi) + F_u(\varphi) = 0 \qquad \forall\, \varphi \in U \tag{6.26}$$

(V a r i a t i o n s g l e i c h u n g). *Die beiden Aufgaben besitzen höchstens eine Lösung.*

B e w e i s . Es sei zunächst $\bar{u}$ eine Lösung von (6.25). Mit beliebig aber fest gewähltem $\varphi \in U$ ist dann

$$J(\bar{u} + t\varphi) \geqslant J(\bar{u}) \qquad \forall\, t \in \mathbf{R}\,.$$

Für $t > 0$ ist dann auch

$$\frac{1}{t}\,\{J(\bar{u} + t\varphi) - J(\bar{u})\} = 2\,a(\bar{u}, \varphi) + 2\left\{\frac{F(\bar{u} + t\varphi) - F(\bar{u})}{t}\right\} + t\,|\,\varphi\,|^2 \geqslant 0\,.$$

Für $t \to 0$ folgt $a(\bar{u}, \varphi) + F_{\bar{u}}(\varphi) \geqslant 0$. Dies gilt ebenso für $-\varphi$ anstelle von φ. Daraus folgt (6.26). Ist umgekehrt $\bar{u}$ eine Lösung von (6.26), so ist wegen (6.24)

$$J(\bar{u} + \varphi) - J(\bar{u}) = 2\,a(\bar{u}, \varphi) + 2\,F(\bar{u} + \varphi) - 2\,F(\bar{u}) + |\,\varphi\,|^2$$
$$\geqslant 2\,\{a(\bar{u}, \varphi) + F_{\bar{u}}(\varphi)\} + |\,\varphi\,|^2 = |\,\varphi\,|^2\,.$$

Also ist $J(\bar{u} + \varphi) > J(\bar{u})$ für $\varphi \neq 0$, woraus auch noch einmal die Eindeutigkeit der Lösung $\bar{u}$ folgt. $\qquad\qquad\square$

Wir wollen nun einige einfache Beispiele betrachten und wählen dazu Randwertaufgaben für quasilineare Differentialgleichungen der Gestalt

$$\Delta\Delta u + f(u) = 0 \quad \text{bzw.} \quad -\Delta u + f(u) = 0$$

in einem beschränkten Gebiet G. Randwertaufgaben für eine Gleichung $-\Delta u + f(u) = 0$ treten beispielsweise in der Theorie chemischer Reaktionen auf. Man siehe hierzu etwa S t r i e d e r und A r i s [1].

Beispiel 6.1 Es sei $G \subset \mathbf{R}^N$ mit $N = 2$ oder $N = 3$, und es sei $E = H^2(G)$, $U = H_0^2(G)$. Das Problem

$$J(u) = \int_G (\Delta u)^2 dx + 2 \int_G e^u dx \to \min, \qquad u \in H_0^2(G)$$

ist sinnvoll gestellt, denn nach dem Lemma von Sobolew ist jede Funktion $u \in H^2(G)$ einer Funktion aus $C(\bar{G})$ äquivalent. Also sind

$$F(u) = \int_G e^u dx\,, \qquad F_u(v) = \int_G e^u v\, dx$$

definiert. F( ) ist konvex und nach unten beschränkt. Die Variationsgleichung (6.26) ist eine schwache Form der Randwertaufgabe

$$\Delta\Delta u + e^u = 0 \quad \text{in } G, \qquad u = \frac{\partial u}{\partial n} = 0 \quad \text{auf } \partial G.$$

Beispiel 6.2 Es sei $G \subset \mathbf{R}^N$ mit $N = 2$ oder $N = 3$, und es sei $E = H^1(G)$, $U = H_0^1(G)$. Das Problem

$$J(u) = \int\limits_G |\text{grad } u|^2\, dx + 2 \int\limits_G \frac{1}{q}\, u^q\, dx \;\to\; \min, \qquad u \in H_0^1(G)$$

mit geradem $q \geq 2$ ist unter folgenden Voraussetzungen sinnvoll gestellt: Im Fall $N = 2$ für alle $q \geq 2$, und im Fall $N = 3$ wenigstens für $q \leq 6$. Jede Funktion $u \in H^1(G)$ ist nämlich einer Funktion aus $L_q(G)$ äquivalent, und zwar bei $N = 2$ für alle $q \geq 1$, und bei $N = 3$ wenigstens für $1 \leq q \leq 6$ (vgl. N e č a s [1], Theorem 3.5 und 3.6). Für diese q sind dann die Funktionale

$$F(u) = \int\limits_G \frac{1}{q}\, u^q\, dx, \qquad F_u(v) = \int\limits_G u^{q-1} v\, dx$$

für $u, v \in H^1(G)$ definiert. F( ) ist für gerades $q \geq 2$ konvex und nach unten beschränkt. Die Variationsgleichung (6.26) ist eine schwache Form der Randwertaufgabe

$$-\Delta u + u^{q-1} = 0 \quad \text{in } G, \qquad u = 0 \quad \text{auf } \partial G.$$

Beispiel 6.3 Es sei $G \subset \mathbf{R}^N$ mit $N = 2$ oder $N = 3$ ein Gebiet, dessen Rand aus zwei Anteilen Γ_1 und $\Gamma_2 = \partial G - \Gamma_1$ bestehe. Es sei $E = H^1(G)$, $U = \{u \in H^1(G) \mid u = 0$ auf $\Gamma_1\}$. Das Problem

$$J(u) = \int\limits_G |\text{grad } u|^2\, dx + 2 \int\limits_{\Gamma_2} \frac{1}{q}\, u^q\, dS \;\to\; \min, \qquad u \in U$$

mit geradem $q \geq 2$ ist für folgende Exponenten q sinnvoll gestellt: Im Fall $N = 2$ für alle $q \geq 2$, und im Fall $N = 3$ wenigstens für $q \leq 4$. Die Einschränkung einer Funktion $u \in H^1(G)$ auf den Rand ∂G ist nämlich einer Funktion aus $L_q(\partial G)$ äquivalent, und zwar bei $N = 2$ für alle $q \geq 1$ (vgl. N e č a s [1], Theorem 4.6), und bei $N = 3$ wenigstens für $1 \leq q \leq 4$ (vgl. N e č a s [1], Seite 84, Theorem 4.2). Für diese q sind dann die Funktionale

$$F(u) = \int\limits_{\Gamma_2} \frac{1}{q}\, u^q\, dS, \qquad F_u(v) = \int\limits_{\Gamma_2} u^{q-1} v\, dS$$

für $u, v \in H^1(G)$ definiert. F( ) ist für gerades $q \geq 2$ konvex und nach unten beschränkt. Die Variationsgleichung (6.26) ist eine schwache Form der Randwertaufgabe

$$\Delta u = 0 \quad \text{in } G, \qquad u = 0 \quad \text{auf } \Gamma_1, \qquad \frac{\partial u}{\partial n} + u^{q-1} = 0 \quad \text{auf } \Gamma_2.$$

B e m e r k u n g. Zu der Randwertaufgabe im $\mathbf{R}^3$

$$-\Delta u + e^u = 0 \quad \text{in } G, \qquad u = 0 \quad \text{auf } \partial G$$

gehört (jedenfalls formal) das Extremalproblem

$$J(u) = \int_G |\operatorname{grad} u|^2 \, dx + 2 \int_G e^u \, dx \to \min, \qquad u|_{\partial G} = 0.$$

Da e^t stärker wächst als jede Potenz von t, ist für eine Funktion $u \in H^1(G)$ das Integral $F(u) = \int_G e^u dx$ im allgemeinen nicht definiert. Bei derartigen Problemen kommt man mit L_q-Räumen nicht mehr aus, sondern muß sog. O r l i c z – R ä u m e heranziehen. Wir wollen hierauf nicht näher eingehen. Die noch herzuleitenden komplementären Extremalprobleme und Normabschätzungen lassen sich auch auf solche Probleme anwenden, wenn man unterstellt, daß die Lösung in $H^1(G) \cap C(\overline{G})$ liegt.

6.2.2 Ein Existenzsatz

In diesem Abschnitt soll ein einfacher Existenzsatz angegeben werden, der auf die Beispiele 6.1 bis 6.3 anwendbar ist. Wir setzen voraus:

(a) Es seien (6.17) bis (6.20) erfüllt.

(b) Der Unterraum U (und damit auch die lineare Mannigfaltigkeit $u_0 + U$) sei in Energienorm abgeschlossen.

(c) Das Funktional F ( ) sei in $u_0 + U$ stetig bezüglich Konvergenz in Energienorm.

Satz 6.3 *Unter den Voraussetzungen* (a) *bis* (c) *besitzt die Extremalaufgabe*

$$J(u) = a(u, u) + 2\,F(u) \to \min, \quad u - u_0 \in U$$

eine eindeutig bestimmte Lösung $\overline{u}$. *Jede Minimalfolge konvergiert in Energienorm gegen* $\overline{u}$.

B e w e i s. Die Eindeutigkeit der Lösung wurde schon gezeigt. Es sei nun $u_1, u_2, \ldots$ eine Minimalfolge aus $u_0 + U$,

$$J(u_1) \geqslant J(u_2) \geqslant \ldots \geqslant d, \qquad \lim_{n \to \infty} J(u_n) = d.$$

Addiert man zur Parallelogrammgleichung

$$|u_m|^2 + |u_n|^2 = \frac{1}{2}|u_m - u_n|^2 + \frac{1}{2}|u_m + u_n|^2$$

auf beiden Seiten $2\,F(u_m) + 2\,F(u_n)$ und benutzt auf der rechten Seite die aus (6.19) mit $t = 1/2$ folgende Ungleichung

$$2\,(F(u_m) + F(u_n)) \geqslant 4\,F\!\left(\frac{u_m + u_n}{2}\right),$$

dann erhält man

$$J(u_m) + J(u_n) \geqslant \frac{1}{2} \, |\, u_m - u_n \,|^2 + 2\,d\;.$$

Für $m \to \infty$, $n \to \infty$ geht auch die linke Seite gegen $2\,d$, d. h., die Minimalfolge ist notwendig eine Cauchyfolge:

$$|\, u_m - u_n \,|^2 \to 0 \qquad \text{für } m \to \infty, n \to \infty\;.$$

Sie besitzt einen Limes $\overline{u} \in u_0 + U$. Aus der Normkonvergenz $|\, u_n - \overline{u} \,| \to 0$ für $n \to \infty$ folgt dann auch $|\, u_n \,| \to |\, \overline{u} \,|$ und $F(u_n) \to F(\overline{u})$, d. h. insgesamt

$$d = \lim_{n \to \infty} J(u_n) = J(\overline{u})\;.$$

B e m e r k u n g. In den Beispielen 6.1 bis 6.3 ist $F(\;)$ jeweils ein stetiges Funktional. Dies folgt aus der Äquivalenz der Normen $\|\;\|_2$ bzw. $\|\;\|_1$ mit der jeweiligen Energienorm, zusammen mit der Tatsache, daß $H_0^2(G)$ in $C(\overline{G})$ sowie $H^1(G)$ in $L_q(G)$ für die angegebenen q stetig eingebettet ist (vgl. N e č a s [1], Seite 72), und daß mit geeignetem c die Ungleichung

$$\|\, u\, \|_{L_q(\partial G)} \leqslant c \, \|\, u \,\|_1 \qquad \forall\, u \in H^1(G)$$

besteht (vgl. N e č a s [1], S. 84).

6.2.3 Komplementäre Extremalprobleme

In diesem Abschnitt wollen wir für Probleme von dem in Abschn. 6.2.1 betrachteten Typ ein komplementäres Extremalproblem herleiten, das dem Extremalprinzip von Friedrichs entspricht. Dort wurde benutzt, daß in der Taylorentwicklung des Integranden die mit den zweiten Ableitungen gebildete quadratische Form nicht negativ ist. Jetzt benutzen wir statt dessen die Konvexität des Funktionals $F(\;)$.

Es sei $a(\;,\;) : E \times E \to \mathbf{R}$ eine symmetrische Bilinearform mit den Eigenschaften (6.17) und (6.18). Das Funktional $F(\;)$ sei wieder auf $u_0 + U$ nach unten beschränkt. Außerdem setzen wir voraus, daß $F(\;)$ sogar in ganz E ein konvexes Funktional ist und ein Differential $F_u(\;)$ besitzt. Dann ist also

$$|\, u - v \,|^2 = |\, u \,|^2 - 2\,a(v, u) + |\, v \,|^2 \geqslant 0 \qquad \forall\, u, v \in E$$

sowie $\quad F(u) - F(v) \geqslant F_v(u - v) \qquad \forall\, u, v \in E\,,$

wobei $F_v(\;)$ ein lineares Funktional $E \to \mathbf{R}$ ist. Man erhält daraus

$$J(u) = |\, u \,|^2 + 2\,F(u) \geqslant -\,|\, v \,|^2 + 2\,F(v) + 2\,\{a(v, u) + F_v(u - v)\}\;.$$

Es sei nun $u - u_0 \in U$, und es sei $v \in E$ eine beliebige Lösung der Variationsgleichung

$$a(v, \varphi) + F_v(\varphi) = 0 \qquad \forall\, \varphi \in U\;. \tag{6.27}$$

Mit $\varphi = u - u_0$ erhält man dann

$$J(u) \geqslant - |v|^2 + 2 \{F(v) - F_v(v) + a(v, u_0) + F_v(u_0)\} \, .$$

Die Ungleichung ist speziell mit $u = \overline{u}$ bzw. $v = \overline{u}$ gültig.

Daraus erhält man sogleich

Satz 6.4 *Es ist*

$$\min_{u - u_0 \in U} J(u) = J(\overline{u}) = \max_v K(v) \, . \tag{6.28}$$

Dabei ist

$$K(v) = - |v|^2 + 2 \{F(v) - F_v(v) + a(v, u_0) + F_v(u_0)\} \, ,$$

und es sind alle $v \in E$ *zur Konkurrenz zugelassen, die der Variationsgleichung* (6.27) *genügen. Minimum und Maximum werden angenommen für* $u = v = \overline{u}$.

Man kann nun auch eine Normabschätzung für den Fehler $u - \overline{u}$ bzw. $v - \overline{u}$ angeben, die der Abschätzung nach der Hyperkreismethode bei linearen Randwertaufgaben analog ist.

Satz 6.5 *Es sei* u *ein Element mit* $u - u_0 \in U$, *und es sei* $v \in E$ *eine Lösung der Variationsgleichung* (6.27). *Dann ist*

$$|u - \overline{u}|^2 \leqslant J(u) - J(\overline{u}) \tag{6.29}$$

$$|v - \overline{u}|^2 \leqslant J(\overline{u}) - K(v) \tag{6.30}$$

sowie $\quad 4 \, |\frac{u + v}{2} - \overline{u}|^2 \leqslant 2 \, (J(u) - K(v)) - |u - v|^2 \, . \tag{6.31}$

B e w e i s. Zunächst ist

$$|u - \overline{u}|^2 \leqslant |u - \overline{u}|^2 + 2 \{F(u) - F(\overline{u}) - F_{\overline{u}}(u - \overline{u})\}$$
$$= J(u) - J(\overline{u}) - 2 \{a(\overline{u}, u - \overline{u}) + F_{\overline{u}}(u - \overline{u})\} \, .$$

Die Klammer hat den Wert Null, da $u - \overline{u} \in U$ ist, und da $\overline{u}$ Lösung von (6.27) ist. Analog erhält man

$$|v - \overline{u}|^2 \leqslant |v - \overline{u}|^2 + 2 \{F(\overline{u}) - F(v) - F_v(\overline{u} - v)\}$$
$$= J(\overline{u}) - K(v) - 2 \{a(v, \overline{u} - u_0) + F_v(\overline{u} - u_0)\} \, .$$

Die Klammer hat den Wert Null, da $\overline{u} - u_0 \in U$ ist, und da v eine Lösung der Variationsgleichung (6.27) ist. Damit hat man zunächst (6.29) und (6.30) erhalten. Weiter ist nun

$$|u + v - 2\overline{u}|^2 + |u - v|^2 = |(u - \overline{u}) + (v - \overline{u})|^2 + |(u - \overline{u}) - (v - \overline{u})|^2$$
$$= 2 \, |u - \overline{u}|^2 + 2 \, |v - \overline{u}|^2 \, .$$

Anwendung von (6.29) und (6.30) ergibt (6.31).　　　　　　　　　　　　　　　$\square$

Es sei nun E', $(\ ,\ )$, $\|\ \|$ ein zweiter linearer Raum. Dabei genügt es, daß $(\ ,\ )$ ein semidefinites inneres Produkt ist und $\|\ \|$ dementsprechend eine Halbnorm ist. Weiter sei $T : E \to E'$ ein linearer Operator mit der Eigenschaft

$$a(u, v) = (Tu, Tv) \qquad \forall\, u, v \in E \,. \tag{6.32}$$

Benutzt man diesmal die Ungleichung

$$\| u' - v' \|^2 = \| u' \|^2 - 2\,(v', u') + \| v' \|^2 \geqslant 0$$

und ersetzt man (6.27) durch die Gleichung

$$(v', T\varphi) + F_v(\varphi) = 0 \qquad \forall\, \varphi \in U \,, \tag{6.33}$$

so erhält man ganz analog folgendes Resultat:

Satz 6.6 *Es ist*

$$\min_{u - u_0 \in U} J(u) = J(\overline{u}) = \max_{v', v} K'(v', v) \,. \tag{6.34}$$

Dabei ist

$$K'(v', v) = -\| v' \|^2 + 2\,\{F(v) - F_v(v) + a(v, u_0) + F_v(u_0)\} \,,$$

und es sind alle Paare $v' \in E'$, $v \in E$ zur Konkurrenz zugelassen, die der Gleichung (6.33) genügen.

Satz 6.7 *Es sei u ein Element mit $u - u_0 \in U$, und es sei $v' \in E'$, $v \in E$ ein Paar von Funktionen, das der Gleichung (6.33) genügt. Dann ist*

$$\| Tu - T\overline{u} \|^2 \leqslant J(u) - J(\overline{u})$$

$$\| v' - T\overline{u} \|^2 \leqslant J(\overline{u}) - K'(v', v)$$

sowie $\quad 4 \left\| \dfrac{Tu + v'}{2} - T\overline{u} \right\|^2 \leqslant 2\,(J(u) - K'(v', v)) - \| Tu - v' \|^2 \,.$

Wir wollen diese Sätze noch an einigen Beispielen verdeutlichen und jeweils $K(v)$ bzw. $K'(v', v)$ angeben.

Zu Beispiel 6.1. Mit $E' = L_2(G)$, $Tu = \Delta u$ erhält man wegen $u_0 = 0$

$$K'(v', v) = -\int_G (v')^2 \, dx + 2 \int_G (e^v - v e^v) \, dx \,.$$

Die Gleichung (6.33) ist eine schwache Form der Differentialgleichung

$$\Delta v' + e^v = 0 \quad \text{in } G$$

ohne Randbedingungen. Gibt man sich ein v' mit $-\Delta v' > 0$ vor, so läßt sich v in der Form $v = \ln(-\Delta v')$ berechnen.

Z u B e i s p i e l 6.2. Mit $E' = (L_2(G))^N$, $v' = (v_1, \ldots, v_N)$ und $Tu = \text{grad } u$ erhält man wegen $u_0 = 0$

$$K'(v', v) = -\int\limits_G |v'|^2 dx + 2 \int\limits_G \left(\frac{1}{q} v^q - v^q \right) dx \, .$$

Die Gleichung (6.33) ist eine schwache Form der Differentialgleichung

$$-\text{div } v' + v^{q-1} = 0 \quad \text{in } G$$

ohne Randbedingungen.

Z u B e i s p i e l 6.3. Mit E' und T wie im vorigen Beispiel erhält man

$$K'(v', v) = -\int\limits_G |v'|^2 dx + 2 \int\limits_{\Gamma_2} \left(\frac{1}{q} v^q - v^q \right) dS \, .$$

Die Gleichung (6.33) ist eine schwache Form der Randwertaufgabe

$$\text{div } v' = 0 \quad \text{in } G, \qquad v'n + v^{q-1} = 0 \quad \text{auf } \Gamma_2 \, .$$

6.2.4 Die Methode von Noble

Neben dem hier beschriebenen Zugang zu komplementären Extremalproblemen gibt es noch einen anderen, der auf N o b l e [1] zurückgeht, und der unter anderem bei A r t h u r s [1] sowie bei R o b i n s o n [1] ausführlich dargestellt ist. Wir wollen darauf nicht näher eingehen, sondern nur andeuten, wie diese beiden Zugänge zueinander stehen und wie man sie einzuordnen hat.

Bei dem in den vorangegangenen Abschnitten beschriebenen Zugang zu komplementären Extremalproblemen stand ein Extremalproblem $J(u) \to$ min am Anfang. Eine zentrale Rolle spielte sodann die zugehörige Variationsgleichung, d. h. die Eulersche Differentialgleichung in schwacher Form, bei der zusätzlich noch die natürlichen Randbedingungen auftraten. Dieser Zugang zu komplementären Extremalproblemen hat bei Randwertaufgaben für Differentialgleichungen den Vorteil großer Einfachheit, weil man nämlich über die Variationsgleichung ganz dicht an der Hilbertraumtheorie elliptischer Randwertaufgaben bleibt und die Sätze aus dieser Theorie unmittelbar anwenden kann.

Die Methode von Noble läßt sich kurz wie folgt schildern: Man geht nicht von der Variationsgleichung aus, sondern von einem System von zwei Operatorgleichungen, das der Eulerschen Differentialgleichung in kanonischer Form analog ist. Das theoretische Fundament für die Methode von Noble im Rahmen einer Formulierung in Hilberträumen wurde von R a l l [1] angegeben. Wir wollen nur ganz kurz andeuten, worum es sich dabei handelt:

Es seien E und E' Hilberträume mit den inneren Produkten $\langle \ , \ \rangle$ und $(\ , \ )$. Es seien T und T^* zwei lineare Operatoren $T : E \to E'$ bzw. $T^* : E' \to E$ mit der Eigenschaft

$$(u', Tu) = \langle T^*u', u \rangle \, . \tag{6.35}$$

T und T* seien also im angegebenen Sinne adjungiert. Außerdem sei ein Funktional
$W(\ ,\ ): E' \times E \to \mathbf{R}$ gegeben, das mit T und T* wie folgt zusammenhängt:

$$T = \frac{\partial W(u',\ )}{\partial u'}, \qquad T* = \frac{\partial W(\ ,u)}{\partial u}.$$

Das heißt, T und T* seien darstellbar als Ableitungen von $W(\ ,\ )$ im Sinne von Gateaux.
Im Falle eines Extremalproblems

$$J(u) = a(u, u) + 2\,F(u) \to \min , \qquad u \in U$$

mit $a(u, v) = (Tu, Tv)$ setze man

$$W(u', u) \;=\; \frac{1}{2}\,(u',u') - F(u) . \tag{6.36}$$

Man erhält dann zunächst $Tu = u'$. Das ist die Bedingung, denen die zulässigen Funktionen
bei $J(u) \to \min$ unterworfen wurden. Weiter erhält man als Ableitung nach u

$$\langle T*u',\rangle = - F_u(\ ) .$$

Dies entspricht der Funktionalgleichung (6.33)

$$(v', T\varphi) + F_u(\varphi) = 0 \qquad \forall\, \varphi \in U ,$$

die man mit (6.35) auch in der Form

$$\langle T*v', \varphi\rangle = - F_u(\varphi)$$

schreiben kann. $F(\ )$ war als konvexes Funktional vorausgesetzt. Die entscheidende
Eigenschaft des Funktionals (6.36) ist, daß es bezüglich u' konvex und bezüglich u konkav ist. Man erhält dann für das Paar von Operatorgleichungen

$$Tu = \frac{\partial W(u', u)}{\partial u'} , \qquad T*u' = \frac{\partial W(u', u)}{\partial u} \tag{6.37}$$

mit der „Hamiltonfunktion" $W(\ ,\ )$ eine Charakterisierung der Lösung als einer Art
Sattelpunkt. Die Theorie ist sehr allgemein und umfaßt nicht nur Randwertaufgaben
bei Differentialgleichungen, sondern etwa auch Integralgleichungen. Wenn man aber
speziell Randwertaufgaben bei gewöhnlichen oder partiellen Differentialgleichungen
im Auge hat, dann erhält man die komplementären Extremalprobleme auf dem in den
vorigen Abschnitten angegebenen Weg auf viel direktere und natürlichere Weise. Im
übrigen siehe man für den Zugang zu komplementären Extremalproblemen nach Noble
etwa auch S e w e l l [1], N o b l e und S e w e l l [1] und die dort zitierte Literatur.

6.2.5 Einschließung der Lösung in einem Punkt

In Sonderfällen kann man auch bei nichtlinearen Randwertaufgaben im Anschluß an
die Normabschätzungen zugleich Schranken für den Funktionswert der Lösung in einem

gegebenen Punkt $x_0 \in G$ gewinnen. Als ein typisches Beispiel dafür wählen wir die nichtlineare Randwertaufgabe

$$\Delta\Delta u + f'(u) = 0 \quad \text{in } G \tag{6.38}$$

mit den Dirichletschen Randbedingungen

$$u = \frac{\partial u}{\partial n} = 0 \quad \text{auf } \partial G . \tag{6.39}$$

Dabei sei G ein beschränktes Gebiet im $\mathbf{R}^2$ mit regulärem Rand, und es sei $f(\;) : \mathbf{R} \to \mathbf{R}$ eine konvexe, nach unten beschränkte Funktion, die zumindest stückweise stetig differenzierbar sei. Dann ist die Ableitung von f eine (schwach) monoton wachsende Funktion $f'(\;) : \mathbf{R} \to \mathbf{R}$. Beispiele einer solchen Funktion sind etwa

$$f(t) = e^t$$

oder auch

$$f(t) = \begin{cases} 0 & \text{für } t < 0 \\ t^q & \text{für } t \geq 0 \end{cases}$$

mit beliebigem $q \geq 1$.
Setzt man $E = H^2(G)$ und

$$a(u, v) = \int_G \Delta u \Delta v \, dx , \qquad F(u) = \int_G f(u) \, dx ,$$

dann gehört zu der Randwertaufgabe das Extremalproblem

$$J(u) = a(u, u) + 2\, F(u) \;\to\; \min , \qquad u \in H_0^2(G)$$

sowie die Variationsgleichung

$$a(u, \varphi) + F_u(\varphi) = 0 \qquad \forall\, \varphi \in H_0^2(G)$$

mit $\qquad F_u(v) = \int_G f'(u)\, v \, dx .$

Nach Abschn. 5.2.1 besitzt die Bipotentialgleichung $\Delta\Delta u = 0$ für die Dimension $N = 2$ die Fundamentallösung

$$\Phi(r) = \frac{1}{8\,\pi}\, r^2 \ln r \qquad \text{mit } \Delta\Phi = \frac{1}{2\,\pi}\, (\ln r + 1) .$$

In diesem Falle ist $\Delta\Phi$ eine Funktion aus $L_2(G)$, und Φ hat endliche Energienorm $|\Phi|$. Andererseits ist jede Funktion $u \in H_0^2(G)$ nach dem Lemma von Sobolew einer stetigen Funktion äquivalent. Für einen gegebenen Punkt $x_0 \in G$ erhält man dann nach Abschn. 5.2.1 die Darstellung

$$u(x_0) = \int_G \Delta u \Delta\Phi \, dx .$$

Bezeichnet $\bar{u}$ die Lösung der Randwertaufgabe (6.38), (6.39), und ist $u \in H_0^2(G)$ irgend eine Näherung für $\bar{u}$, dann ergibt sich mit Hilfe der Schwarzschen Ungleichung

$$|u(x_0) - \bar{u}(x_0)|^2 \leqslant |u - \bar{u}|^2 \, |\Phi|^2 . \qquad (6.40)$$

Die Energienorm von $u - \bar{u}$ kann aber nach Satz 6.7 abgeschätzt werden. Man erhält dann mit den Bezeichnungen von Satz 6.7 die Ungleichung

$$|u(x_0) - \bar{u}(x_0)|^2 \leqslant |\Phi|^2 \, (J(u) - K'(v', v)) \qquad (6.41)$$

mit $\qquad K'(v', v) = - \int\limits_G v'^2 \, dx \, + \, 2 \int\limits_G (f(v) - f'(v)v) \, dx .$

Die Abschätzung (6.41) gilt für alle $u \in H_0^2(G)$ sowie für alle $v' \in L_2(G)$, $v \in H^2(G)$, die der Gleichung

$$\int\limits_G v' \Delta\varphi \, dx \, + \, \int\limits_G f'(v)\varphi \, dx \, = \, 0 \qquad \forall \, \varphi \in H_0^2(G)$$

genügen. Dies ist eine schwache Form der Differentialgleichung

$$\Delta v' + f'(v) = 0 \quad \text{in } G$$

ohne Randbedingungen. Spezielle Lösungen v', v lassen sich konstruieren, indem man v' vorgibt und dann die Gleichung $f'(v) = - \Delta v'$ nach v auflöst. Für $u = \bar{u}$ und $v' = \Delta\bar{u}$, $v = \bar{u}$ nimmt die rechte Seite in (6.41) den Wert Null an.

6.3 Quadratische Extremalprobleme mit Ungleichungen als Nebenbedingungen

Bei den bisher betrachteten Extremalproblemen mit Funktionalen der Gestalt $J(u) = a(u, u) + 2 \, F(u)$ bildeten die zulässigen Funktionen u jeweils einen linearen Unterraum U oder auch eine lineare Mannigfaltigkeit $u_0 + U$. In den Anwendungen treten aber auch Extremalprobleme für quadratische oder auch nichtquadratische Funktionale auf, bei denen die zur Konkurrenz zugelassenen Funktionen nur eine konvexe Teilmenge einer linearen Mannigfaltigkeit bilden. Derartige Probleme findet man u. a. in der Kontinuumsmechanik vor, wenn sogenannte einseitige Nebenbedingungen (unilateral constraints) gegeben sind. Man siehe dazu etwa D u v a u t und L i o n s [1], F i c h e r a [4], T i n g [1].

6.3.1 Problemstellung

Wir wollen jetzt zunächst den Fall quadratischer Funktionale behandeln, obwohl er nur einen Sonderfall der in Abschn. 6.3.5 betrachteten allgemeineren Funktionale darstellt. Aber in den Anwendungen treten in erster Linie quadratische Extremalprobleme auf. Daher sollen sie vorab gesondert betrachtet werden.

Der Ausgangspunkt ist zunächst genau derselbe wie früher bei der Betrachtung quadratischer Funktionale der Gestalt $J(u) = a(u, u) - 2 \, \ell(u)$ auf linearen Räumen bzw. linearen

Mannigfaltigkeiten. Wir setzen folgendes voraus: Es seien ein linearer Raum E und ein linearer Unterraum $U \subset E$ gegeben. Weiter sei $a(\ ,\ ): E \times E \to \mathbf{R}$ wieder eine Bilinearform mit den Eigenschaften

$$a(u, v) = a(v, u) \qquad \forall\, u, v \in E \tag{6.42}$$

$$a(u, u) \geqslant 0 \qquad \forall\, u \in E \tag{6.43}$$

$$a(u, u) > 0 \qquad \forall\, u \in U, u \neq 0. \tag{6.44}$$

Dann ist $|u| = a(u, u)^{1/2}$ in U eine Norm und in E wenigstens eine Halbnorm. Wie früher setzen wir voraus, daß $\ell(\ ): E \to \mathbf{R}$ ein lineares Funktional ist, das in U in Energienorm beschränkt ist:

$$|\ell(u)| \leqslant c\,|u| \qquad \forall\, u \in U. \tag{6.45}$$

Früher hatten wir das quadratische Funktional $J(u) = a(u, u) - 2\,\ell(u)$ auf dem Unterraum U bzw. auf einer linearen Mannigfaltigkeit $u_0 + U$ betrachtet. Diesmal seien die zulässigen Funktionen durch zusätzliche Bedingungen auf eine konvexe Menge $C \subset U$ bzw. $C \subset u_0 + U$ eingeschränkt.

Wir erinnern an die Definition der Konvexität: Eine Menge C von Elementen $u, v, \ldots$ heißt konvex, wenn aus $u \in C$ und $v \in C$ auch

$$(1 - t)u + t\,v \in C \qquad \text{für } 0 < t < 1$$

folgt. Wir wollen zunächst einige einfache Beispiele für Extremalprobleme der Gestalt

$$J(u) = a(u, u) - 2\,\ell(u) \to \min, \qquad u \in C \tag{6.46}$$

anführen.

Beispiel 6.4 Es sei G ein beschränktes Gebiet im $\mathbf{R}^N$ mit regulärem Rand, der aus den beiden Anteilen Γ_1 und Γ_2 bestehe. Es sei $E = H^1(G)$, $U = \{u \in H^1(G)\,/\,u = 0 \text{ auf } \Gamma_1\}$ sowie $f \in L_2(G)$. Das Funktional

$$J(u) = \int\limits_G |\operatorname{grad} u|^2\, dx - 2 \int\limits_G fu\, dx$$

soll unter den Randbedingungen $u(x) = 0$ auf Γ_1 und $u(x) \geqslant 0$ auf Γ_2 minimiert werden. Die Voraussetzungen (6.42) bis (6.45) sind erfüllt.

$$C = \{u \in H^1(G)\,|\quad u(x) = 0 \text{ auf } \Gamma_1,\, u(x) \geqslant 0 \text{ auf } \Gamma_2\}$$

ist eine konvexe Menge $C \subset U$.

Beispiel 6.5 Die (doppelte) potentielle Energie einer belasteten, am Rande ∂G eingespannten elastischen Membran ergibt sich zu

$$J(u) = \int\limits_G \mu\,|\operatorname{grad} u|^2\, dx - 2 \int\limits_G fu\, dx$$

(Materialkonstante $\mu > 0$). Mit $E = H^1(G)$, $U = H_0^1(G)$ und $f \in L_2(G)$ sind die Voraussetzungen (6.42) bis (6.45) erfüllt. Die Verschiebungen u der Membran seien einseitig durch ein Hindernis (Fig. 6.1) eingeschränkt:

$$u(x) \geqslant \Phi(x) \qquad \text{in } G .$$

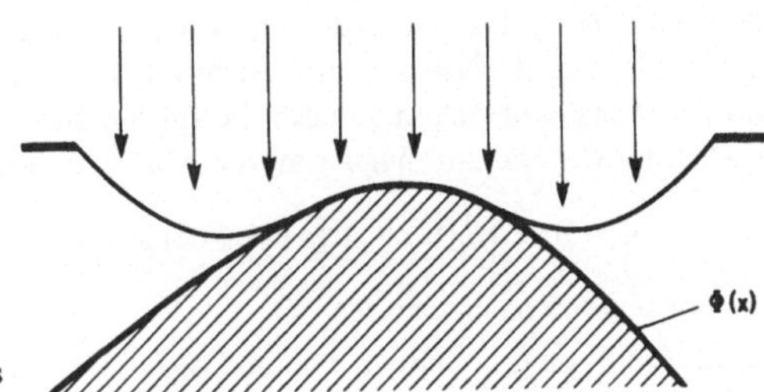

Fig. 6.1
Belastete Membran mit Hindernis

Dabei sei Φ etwa eine Funktion aus $C^2(G)$ mit $\Phi(x) \leqslant 0$ auf ∂G. Das Prinzip vom Minimum der potentiellen Energie lautet

$$J(u) \to \min , \qquad u \in C$$

mit der konvexen Menge

$$C = \{u \in H_0^1(G) \mid u(x) \geqslant \Phi(x) \text{ in } G\} .$$

Für die Gleichgewichtslage der belasteten Membran kann sich ergeben, daß sie in einem Teilgebiet G_0 auf dem Hindernis aufliegt. Die Größe und Gestalt des Gebietes $G_0 \subset G$, in dem sich $u(x) = \Phi(x)$ ergibt, ist zunächst nicht bekannt. In diesem Sinne handelt es sich um eine Randwertaufgabe mit freiem Rand ∂G_0.

Beispiel 6.6 In der Theorie e l a s t i s c h - p l a s t i s c h e r V e r f o r m u n g e n tritt folgendes Problem auf (T i n g [1]): In einem ebenen Gebiet G ist $u \in H_0^1(G)$ gesucht als Lösung von

$$J(u) = \int\limits_G |\operatorname{grad} u|^2 \, dx - 2 \int\limits_G fu \, dx \to \min .$$

Dabei sind die zulässigen Funktionen $u \in H_0^1(G)$ außerdem der Bedingung (yield condition)

$$|\operatorname{grad} u(x)| \leqslant 1 \qquad \text{in } G$$

unterworfen. Mit $E = H^1(G)$, $U = H_0^1(G)$, $f \in L_2(G)$ sind wieder (6.42) bis (6.45) erfüllt. Für Funktionen $u \in H^1(G)$ sind die ersten partiellen Ableitungen als Funktionen aus $L_2(G)$ definiert. Die Nebenbedingung ist daher so zu verstehen, daß fast überall (d. h. mit eventueller Ausnahme einer Punktmenge aus G vom Maß Null) $|\operatorname{grad} u(x)| \leqslant 1$ gelten soll.

Mit Hilfe der Schwarzschen Ungleichung bestätigt man leicht, daß die Menge

$$C = \{u \in H_0^1(G) \mid |\operatorname{grad} u(x)| \leqslant 1 \text{ in } G\}$$

eine konvexe Menge ist. In Teilgebieten von G mit $|\operatorname{grad} u(x)| < 1$ liegt e l a s t i s c h e Verformung vor, in Teilgebieten von G mit $|\operatorname{grad} u(x)| = 1$ p l a s t i s c h e Verformung.

In den angeführten Beispielen ist die konvexe Menge C überdies eine abgeschlossene Menge bezüglich der Konvergenz in Energienorm. Zunächst ist in allen drei Beispielen die Energienorm $|\ |$ in dem jeweiligen Unterraum U mit der Norm $\|\ \|_1$ des Raumes $H^1(G)$ äquivalent. Es genügt also zu zeigen, daß C bezüglich der Norm $\|\ \|_1$ abgeschlossen ist. Dies ergibt sich in den drei Beispielen durch ganz ähnliche Schlußweisen. Wir wollen uns daher damit begnügen, die Abgeschlossenheit der Menge

$$C = \{u \in H_0^1(G) \mid u(x) \geqslant \Phi(x) \text{ in } G\}$$

aus Beispiel 6.5 nachzuweisen.

Es sei also $u_1, u_2, \ldots$ eine beliebige Folge aus C, die in der Norm $\|\ \|_1$ eine Cauchyfolge bildet. Sie ist dann eine in $H_0^1(G)$ konvergente Folge. Es ist zu zeigen, daß der Limes $\overline{u}$ sogar zu C gehört. Wäre $\overline{u}$ nicht in C, dann gäbe es eine Menge M von Punkten $x \in G$ mit positivem Maß, in denen $\Phi(x) - \overline{u}(x) > 0$ ist. Für solche Punkte $x \in M$ wäre dann auch

$$u_n(x) - \overline{u}(x) \geqslant \Phi(x) - \overline{u}(x) > 0$$

sowie $$|u_n(x) - \overline{u}(x)| \geqslant |\Phi(x) - \overline{u}(x)| > 0$$

und daher

$$\|u_n - \overline{u}\|_1^2 \geqslant \int\limits_G |u_n - \overline{u}|^2 dx \geqslant \int\limits_M |\Phi - \overline{u}|^2 dx > 0$$

für alle u_n der konvergenten Folge. Dies ist ein Widerspruch.

In Beispiel 6.4 ergibt sich die Abgeschlossenheit der konvexen Menge

$$C = \{u \in H^1(G) \mid u(x) = 0 \text{ auf } \Gamma_1, u(x) \geqslant 0 \text{ auf } \Gamma_2\}$$

ganz ähnlich unter Verwendung der Ungleichung (1.29) in der Gestalt

$$\int\limits_{\Gamma_2} (u_n - \overline{u})^2 dS \leqslant c \|u_n - \overline{u}\|_1^2 .$$

In Beispiel 6.6 ergibt sich die Abgeschlossenheit der konvexen Menge

$$C = \{u \in H_0^1(G) \mid |\operatorname{grad} u(x)| \leqslant 1 \text{ in } G\}$$

unter Verwendung der elementaren Ungleichung

$$\big| |\operatorname{grad} \overline{u}| - |\operatorname{grad} u_n| \big| \leqslant |\operatorname{grad} \overline{u} - \operatorname{grad} u_n|$$

bzw. $$\int\limits_G (|\operatorname{grad} \overline{u}| - |\operatorname{grad} u_n|)^2 dx \leqslant \|\overline{u} - u_n\|_1^2 .$$

6.3.2 Variationsungleichungen

Die in Abschn. 2.2.1 betrachteten quadratischen Extremalprobleme

$$J(u) = a(u, u) - 2\,\ell(u) \to \min , \quad u - u_0 \in U$$

erwiesen sich als äquivalent mit der Variationsgleichung

$$a(u, \varphi) = \ell(\varphi) \quad \forall\, \varphi \in U .$$

Die Variationsgleichung ergab sich wie folgt: Nimmt $J(u)$ sein Minimum für $\overline{u}$ an, dann ist mit beliebigem $\varphi \in U$ und $t \in \mathbf{R}$ stets $J(\overline{u} + t\varphi) \geqslant J(\overline{u})$. Die linke Seite nimmt als Funktion von t das Minimum für $t = 0$ an. Daraus folgt als notwendige Bedingung das „Verschwinden der ersten Variation", nämlich

$$\frac{d}{dt}\, J(\overline{u} + t\varphi)|_{t=0} = 0 .$$

Dies ergibt die Variationsgleichung.

Wird hingegen $J(u)$ auf einer konvexen Menge C betrachtet, dann kann man im allgemeinen nur garantieren, daß mit $\overline{u} \in C$ und $v \in C$ auch die Elemente der Schar $u_t = \overline{u} + t(v - \overline{u}) = (1 - t)\overline{u} + tv$ für $0 \leqslant t \leqslant 1$ zu C gehören. Man hat daher also nur

$$J(\overline{u} + t(v - \overline{u})) \geqslant J(\overline{u}) \quad \text{für } 0 \leqslant t \leqslant 1$$

zur Verfügung. Das Minimum wird für $t = 0$ angenommen, und man erhält als notwendige Bedingung

$$\frac{d}{dt}\, J(\overline{u} + t(v - \overline{u}))|_{t=0} \geqslant 0 . \tag{6.47}$$

An die Stelle einer V a r i a t i o n s g l e i c h u n g tritt daher eine U n g l e i c h u n g.

Satz 6.8 *Die Voraussetzungen (6.42) bis (6.45) seien erfüllt. C sei eine konvexe Teilmenge von u_0 + U. Dann besitzt die quadratische Extremalaufgabe*

$$J(u) = a(u, u) - 2\,\ell(u) \to \min , \quad u \in C \tag{6.48}$$

höchstens eine Lösung. Außerdem ist (6.48) äquivalent mit der Aufgabe, ein $u \in C$ zu finden, das der Variationsungleichung

$$a(u, v - u) - \ell(v - u) \geqslant 0 \quad \forall\, v \in C \tag{6.49}$$

genügt.

B e w e i s. Es sei zunächst $\overline{u}$ eine Lösung von (6.48) und $v \in C$ ein beliebiges Element. Indem man das in t quadratische Polynom $J(\overline{u} + t(v - u))$ nach t differenziert, erhält man aus (6.47) sogleich

$$a(\overline{u}, v - \overline{u}) - \ell(v - \overline{u}) \geqslant 0 \quad \forall\, v \in C .$$

Es sei nun umgekehrt $\overline{u} \in C$ eine Lösung von (6.49). Dann erhält man mit beliebigem $v \in C$

$$J(v) = J(\overline{u} + (v - \overline{u})) = J(\overline{u}) + 2\,[a(\overline{u}, v - \overline{u}) - \ell(v - \overline{u})] + |\,v - \overline{u}\,|^2$$
$$\geqslant J(\overline{u}) + |\,v - \overline{u}\,|^2$$
$$\geqslant J(\overline{u})\,.$$

Also ist $\overline{u}$ auch Lösung von (6.48). Außerdem läßt sich hieraus die Eindeutigkeit der Lösung ablesen. Denn wegen $C \subset u_0 + U$ ist $v - \overline{u} \in U$ und daher $|\,v - \overline{u}\,|^2 > 0$ für $v \neq \overline{u}$, d. h. $J(v) > J(\overline{u})$. $\qquad\qquad\square$

Wir wollen nun für Beispiel 6.4 bis 6.6 aus Abschn. 6.3.1 die Variationsungleichungen anschreiben und etwas näher betrachten.

Z u   B e i s p i e l 6.4. Die konvexe Menge ist

$$C = \{u \in H^1(G)\,|\quad u(x) = 0 \text{ auf } \Gamma_1,\, u(x) \geqslant 0 \text{ auf } \Gamma_2\}\,.$$

Die Variationsungleichung (6.49) lautet

$$\int\limits_G \text{grad}\,u\,\text{grad}\,(v - u)\,dx \;-\; \int\limits_G f(v - u)\,dx \;\geqslant\; 0 \qquad \forall\, v \in C\,. \tag{6.50}$$

Offensichtlich ist der lineare Raum $C_0^\infty(G)$ eine Teilmenge von C. Mit $u \in C$ ist dann für alle $\varphi \in C_0^\infty(G)$ auch $v = u + \varphi \in C$ und aus (6.50) folgt

$$\int\limits_G \text{grad}\,u\,\text{grad}\,\varphi\,dx = \int\limits_G f\varphi\,dx \qquad \forall\,\varphi \in C_0^\infty(G)\,.$$

Die Lösung der Variationsungleichung (6.50) ist also notwendig auch eine (zumindest schwache) Lösung der Differentialgleichung

$$-\Delta u = f \quad \text{in } G\,.$$

Unter der Voraussetzung, daß die Lösung sogar in $H^2(G)$ existiert, erhält man aus (6.50) durch partielle Integration und Verwendung von $-\Delta u = f$ in G

$$\int\limits_{\Gamma_2} \frac{\partial u}{\partial n}\,(v - u)\,dS \;\geqslant\; 0 \qquad \forall\, v \in C\,.$$

Diese Ungleichung ist wegen $u \geqslant 0$ auf Γ_2 äquivalent mit

$$\frac{\partial u}{\partial n} \geqslant 0\,, \qquad u\,\frac{\partial u}{\partial n} = 0 \qquad \text{auf } \Gamma_2\,.$$

Die Variationsungleichung (6.50) ist also eine schwache Form der Randwertaufgabe

$$-\Delta u = f \quad \text{in } G$$

mit den Randbedingungen

$$u = 0 \quad \text{auf } \Gamma_1 \, , \qquad u \geqslant 0 \, , \quad \frac{\partial u}{\partial n} \geqslant 0 \, , \qquad u \frac{\partial u}{\partial n} = 0 \quad \text{auf } \Gamma_2 \, .$$

Dies ist ein Beispiel für einen Typ von Randwertaufgaben, der zuerst von S i g n o r i n i und später von F i c h e r a [3] näher untersucht wurde. Für ausführliche Literaturangaben siehe man etwa F i c h e r a [4].

Z u   B e i s p i e l 6.5. Die konvexe Menge ist

$$C = \{u \in H_0^1(G) \mid \ u(x) \geqslant \Phi(x) \text{ in } G\} \, .$$

Die Variationsungleichung (6.49) lautet

$$\int\limits_G \mu \, \text{grad } u \, \text{grad}\,(v - u)\,dx \ - \ \int\limits_G f(v - u)\,dx \ \geqslant \ 0 \qquad \forall\, v \in C \, .$$

Es sei nun φ eine beliebige Funktion aus $C_0^\infty(G)$ mit $\varphi(x) \geqslant 0$ in G. Dann ist mit $u \in C$ auch $v = u + \varphi \in C$, und man erhält

$$\int\limits_G \mu \, \text{grad } u \, \text{grad } \varphi \, dx - \int\limits_G f\varphi \, dx \ \geqslant \ 0 \, .$$

Dies ist eine schwache Form der Differentialungleichung $- \Delta u \gtrless f$ in G.

In Punkten $x \in G$, in denen $u(x) > \Phi(x)$ ist, kann man darüber hinaus lokal auch ohne Vorzeichenbeschränkung für φ variieren, solange nur $u + \varphi \geqslant \Phi$ erfüllt bleibt. Man erhält damit folgendes Ergebnis:

a) In Teilgebieten $G_1 \subset G$, in denen $u(x) > \Phi(x)$ ist, genügt u sogar der Differentialgleichung $- \Delta u = f$.

b) In Teilgebieten $G_2 \subset G$, in denen $u(x) = \Phi(x)$ ist, genügt u jedenfalls der Ungleichung $- \Delta u \geqslant f$. Gebiete G_2 können daher nur dort auftreten, wo $- \Delta \Phi \geqslant f$ ist.

Z u   B e i s p i e l 6.6. Die konvexe Menge ist

$$C = \{u \in H_0^1(G) \mid \ |\text{grad } u(x)| \leqslant 1 \text{ in } G\} \, .$$

Die Variationsungleichung (6.49) lautet wieder

$$\int\limits_G \text{grad } u \, \text{grad}\,(v - u)\,dx \ - \ \int\limits_G f(v - u)\,dx \ \geqslant \ 0 \qquad \forall\, v \in C \, .$$

a) Es sei zunächst G_1 ein Teilgebiet von G, in dem die Lösung u die Eigenschaft

$$|\text{grad } u(x)| \leqslant 1 - d \qquad \forall\, x \in \overline{G}_1$$

besitzt (d > 0). Es sei dann φ irgend eine Funktion aus $C_0^\infty(G)$, Null außerhalb von $\overline{G}_1$, sowie mit der Normierung max $|\text{grad } \varphi(x)| = 1$. Dann gehört auch die Schar $v_t = u + t\varphi$ für $|t| \leqslant d$ zu C. Außerhalb von G_1 ist nämlich $v_t(x) = u(x)$ und daher

$|\operatorname{grad} v_t(x)| \leqslant 1$ erfüllt. In $\overline{G}_1$ ergibt sich aber

$$|\operatorname{grad} v_t(x)|^2 \leqslant |\operatorname{grad} u(x)|^2 + 2\,d\,|\operatorname{grad} u(x)| + d^2 \leqslant 1\;.$$

In dem Teilgebiet G_1 findet man daher

$$\int\limits_{G_1} \operatorname{grad} u \operatorname{grad} \varphi \, dx = \int\limits_G f\varphi \, dx \qquad \forall\, \varphi \in C_0^\infty(G_1)\;.$$

Dies ist eine schwache Form der Differentialgleichung $-\Delta u = f$ in G_1.

b) Es sei nun G_2 ein Teilgebiet von G, in dem die Lösung u die Eigenschaft $|\operatorname{grad} u(x)| = 1$ besitzt. Dort genügt also u der Differentialgleichung

$$\left(\frac{\partial u}{\partial x_1}\right)^2 + \left(\frac{\partial u}{\partial x_2}\right)^2 = 1\;.$$

6.3.3 Ein Existenzsatz

In Analogie zu Satz 2.12 läßt sich auch für quadratische Funktionale auf konvexen Mengen sofort ein einfacher Existenzsatz formulieren.

Satz 6.9 *Die Voraussetzungen (6.42) bis (6.45) seien erfüllt. Der Unterraum U und die konvexe Menge* $C \subset u_0 + U$ *seien in Energienorm abgeschlossen. Dann besitzt die Extremalaufgabe*

$$J(u) = a(u, u) - 2\,\ell(u) \;\to\; \min, \qquad u \in C$$

genau eine Lösung $\overline{u}$. *Jede Minimalfolge aus C konvergiert in Energienorm gegen* $\overline{u}$.

B e w e i s. Nach Satz 6.8 besitzt die Extremalaufgabe höchstens eine Lösung. Es sei nun zunächst $u_0 = 0$. Wie früher ergibt sich aus den Voraussetzungen (6.42) bis (6.45) wieder, daß $J(u)$ in U und damit auch in $C \subset U$ nach unten beschränkt ist. Ebenfalls wie bei Satz 2.12 folgt, daß jede Minimalfolge $u_1, u_2, \ldots$ aus C auch eine Cauchyfolge in Energienorm ist und daher einen Limes $\overline{u}$ in dem (abgeschlossenen) Unterraum U besitzt. Da aber auch C nach Voraussetzung abgeschlossen ist, gehört $\overline{u}$ auch zu C. Im übrigen hat man wie bei Satz 2.12 auch hier $J(u_n) \to J(\overline{u})$ für $n \to \infty$. Wenn $C \subset u_0 + U$ mit $u_0 \neq 0$ ist, dann betrachte man die Menge

$$C_1 = \{v \in E \mid\ v + u_0 \in C\}\;.$$

Die Menge C_1 ist ebenfalls konvex und in Energienorm abgeschlossen. Mit der Substitution $v = u - u_0$ erhält man

$$J(u) = J(u_0 + v) = a(v, v) - 2\,[\ell(v) - a(u_0, v)] + J(u_0)\;.$$

Das ursprüngliche Extremalproblem $J(u) \to \min$, $u \in C$ ist daher äquivalent mit

$$J_1(v) = a(v, v) - 2\,\ell_1(v) \;\to\; \min, \qquad v \in C_1 \subset U\;.$$

Dabei ist $\ell_1(v) = \ell(v) - a(u_0, v)$ wegen $|a(u_0, v)| \leqslant |u_0| \, |v|$ wieder ein in Energie-
norm beschränktes lineares Funktional. Damit ist das Problem auf den Fall $u_0 = 0$ zurückgeführt, für den die Existenz einer Lösung schon gezeigt ist.

Bei F i c h e r a [4] findet man einen allgemeineren Existenzsatz, bei dem auch abgeschlossene, konvexe Mengen $C \subset E$ zugelassen sind. Allerdings wird dort zusätzlich vorausgesetzt, daß der lineare Unterraum E_0 der Elemente $v \in E$ mit $a(v, v) = 0$ von endlicher
Dimension ist. Außerdem muß das lineare Funktional $\ell(\ )$ in diesem Fall noch einer
zusätzlichen Bedingung genügen. Dies steht in Analogie zu der zusätzlichen Bedingung,
der beispielsweise im Falle der Neumannschen Randwertaufgabe $- \Delta u = f$ in G,
$\partial u / \partial n = 0$ auf ∂G, die rechte Seite f genügen muß. Für Einzelheiten sei auf F i c h e r a
[4] verwiesen.

6.3.4 Komplementäre Extremalprobleme

Das Ziel der nachstehenden Betrachtungen ist, für den Fehler einer Näherung der Lösung $\bar{u}$ des Extremalproblems

$$J(u) = a(u, u) - 2 \ell(u) \to \min , \quad u \in C \tag{6.51}$$

eine Abschätzung in Energienorm anzugeben. Im Falle quadratischer Extremalprobleme
auf linearen Mannigfaltigkeiten $u_0 + U$ spielte bei dieser Fragestellung die Charakterisierung der Lösung $\bar{u}$ als Durchschnitt von zwei orthogonalen linearen Mannigfaltigkeiten
eine zentrale Rolle. In engem Zusammenhang damit standen die Methode von Trefftz
sowie die Hyperkreismethode von Prager und Synge.

Im folgenden wird gezeigt, wie sich diese Betrachtungen in gewissem Sinne auf Extremalprobleme auf konvexen Mengen C übertragen lassen. Während bei der Frage nach der
Existenz einer Lösung die Abgeschlossenheit von C eine wesentliche Voraussetzung ist,
wird diese Voraussetzung bei den nachstehenden elementaren Betrachtungen nicht benötigt. Wir wollen daher einfach folgendes zugrunde legen:

a) Die Bilinearform $a(\ , \ )$ und das lineare Funktional erfüllen die Voraussetzungen
(6.42) bis (6.45).

b) C ist eine konvexe Menge in $u_0 + U$.

c) Das Extremalproblem (6.51) besitzt eine Lösung $\bar{u} \in C$.

Nach Satz 6.8 ist $\bar{u}$ eindeutig bestimmt und ist zugleich eindeutig bestimmte Lösung
der Variationsungleichung

$$a(u, \varphi - u) - \ell(\varphi - u) \geqslant 0 \quad \forall \, \varphi \in C . \tag{6.52}$$

Wir betrachten nun neben der konvexen Menge C noch die Menge C_K, die aus allen
$v \in E$ bestehe, die der Ungleichung

$$a(v, \varphi - v) - \ell(\varphi - v) \geqslant 0 \quad \forall \, \varphi \in C \tag{6.53}$$

genügen.

Die Lösung $\bar{u}$ von (6.51) bzw. (6.52) genügt natürlich auch der Gleichung (6.53). Also ist C_K nicht leer. Darüber hinaus hat C_K folgende Eigenschaften:

Satz 6.10 *Die Menge C_K ist konvex, und für ihren Durchschnitt mit C gilt*

$$C \cap C_K = \{\bar{u}\} . \tag{6.54}$$

B e w e i s. Ein Element $u \in C$ das zugleich (6.53) genügt, ist auch Lösung der Ungleichung (6.52). Diese besitzt aber in C genau eine Lösung $\bar{u}$. Daraus folgt (6.54). Die Konvexität ergibt sich wie folgt: Es sei $u \in C_K$ und $v \in C_K$. Es ist zu zeigen, daß dann auch $w_t \in C_K$ ist mit

$$w_t = u + t(v - u), \qquad 0 \leqslant t \leqslant 1 .$$

Setzt man w_t in die linke Seite von (6.53) ein, so wird sie bei fest gewähltem u, v und φ ein quadratisches Polynom p in der Variablen t. Dabei ist $p(0) \geqslant 0$ und $p(1) \geqslant 0$ aufgrund der Voraussetzung $u \in C_K$ und $v \in C_K$. Weil nun in p der Term t^2 mit dem Koeffizienten $-a(v - u, v - u) \leqslant 0$ auftritt, ist dann auch $p(t) \geqslant 0$ für $0 \leqslant t \leqslant 1$. D. h. C_K ist konvex. $\qquad\Box$

Die konvexe Menge C_K ist in gewissem Sinn zu der Menge C komplementär. Es gilt nämlich

Satz 6.11 *Es ist*

$$\min_{u \in C} J(u) = J(\bar{u}) = \max_{v \in C_K} J(v) . \tag{6.55}$$

Außerdem bestehen für beliebiges $u \in C$ und $v \in C_K$ die Ungleichungen

$$|u - \bar{u}|^2 \leqslant J(u) - J(\bar{u}) \tag{6.56}$$

$$|v - \bar{u}|^2 \leqslant J(\bar{u}) - J(v) \tag{6.57}$$

$$4 \left| \frac{u + v}{2} - \bar{u} \right|^2 \leqslant 2 J(u) - 2 J(v) - |u - v|^2 . \tag{6.58}$$

B e w e i s. Die Herleitung von (6.55) beruht auf der einfachen Ungleichung

$$a(u - v, u - v) = a(u, u) - 2 a(u, v) + a(v, v) \geqslant 0 .$$

Aus ihr folgt für $J(u) = a(u, u) - 2 \ell(u)$ die Ungleichung

$$J(u) \geqslant a(v, v) - 2 \ell(v) + 2 [a(v, u - v) - \ell(u - v)] .$$

Es sei nun $u \in C$ und $v \in C_K$. Dann folgt aus (6.53) die Ungleichung

$$J(u) \geqslant J(v) \qquad \forall\, u \in C , \quad \forall\, v \in C_K .$$

Hierbei ist $u = \bar{u}$ sowie $v = \bar{u}$ eine zulässige Wahl. Daraus folgt (6.55).

Da $\bar{u}$ der Ungleichung (6.52) genügt, besteht für alle $u \in C$ die Ungleichung

$$|u - \bar{u}|^2 \leqslant |u - \bar{u}|^2 + 2 [a(\bar{u}, u - \bar{u}) - \ell(u - \bar{u})] = J(u) - J(\bar{u}) .$$

Da $v \in C_K$ nach Definition der Ungleichung (6.53) genügt, folgt mit $\varphi = \overline{u}$

$$|v - \overline{u}|^2 \leqslant |v - \overline{u}|^2 + 2[a(v, \overline{u} - v) - \ell(\overline{u} - v)] = J(\overline{u}) - J(v).$$

Damit sind auch (6.56) und (6.57) hergeleitet. Schließlich ergibt sich aus

$$|(u - \overline{u}) + (v - \overline{u})|^2 + |(u - \overline{u}) - (v - \overline{u})|^2 = 2|u - \overline{u}|^2 + 2|v - \overline{u}|^2$$

unter Benutzung von (6.56) und (6.57) die Ungleichung

$$|u + v - 2\overline{u}|^2 + |u - v|^2 \leqslant 2J(u) - 2J(v)$$

und daraus (6.58).   □

B e m e r k u n g. Wenn man in (6.56) bis (6.58) speziell $u = \overline{u}$ und $v = \overline{u}$ wählt, nehmen die rechten Seiten den Wert Null an. In diesem Sinne sind die Abschätzungen scharf.

Im übrigen kann man gemäß (6.58) die Näherung $(u + v)/2$ für $\overline{u}$ in Analogie zur Hyperkreismethode wie folgt systematisch verbessern:

Es seien $u_1, \ldots, u_m$ Elemente aus C und $v_1, \ldots, v_n$ Elemente aus C_K. Man betrachte dann die sogenannten konvexen Linearkombinationen

$$\xi_1 u_1 + \ldots + \xi_m u_m, \quad \xi_j \geqslant 0, \ \sum_{j=1}^{m} \xi_j = 1$$

und $\quad \eta_1 v_1 + \ldots + \eta_n v_n, \quad \eta_k \geqslant 0, \ \sum_{k=1}^{n} \eta_k = 1.$

(Für den Begriff der konvexen Linearkombinationen und ihrer Eigenschaften siehe man etwa C o l l a t z und W e t t e r l i n g [1].)

Beliebige Linearkombinationen gehören nämlich im allgemeinen der konvexen Menge C bzw. C_K nicht mehr an. Wohl aber gilt dies für die konvexen Linearkombinationen. Die Menge aller konvexen Linearkombinationen bildet selbst eine konvexe Menge, die sogen. konvexe Hülle. Sie ist die kleinste konvexe Menge, die alle gegebenen Elemente $u_1, \ldots,$ u_n bzw. $v_1, \ldots, v_n$ umfaßt. Die konvexen Hüllen sind also in C bzw. C_K enthalten.

Man erhält daher im Sinne von (6.58) eine beste Näherung $(u + v)/2$ für $\overline{u}$, indem man die rechte Seite von (6.58) minimiert,

$$2J\left(\sum_{j=1}^{m} \xi_j u_j\right) - 2J\left(\sum_{k=1}^{n} \eta_k v_k\right) - |\sum_{j=1}^{m} \xi_j u_j - \sum_{k=1}^{n} \eta_k v_k|^2 \to \min,$$

wobei die ξ_j und η_j den oben angegebenen Bedingungen für konvexe Linearkombinationen unterworfen sind. Dies ist ein Problem der konvexen Optimierung.

Wenn die Bilinearform wie in Abschn. 4.1.5 mit geeignetem linearen Operator T in der Gestalt $a(u, v) = (Tu, Tv)$ geschrieben werden kann, dann läßt sich Satz 6.11 in Analogie zu Satz 4.6 modifizieren. Wir wollen dies im Augenblick noch zurückstellen und später gleich für allgemeinere, auch nichtquadratische Extremalprobleme der Gestalt $J(u) =$

$a(u, u) + 2\,F(u) \to \min$ ausführen. Zunächst sollen einige einfache Beispiele betrachtet werden.

6.3.5 Beispiele

Wir wollen nun für die schon in Abschn. 6.3.2 angeführten Beispiele quadratischer Extremalprobleme die zu den konvexen Mengen C gehörigen Mengen C_K näher ansehen.

I n B e i s p i e l 6.4 ist die konvexe Menge C gegeben durch

$$C = \{u \in H^1(G) \mid \ u = 0 \text{ auf } \Gamma_1 \,, u \geqslant 0 \text{ auf } \Gamma_2 \} \,.$$

Die Menge C_K besteht aus allen Funktionen $v \in H^1(G)$, die der Ungleichung

$$\int\limits_G \operatorname{grad} v \operatorname{grad}(\varphi - v)\,dx \ - \ \int\limits_G f(\varphi - v)\,dx \ \geqslant \ 0 \qquad \forall\, \varphi \in C \tag{6.62}$$

genügen. Sie muß speziell für alle $\varphi \in C_0^\infty(G)$ erfüllt sein. Daraus folgt zunächst als notwendige Bedingung

$$\int\limits_G \operatorname{grad} v \operatorname{grad} \varphi \, dx \ = \ \int\limits_G f\varphi \, dx \qquad \forall\, \varphi \in C_0^\infty(G) \,.$$

Das heißt, v ist eine (schwache) Lösung von $-\Delta v = f$ in G. Für eine Lösung $v \in H^2(G)$ folgt daher aus (6.62) durch partielle Integration

$$\int\limits_{\partial G} \frac{\partial v}{\partial n} \,(\varphi - v)\,dS \ \geqslant \ 0 \,.$$

Insgesamt erhält man daraus das Ergebnis, daß die Ungleichung (6.62) für Funktionen $v \in H^2(G)$ äquivalent ist mit

$$-\Delta v = f \ \text{ in } G \,, \qquad \frac{\partial v}{\partial n} \geqslant 0 \ \text{ auf } \Gamma_2 \,, \qquad \int\limits_{\partial G} v \,\frac{\partial v}{\partial n}\, dS \leqslant 0 \,.$$

I n B e i s p i e l 6.5 ist die konvexe Menge C gegeben durch

$$C = \{u \in H_0^1(G) \mid \ u(x) \geqslant \Phi(x) \text{ in } G\} \,.$$

Dabei sei etwa $\Phi \in C^2(\overline{G})$, $\Phi(x) \leqslant 0$ auf ∂G. Die Menge C_K besteht aus allen $v \in H^1(G)$, die der Ungleichung

$$\int\limits_G \mu \operatorname{grad} v \operatorname{grad}(\varphi - v)\,dx \ - \ \int\limits_G f(\varphi - v)\,dx \ \geqslant \ 0 \qquad \forall\, \varphi \in C \tag{6.63}$$

genügen. Für Funktionen $v \in H^2(G)$ erhält man durch partielle Integration unter Benutzung von $\varphi = 0$ auf ∂G

$$-\int\limits_G (\mu \Delta v + f)\varphi \, dx \ \geqslant \ -\int\limits_G (\mu \Delta v + f)v \, dx \ + \ \int\limits_{\partial G} \mu \,\frac{\partial v}{\partial n}\, v \, dS \qquad \forall\, \varphi \in C \,.$$

Dies ist äquivalent mit den beiden Bedingungen

$$-(\mu\Delta v + f) \geqslant 0 \quad \text{in } G$$

und $\quad -\int\limits_G (\mu\Delta v + f)\,\Phi\,dx \;\geqslant\; -\int\limits_G (\mu\Delta v + f)\,v\,dx \;+\; \int\limits_{\partial G} \mu\,\frac{\partial v}{\partial n}\,v\,dS\,.$

In Beispiel 6.6 ist die konvexe Menge C gegeben durch

$$C = \{u \in H_0^1(G) \mid \; |\operatorname{grad} u(x)| \leqslant 1 \text{ in } G\}\,.$$

Die Menge C_K besteht aus allen Funktionen $v \in H^1(G)$, die der Ungleichung

$$\int\limits_G \operatorname{grad} v \operatorname{grad}(\varphi - v)\,dx \;-\; \int\limits_G f(\varphi - v)\,dx \;\geqslant\; 0 \qquad \forall\,\varphi \in C \tag{6.64}$$

genügen. Für $\varphi = 0$ folgt zunächst die notwendige Bedingung

$$\int\limits_G |\operatorname{grad} v|^2\,dx \;-\; \int\limits_G f\,v\,dx \;\leqslant\; 0\,. \tag{6.65}$$

Diesmal ist es aber nicht mehr ganz so einfach, notwendige und zugleich hinreichende Bedingungen anzugeben, die mit (6.64) äquivalent sind. Dies liegt an der Bedingung $|\operatorname{grad}\varphi(x)| \leqslant 1$, der die Funktionen φ aus C unterworfen sind. Hinreichend dafür, daß v zu C_K gehört, ist aber offensichtlich das Bestehen der verschärften Bedingung

$$\int\limits_G \operatorname{grad} v \operatorname{grad}(\varphi - v)\,dx \;-\; \int\limits_G f(\varphi - v)\,dx \;\geqslant\; 0 \qquad \forall\,\varphi \in C_0^\infty(G)\,.$$

Für Funktionen $v \in H^2(G)$ ist sie äquivalent mit

$$-\Delta v = f \;\text{ in } G\,, \qquad \int\limits_{\partial G} v\,\frac{\partial v}{\partial n}\,dS \;\leqslant\; 0\,.$$

Eine Funktion mit dieser Eigenschaft genügt auch der Ungleichung (6.65).

6.4 Nichtquadratische Extremalprobleme mit Ungleichungen als Nebenbedingungen

6.4.1 Problemstellung

Die Betrachtungen aus Abschn. 6.3.1 bis 6.3.4 lassen sich in ähnlicher Weise auch auf Extremalprobleme der Gestalt

$$J(u) = a(u, u) + 2\,F(u) \;\to\; \min\,, \qquad u \in C$$

übertragen, wobei C wieder eine konvexe Menge bezeichnet, während aber diesmal anstelle eines linearen Funktionals $\ell(\;)$ allgemeiner ein k o n v e x e s Funktional $F(\;)$ zugelassen ist.

Im einzelnen werde folgendes vorausgesetzt:

(1) Es sei E ein linearer Raum und $a(\ ,\ ) : E \times E \to \mathbf{R}$ eine symmetrische Bilinearform mit

$$a(u, u) \geqslant 0 \qquad \forall\, u \in E. \tag{6.68}$$

(2) Das Funktional $F(\ ) : E \to R$ sei in E konvex, d. h., für beliebige $u \in E$, $v \in E$ gelte

$$F((1 - t)u + tv) \leqslant (1 - t)F(u) + tF(v) \qquad \forall\, t \in (0, 1). \tag{6.69}$$

(3) Das Funktional $J(u) = a(u, u) + 2\,F(u)$ sei in C nach unten beschränkt,

$$J(u) \geqslant m \qquad \forall\, u \in C. \tag{6.70}$$

(4) Das Funktional $J(\ )$ sei in C streng konvex, d. h., für beliebige $u \in C$, $v \in C$ mit $u \neq v$ gelte

$$J((1 - t)u + tv) < (1 - t)J(u) + tJ(v) \qquad \forall\, t \in (0, 1). \tag{6.71}$$

Diese Voraussetzungen reichen zwar noch nicht aus, um die Existenz einer Lösung zu garantieren. Immerhin erhält man bereits

Satz 6.12 *Unter den Voraussetzungen* (1) *bis* (4) *besitzt das Extremalproblem*

$$J(u) = a(u, u) + 2\,F(u) \to \min, \qquad u \in C \tag{6.72}$$

höchstens eine Lösung. Im übrigen ist (6.72) *äquivalent mit der Aufgabe, ein* $u \in C$ *zu finden, das der Ungleichung*

$$a(u, v - u) + F(v) - F(u) \geqslant 0 \qquad \forall\, v \in C \tag{6.73}$$

genügt.

B e w e i s. Zunächst ist klar, daß (6.72) höchstens eine Lösung haben kann. Gäbe es nämlich zwei verschiedene Elemente, für die das Minimum angenommen wird, $J(u) = J(v) = d$, dann hätte man wegen (6.71)

$$J((1 - t)u + tv) < d \qquad \forall\, t \in (0, 1).$$

Dies ist ein Widerspruch zu der Annahme, daß d das Minimum ist. Wir zeigen nun, daß ein $u \in C$, das das Extremalproblem (6.72) löst, auch eine Lösung von (6.73) sein muß und umgekehrt. Es sei zunächst u Lösung von (6.72) und $v \in C$ beliebig. Dann ist für $0 < t < 1$ auch $v_t = (1 - t)u + tv = u + t(v - u) \in C$ sowie

$$J(u) \leqslant J(v_t) \qquad \forall\, t \in (0, 1).$$

Mit (6.69) ergibt sich

$$0 \leqslant J(v_t) - J(u) \leqslant 2\,t\,[a(u, v - u) + F(v) - F(u)] + t^2\,|\,v - u\,|^2.$$

Division durch 2 t und anschließende Limesbildung mit $t \to 0$ ergibt die Ungleichung (6.73).

Ist umgekehrt u eine Lösung von (6.73), dann erhält man mit beliebigem $v \in C$

$$J(v) - J(u) = |v - u|^2 + 2[a(u, v - u) + F(v) - F(u)]$$
$$\geqslant |v - u|^2$$

und damit $J(v) \geqslant J(u)$. Das heißt, u minimiert das Funktional $J(\ )$ in C.   □

B e m e r k u n g. Wenn das Funktional $F(\ )$ in C ein Differential im Sinne von
G a t e a u x besitzt, d. h., wenn zu jedem $u \in C$ ein lineares Funktional $F_u(\ ) : E \to \mathbf{R}$
existiert mit

$$\lim_{t \to 0} \frac{1}{t} [F(u + tw) - F(u)] = F_u(w)$$

für alle $w \in E$, dann ist die Ungleichung (6.73) auch äquivalent mit

$$a(u, v - u) + F_u(v - u) \geqslant 0 \qquad \forall v \in C. \tag{6.74}$$

Ist nämlich (6.74) erfüllt, so folgt aus der Konvexität von $F(\ )$ zunächst wie in Abschn.
6.2.1

$$F_u(v - u) \leqslant F(v) - F(u)$$

und damit (6.73). Ist umgekehrt (6.73) für alle $v \in C$ erfüllt, so gilt dies auch für $w_t =$
$u + t(v - u)$ mit $t \in (0, 1)$. Aus (6.73) folgt dann nach Division durch t

$$a(u, v - u) + \frac{1}{t} [F(u + t(v - u)) - F(u)] \geqslant 0$$

und daraus für $t \to 0$ die Ungleichung (6.74).

6.4.2 Ein Existenzsatz

Für Extremalprobleme der Gestalt (6.72) sind unter gewissen zusätzlichen Bedingungen
sehr allgemeine Existenzsätze bekannt, die auf der Theorie monotoner Operatoren beruhen. Man siehe hierfür etwa L i o n s [1] sowie die dort zitierte Literatur. Konstruktive Existenzbeweise, die zugleich numerische Näherungsverfahren liefern, findet man
speziell bei A u s l e n d e r [1]. Wir wollen uns hier damit begnügen, einen besonders
einfachen Fall zu betrachten. Über (1) bis (4) hinaus werde folgendes vorausgesetzt:

(5) Es sei U ein linearer Unterraum von E, und es sei

$$a(u, u) > 0 \qquad \forall u \in U, u \neq 0.$$

(6) Die konvexe Menge C sei in der linearen Mannigfaltigkeit $u_0 + U \subset E$ enthalten, und
U sowie C seien in Energienorm $|u| = a(u, u)^{1/2}$ abgeschlossen.

(7) $F(\ )$ ist in C halbstetig nach unten bezüglich der Energienorm, d. h., für jede konver-
gente Folge $u_1, u_2, \ldots$ aus C mit $|u_n - \bar{u}| \to 0$ folge stets für das Infimum von $F(u_n)$

$$\inf F(u_n) \geqslant F(\bar{u}).$$

Satz 6.13 *Unter den Voraussetzungen* (1) *bis* (7) *besitzt die Extremalaufgabe* (6.72) *und die mit ihr äquivalente Variationsungleichung* (6.73) *genau eine Lösung* $\overline{u} \in C$.

B e w e i s. Nach (3) ist $J(u)$ in C nach unten beschränkt. Es bezeichne d das Infimum, und es sei $u_1, u_2, \ldots$ eine Minimalfolge aus C:

$$J(u_1) \geqslant J(u_2) \geqslant \ldots \geqslant d, \qquad \lim_{n \to \infty} J(u_n) = d.$$

Die Minimalfolge ist nun notwendig auch eine Cauchyfolge. Dies ergibt sich aus der Parallelogrammgleichung

$$|u_m|^2 + |u_n|^2 = \frac{1}{2}|u_m - u_n|^2 + \frac{1}{2}|u_m + u_n|^2$$

zusammen mit der Konvexität von $F(\ )$. Addiert man nämlich zu der Parallelogrammgleichung die aus (6.69) für $t = 1/2$ folgende Ungleichung

$$2[F(u_m) + F(u_n)] \geqslant 4\, F\left(\frac{u_m + u_n}{2}\right),$$

dann erhält man

$$J(u_m) + J(u_n) \geqslant \frac{1}{2}|u_m - u_n|^2 + 2\, J\left(\frac{u_m + u_n}{2}\right)$$

$$\geqslant \frac{1}{2}|u_m - u_n|^2 + 2\, d.$$

Andererseits geht die linke Seite gegen $2\,d$ für $m \to \infty$, $n \to \infty$. Also ist auch

$$|u_m - u_n| \to 0 \qquad \text{für } m \to \infty, n \to \infty,$$

d. h., die Minimalfolge ist eine Cauchyfolge und konvergiert gegen einen Limes $\overline{u} \in u_0 + U$. Wegen der Abgeschlossenheit von C ist sogar $\overline{u} \in C$. Aus $|u_n|^2 \to |\overline{u}|^2$ für $n \to \infty$ zusammen mit der Halbstetigkeit von $F(\ )$ in C folgt

$$d = \lim_{n \to \infty} J(u_n) \geqslant |\overline{u}|^2 + 2\, F(\overline{u}) = J(\overline{u}).$$

Andererseits ist d untere Grenze von $J(u)$. Also ist $J(\overline{u}) = d$ und $\overline{u}$ löst die Extremalaufgabe (6.72). $\qquad\qquad\qquad\qquad\qquad\qquad\qquad\qquad\qquad\qquad$ □

Es sei in diesem Zusammenhang noch erwähnt, daß in der Literatur auch Probleme vom Typ der Variationsungleichungen behandelt worden sind, bei denen aber die Bilinearform nicht notwendig symmetrisch ist, so daß das Problem auch nicht auf ein Extremalproblem zurückgeführt werden kann. Existenzsätze für Variationsungleichungen von diesem allgemeineren Typ wurden von L i o n s und S t a m p a c c h i a [1] angegeben. Neuer Literatur findet man in dem schon angeführten Übersichtsartikel von L i o n s [1] zitiert.

6.4.3 Komplementäre Extremalprobleme

Der Einfachheit halber legen wir in diesem Abschnitt folgende Voraussetzungen zugrunde
Es seien die Voraussetzungen (1) bis (4) aus Abschn. 6.4.1 erfüllt, und die Extremalaufgabe (6.72) bzw. die mit ihr äquivalente Variationsungleichung (6.73) besitze eine Lösung $\overline{u} \in C$.

Neben der konvexen Menge C betrachten wir die Menge C_K, die aus allen $v \in E$ bestehe, die der Ungleichung

$$a(v, \varphi - v) + F(\varphi) - F(v) \geqslant 0 \qquad \forall \, \varphi \in C \tag{6.75}$$

genügen. Die Menge C_K ist nicht leer, da sie die Lösung $\overline{u}$ enthält. In Analogie zu Satz 6.10 hat man dann zunächst

Satz 6.14 *Die Menge* C_K *ist konvex, und für ihren Durchschnitt mit C gilt*

$$C \cap C_K = \{\overline{u}\} \, . \tag{6.76}$$

B e w e i s. Ein Element $u \in C$, das zugleich (6.75) genügt, ist auch Lösung von (6.73).
Diese ist aber eindeutig bestimmt. Daraus folgt (6.76). Die Konvexität ergibt sich wie
folgt: Es seien $u \in C_K$ und $v \in C_K$ beliebig gegeben. Es ist zu zeigen, daß dann für
$0 \leqslant t \leqslant 1$ auch

$$w_t = u + t(v - u) = (1 - t)u + tv \in C_K$$

ist. Setzt man w_t in die linke Seite von (6.75) ein, so folgt für festes $\varphi \in C$ aus der Konvexitätseigenschaft (6.69) zunächst

$$a(w_t, \varphi - w_t) + F(\varphi) - F(w_t) \geqslant a(w_t, \varphi - w_t) + F(\varphi) - (1 - t)\,F(u) - tF(v) \, .$$

Die rechte Seite ist ein quadratisches Polynom in t, in dem t^2 mit dem Koeffizienten
$- \mid v - u \mid^2 \, \leqslant 0$ auftritt. Für $t = 0$ und $t = 1$ nimmt das Polynom je einen nicht negativen Wert an. Daher trifft dies auch für $0 \leqslant t \leqslant 1$ zu, d. h., w_t genügt der Ungleichung
(6.75), und C_K ist eine konvexe Menge.

Weiter erhält man nun in Analogie zu Satz 6.11

Satz 6.15 *Es ist*

$$\min_{u \in C} J(u) = J(\overline{u}) = \max_{v \in C_K} J(v) \, . \tag{6.77}$$

Außerdem bestehen für beliebige $u \in C$ *und* $v \in C_K$ *die Ungleichungen*

$$\mid u - \overline{u} \mid^2 \, \leqslant J(u) - J(\overline{u}) \tag{6.78}$$

$$\mid v - \overline{u} \mid^2 \, \leqslant J(\overline{u}) - J(v) \tag{6.79}$$

$$4 \mid \frac{u + v}{2} - \overline{u} \mid^2 \, \leqslant 2\,J(u) - 2\,J(v) - \mid v - u \mid^2 \, . \tag{6.80}$$

B e w e i s. Die Herleitung beruht wieder auf der einfachen Ungleichung

$$a(v - u, v - u) = a(u, u) - 2\,a(u, v) + a(v, v) \geqslant 0\,.$$

Aus ihr folgt

$$J(u) = a(u, u) + 2\,F(u)$$
$$\geqslant a(v, v) + 2\,F(v) + 2\,[a(v, u - v) + F(u) - F(v)]\,.$$

Für $u \in C$ und $v \in C_K$ folgt dann aus (6.75) mit $\varphi = u$ die Ungleichung $J(u) \geqslant J(v)$. Dabei ist $u = \overline{u}$ bzw. $v = \overline{u}$ eine zulässige Wahl. Damit ergibt sich zunächst (6.77). Für die Lösung $\overline{u}$, die der Variationsgleichung (6.73) genügt, ergibt sich weiter

$$|\,u - u\,|^2 \leqslant |\,u - \overline{u}\,|^2 + 2\,[a(\overline{u}, u - \overline{u}) + F(u) - F(\overline{u})]$$
$$= J(u) - J(\overline{u})\,.$$

Für ein $v \in C_K$, das also der Ungleichung (6.75) genügt, findet man für $\varphi = \overline{u}$

$$|\,v - \overline{u}\,|^2 \leqslant |\,v - \overline{u}\,|^2 + 2\,[a(v, \overline{u} - v) + F(\overline{u}) - F(v)]$$
$$= J(\overline{u}) - J(v)\,.$$

Schließlich erhält man aufgrund der Identität

$$|\,(u - \overline{u}) + (v - \overline{u})\,|^2 + |\,(u - \overline{y}) - (v - \overline{u})\,|^2 = 2\,|\,u - \overline{u}\,|^2 + 2\,|\,v - \overline{u}\,|^2$$

die Ungleichung

$$|\,u + v - 2\,\overline{u}\,|^2 + |\,v - u\,|^2 \leqslant 2\,J(u) - 2\,J(v)$$

und damit (6.80). $\qquad\qquad\qquad\qquad\qquad\qquad\qquad\qquad\qquad\qquad\qquad\qquad$ □

Zur numerischen Auswertung der Normabschätzungen (6.78) bis (6.80) benötigt man also einerseits Funktionen $u_1, \ldots, u_m \in C$, mit denen man konvexe Linearkombinationen $u = \xi_1 u_1 + \ldots + \xi_m u_m \in C$ bildet, sowie andererseits Funktionen $v_1, \ldots,$ $v_n \in C_K$, deren konvexe Linearkombinationen $v = \eta_1 v_1 + \ldots + \eta_n v_n$ dann ebenfalls zu C_K gehören. Die optimale Näherung $(u + v)/2$ für $\overline{u}$ wird dann erhalten, indem man in (6.80) die rechte Seite minimiert. Dies ist wieder ein Problem der konvexen Optimierung zur Bestimmung der noch verfügbaren $\xi_1, \ldots, \xi_m$ und $\eta_1, \ldots, \eta_n$.
Nun kann aber das Auffinden spezieller $v_1, \ldots, v_n \in C_K$ durchaus unbequem sein. Die rechnerischen Schwierigkeiten können aber mitunter wesentlich reduziert werden, wenn die Bilinearform $a(\ ,\ )$ mit einem geeigneten linearen Operator T, der E in einen anderen Raum E' mit innerem Produkt $(\ ,\ )$ abbildet, in der Form $a(u, v) = (Tu, Tv)$ geschrieben werden kann. Dies soll im folgenden erläutert werden.
Es sei zunächst in dem linearen Raum E das Extremalproblem

$$J(u) = a(u, u) + 2\,F(u) \to \min\,, \qquad u \in C$$

gegeben, wobei die Voraussetzungen (1) bis (4) aus Abschn. 6.4.1 erfüllt seien. Das Extremalproblem besitze eine Lösung $\overline{u} \in C$.

Weiter sei E' ein im allgemeinen von E verschiedener linearer Raum mit (semidefinitem) innerem Produkt $(\ ,\ )$ und zugehöriger (Halb-)Norm $\|\ \|$. Schließlich sei $T : E \rightarrow E'$ ein linearer Operator mit

$$a(u, v) = (Tu, Tv) \qquad \forall\, u, v \in E. \tag{6.81}$$

Wir betrachten nun in dem Produktraum $E' \times E$ für Paare $u' \in E'$, $u \in E$ das Funktional

$$\hat{J}(u', u) = (u', u') + 2\, F(u).$$

Die konvexen Mengen C und C_K werden ersetzt durch Mengen $\hat{C}$ und $\hat{C}_K$, die wie folgt definiert sind: Es sei $\hat{C}$ die Menge aller Paare $u' \in E'$, $u \in E$ mit

$$u' = Tu, \qquad u \in C. \tag{6.82}$$

Ferner sei $\hat{C}_K$ die Menge aller Paare $v' \in E'$, $v \in E$, die der Ungleichung

$$(v', T\varphi - v') + F(\varphi) - F(v) \geqslant 0 \qquad \forall\, \varphi \in C \tag{6.83}$$

genügen.

Zunächst ist klar, daß $\hat{C}$ eine konvexe Menge ist. Mit einer leichten Modifikation des Beweises von Satz 6.14 erhält man dann

Satz 6.16 *Der Durchschnitt der konvexen Mengen $\hat{C}$ und $\hat{C}_K$ besteht nur aus einem Element, nämlich dem Paar* $u' = T\overline{u}$, $u = \overline{u}$:

$$\hat{C} \cap \hat{C}_K = \{T\overline{u}, \overline{u}\}.$$

Ebenfalls mit nur leichter Modifikation des Beweises von Satz 6.15 erhält man jetzt

Satz 6.17 *Es ist*

$$\min_{u \in C} J(u) = J(\overline{u}) = \max_{v', v \in \hat{C}_K} \hat{J}(v', v). \tag{6.84}$$

Außerdem bestehen für beliebiges $u \in C$ *und* $(v', v) \in \hat{C}_K$ *die Ungleichungen*

$$\| Tu - T\overline{u} \|^2 \leqslant J(u) - J(\overline{u}) \tag{6.85}$$

$$\| v' - T\overline{u} \|^2 \leqslant J(\overline{u}) - \hat{J}(v', v) \tag{6.86}$$

$$4 \left\| \frac{Tu + v'}{2} - \overline{u} \right\|^2 \leqslant 2\, J(u) - 2\, \hat{J}(v', v) - \| v' - Tu \|^2. \tag{6.87}$$

B e w e i s. Mit Hilfe der elementaren Ungleichung

$$\| Tu - v' \|^2 = \| Tu \|^2 - 2(Tu, v') + \| v' \|^2 \geqslant 0$$

folgt aus (6.81) und (6.83) mit $\varphi = u$

$$J(u) = (v', v') + 2\, F(v) + 2\, [(v', Tu - v') + F(u) - F(v)]$$
$$\geqslant \hat{J}(v', v).$$

Das ergibt zunächst (6.84). Im übrigen folgt (6.85) bis (6.87) ganz analog zum Beweis von Satz 6.15. Insbesondere ist

$$\| v' - T\bar{u} \|^2 \;\leqslant\; \| v' - T\bar{u} \|^2 + 2\,[(v', T\bar{u} - v') + F(\bar{u}) - F(v)]$$
$$= J(\bar{u}) - \hat{J}(v', v)\,.$$

(6.87) schließlich folgt unter Verwendung von

$$\| (Tu - T\bar{u}) + (v' - T\bar{u}) \|^2 \;+\; \| (Tu - T\bar{u}) - (v' - T\bar{u}) \|^2 \;=$$
$$=\; 2\,\| Tu - T\bar{u} \|^2 + 2\,\| v' - T\bar{u} \|^2\,. \qquad\qquad \square$$

6.4.4 Beispiele

Wir wollen die Ergebnisse aus Abschn. 6.4.3 an einfachen Beispielen erläutern. Im einen Fall handelt es sich um eine Randwertaufgabe mit einer nichtlinearen Differentialgleichung und im anderen Fall mit einer nichtlinearen Randbedingung. Verallgemeinerungen liegen auf der Hand. In beiden Beispielen bezeichnet G jeweils ein bechränktes Gebiet mit regulärem Rand.

Beispiel 6.7 Ähnlich wie in Beispiel 6.2 legen wir folgendes zugrunde: Es sei $G \subset \mathbf{R}^N$ mit $N = 2$ oder $N = 3$, und es sei $E = H^1(G)$ sowie

$$a(u, v) = \int\limits_{G} \mathrm{grad}\, u \,\mathrm{grad}\, v \, dx\,, \qquad F(u) = \int\limits_{G} \frac{1}{q}\, u^q dx - \int\limits_{G} fu \, dx\,.$$

Dabei sei der Exponent q eine gerade Zahl $q \geqslant 2$. Im Fall $N = 2$ ist eine Funktion $u \in H^1(G)$ zugleich auch eine Funktion aus $L_q(G)$ für alle $q \geqslant 2$. Im Fall $N = 3$ ist dies jedenfalls richtig für $2 \leqslant q \leqslant 6$. (Man vergleiche auch Beispiel 6.2.) Für solche Werte von q ist dann jeweils $H^1(G)$ in $L_q(G)$ stetig eingebettet, und $F(u)$ ist definiert. Der Rand ∂G von G bestehe nun aus zwei Anteilen Γ_1 und Γ_2. Es sei

$$U = \{u \in H^1(G) \mid \quad u = 0 \text{ auf } \Gamma_1\}$$
$$\text{und} \qquad C = \{u \in H^1(G) \mid \quad u = 0 \text{ auf } \Gamma_1, u \geqslant 0 \text{ auf } \Gamma_2\}\,.$$

In U sind $\| \; \|_1$ und die Energienorm $|\;|$ äquivalente Normen. Es ist leicht zu sehen, daß $F(\;)$ in U konvex, stetig und nach unten beschränkt ist. Das Extremalproblem

$$J(u) = a(u, u) + 2\,F(u) \;\to\; \min\,, \qquad u \in C$$

besitzt also eine eindeutig bestimmte Lösung $\bar{u}$ in der abgeschlossenen Menge C. Mit $E' = (L_2(G))^N$, $u' = (u_1, \ldots, u_N)$, $Tu = \mathrm{grad}\, u$ sowie

$$(u', v') = \int\limits_{G} u'v' dx$$
$$\text{und} \qquad \hat{C} = \{(u', u) \in E' \times E \mid \quad u' = \mathrm{grad}\, u\,, u \in C\}$$

erhält man dann

$$\hat{J}(u', u) = \int_G |u'|^2 \, dx + 2 \int_G \frac{1}{q} u^q dx - 2 \int_G fu \, dx \, .$$

Die konvexe Menge $\hat{C}_K \subset E' \times E$ besteht aus allen Paaren v', v, die der Ungleichung

$$(v', T\varphi - v') + F(\varphi) - F(v) \geqslant 0 \qquad \forall \, \varphi \in C$$

bzw. der mit ihr äquivalenten Ungleichung

$$(v', T\varphi - v') + F_v(\varphi - v) \geqslant 0 \qquad \forall \, \varphi \in C$$

genügen. Ausführlich geschrieben lautet sie

$$\int_G v' \mathrm{grad} \, \varphi \, dx + \int_G (v^{q-1} - f) \, \varphi \, dx \geqslant \int_G |v'|^2 dx + \int_G (v^{q-1} - f) v \, dx \qquad \forall \, \varphi \in C \, .$$

Die Ungleichung muß speziell für alle $\varphi \in C_0^\infty(G)$ gelten. Sie ist daher eine schwache Form der Randwertaufgabe

$$-\mathrm{div} \, v' + v^{q-1} = f \quad \text{in } G \, , \qquad v'n \geqslant 0 \quad \text{auf } \Gamma_2$$

mit der Nebenbedingung

$$\int_G |v'|^2 dx + \int_G (v^{q-1} - f) v \, dx \leqslant 0 \, .$$

Im Sonderfall $f \geqslant 0$ kann man eine spezielle Lösung sofort angeben, nämlich $v' = 0$, $v^{q-1} = f$. Allgemeiner hat man für beliebige $u \in C$ und beliebige $(v', v) \in \hat{C}_K$ die Aussage von Satz 6.17.

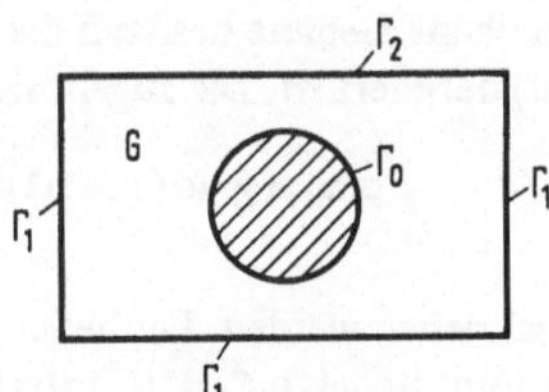

Fig. 6.2
Zu Beispiel 6.8

Beispiel 6.8 Wir betrachten eine nichtlineare Randwertaufgabe aus der Theorie der W ä r m e l e i t u n g (stationäre Temperaturverteilung). Zunächst sei G ein ebenes Gebiet, dessen Rand gemäß Fig. 6.2 aus drei Anteilen Γ_0, Γ_1 und Γ_2 bestehe. Gefragt ist nach der stationären Temperaturverteilung u, die sich unter den Randbedingungen

$$u = \alpha \quad \text{auf } \Gamma_0 \, (\alpha > 0) \, , \qquad \frac{\partial u}{\partial n} = 0 \quad \text{auf } \Gamma_1$$

$$\frac{\partial u}{\partial n} + \beta u^4 = 0 \quad \text{auf } \Gamma_2 \, (\beta > 0)$$

$$(6.88)$$

einstellt. Man hat also gegebene Temperatur auf Γ_0, keinen Wärmeübergang auf Γ_1, sowie Wärmeabstrahlung auf Γ_2 nach dem S t e f a n - B o l t z m a n n s c h e n G e - s e t z. Im übrigen ist die stationäre Temperaturverteilung u Lösung der Differential- gleichung

$$\Delta u = 0 \quad \text{in } G . \tag{6.89}$$

Da es sich um die absolute Temperatur handelt, hat man zusätzlich die physikalische Bedingung $u \geqslant 0$. Es genügt aber bereits, $u \geqslant 0$ auf Γ_1 und Γ_2 zu verlangen. Nach dem Maximumprinzip für harmonische Funktionen folgt dann auch $u \geqslant 0$ in $\overline{G}$.

Wir setzen nun $E = H^1(G)$, $U = \{u \in H^1(G) \mid u = 0 \text{ auf } \Gamma_0\}$ sowie

$$C = \{u \in H^1(G) \mid u = \alpha \text{ auf } \Gamma_0 , u \geqslant 0 \text{ auf } \partial G\} .$$

Ferner sei

$$g(t) = \begin{cases} \dfrac{\beta}{5} t^5 & \text{für } t \geqslant 0 \\[2mm] 0 & \text{für } t < 0 . \end{cases}$$

Dies ist eine konvexe Funktion mit der Ableitung

$$g'(t) = \begin{cases} \beta t^4 & \text{für } t > 0 \\[2mm] 0 & \text{für } t < 0 . \end{cases}$$

Wir betrachten nun die Extremalaufgabe

$$J(u) = \int\limits_G |\operatorname{grad} u|^2 \, dx + 2 \int\limits_{\Gamma_2} g(u) \, dS \;\to\; \min , \quad u \in C .$$

Für ebene Gebiete besitzen die Funktionen aus $H^1(G)$ Randwerte in $L_5(\partial G)$, so daß $J(u)$ definiert ist. Die zugehörige Variationsungleichung kann in der Form

$$\int\limits_G \operatorname{grad} u \operatorname{grad}(\varphi - u) \, dx + \int\limits_{\Gamma_2} g'(u)(\varphi - u) \, dS \geqslant 0 \quad \forall \, \varphi \in C$$

geschrieben werden. Für beliebige $\psi \in C_0^\infty(G)$ ist dann auch $\varphi = u + \psi \in C$. Daraus folgt für Funktionen $u \in H^2(G)$ zunächst

$$\Delta u = 0 \quad \text{in } G .$$

Außerdem ergibt sich, da man auf Γ_1 und Γ_2 auch $\psi \geqslant 0$ wählen darf,

$$\frac{\partial u}{\partial n} \geqslant 0 \quad \text{auf } \Gamma_1 , \qquad \frac{\partial u}{\partial n} + \beta u^4 \geqslant 0 \quad \text{auf } \Gamma_2 .$$

Für $\varphi \in C$ mit $\varphi = \alpha$ auf Γ_0 und $\varphi = 0$ auf Γ_1 und Γ_2 erhält man weiter

$$\int\limits_{\Gamma_1} \frac{\partial u}{\partial n} u \, dS + \int\limits_{\Gamma_2} \left(\frac{\partial u}{\partial n} + \beta u^4 \right) u \, dS \leqslant 0 .$$

Überall dort auf Γ_1 und Γ_2, wo $u > 0$ ist, muß daher notwendig

$$\frac{\partial u}{\partial n} = 0 \quad \text{bzw.} \quad \frac{\partial u}{\partial n} + \beta u^4 = 0$$

gelten. In Punkten auf Γ_1 und Γ_2, wo $u = 0$ ist, hat man zunächst $\partial u / \partial n \geqslant 0$ zur Verfügung. Da aber nach dem Maximumprinzip für harmonische Funktionen in G überall $u \geqslant 0$ ist, folgt notwendig für die Ableitung in Richtung der äußeren Normalen auch $\partial u / \partial n \leqslant 0$ und damit $\partial u / \partial n = 0$.

Wenn also die Variationsungleichung eine Lösung im klassischen Sinn besitzt, ist sie zugleich Lösung der Randwertaufgabe (6.88), (6.89).

Wie in Beispiel 6.7 setzen wir $E' = (L_2(G))^N$ mit $N = 2$ sowie $Tu = \text{grad } u$. Diesmal erhält man

$$\hat{J}(u', u) = \int\limits_G |u'|^2 \, dx + 2 \int\limits_{\Gamma_2} g(u) \, dS \, ,$$

und die konvexe Menge $\hat{C}_K$ besteht aus allen Paaren $(v', v) \in E' \times E$, die der Ungleichung

$$\int\limits_G v'(\text{grad } \varphi - v') \, dx + \int\limits_{\Gamma_2} g'(v)(\varphi - v) \, dS \geqslant 0 \qquad \forall \, \varphi \in C$$

genügen. Hinreichend dafür ist, daß v', v Lösung von

$$\text{div } v' = 0 \quad \text{in } G \, , \qquad v'n \geqslant 0 \quad \text{auf } \Gamma_1 \, , \qquad v'n + \beta v^4 \geqslant 0 \qquad \text{auf } \Gamma_2$$

ist sowie der Bedingung

$$\alpha \int\limits_{\Gamma_0} v'n \, dS \geqslant \int\limits_G |v'|^2 \, dx + \int\limits_{\Gamma_2} g'(v) \, v \, dS$$

genügt. Für beliebige Funktionen $u \in C$ und Paare v', v aus $\hat{C}_K$ gelten dann die Aussagen von Satz 6.17.

Im Fall räumlicher Gebiete ($N = 3$) gehören die Randwerte $u|_{\partial G}$ einer Funktion $u \in H^1(G)$ nicht ohne weiteres zu $L_5(\partial G)$. Man muß sich daher von vornherein auf solche Funktionen beschränken. Man kann aber mit Hilfe allgemeiner Existenzsätze aus der Theorie von Variationsungleichungen zeigen, daß eine Lösung $\bar{u}$ mit dieser Eigenschaft existiert. Alles übrige gilt unverändert.

Literatur

A g m o n, S.: [1] Lectures on elliptic boundary value problems. New York 1965. = Van Nostrand Math. Studies No. 2

A r t h u r s, A. M.: [1] Complementary variational principles. Oxford 1970

A u b i n, J.-P.: [1] Approximation of elliptic boundary value problems. London-New York-Sidney 1972

A u s l e n d e r, A.: [1] Problèmes de Minimax via l'analyse convexe et les inégalités variationnelles: Théorie et algorithmes. Berlin-Heidelberg-New York 1972. = Lecture Notes in Economics and Mathematical Systems No. 77

A z i z, A. K. (Ed.): [1] The mathematical foundations of finite element method with applications to partial differential equations. New York-London-San Francisco 1972

B a b ǔ s k a, I.; A z i z, A. K.: [1] Survey lectures on the mathematical foundations of the finite element method. In: Aziz, A. K. (Ed.): [1], 3–359

B a b ǔ s k a, I.; P r a g e r, M.; V i t á s e k, E.: [1] Numerical processes in differential equations. London-New York-Sidney 1966

B i r m a n, M. S. [1] Über die Variationsmethode von Trefftz für die Gleichung $\Delta^2 u = f$ (russ.). Doklady Akad. Nauk. USSR **101** (1955) 201–204
[2] Variationsmethoden analog dem Trefftzschen Verfahren zur Lösung von Randwertaufgaben (russ.). Vestnik der Lenigrader Universität, Serie Mathematik, Mechanik und Astronomie, 13 (1956)

B i t t n e r, L.: [1] Abschätzungen bei Variationsmethoden mit Hilfe von Dualitätssätzen. I. Numer. Math. **11** (1968) 129–143

C o l l a t z, L.; W e t t e r l i n g, W.: [1] Optimierungsaufgaben. 2. Aufl. Berlin-Heidelberg-New York 1971. = Heidelberger Taschenbücher Band 15

C o u r a n t, R.: [1] Variational methods for the solutions of problems of equilibrium and vibrations. Bull. Amer. Math. Soc. **49** (1943) 1–23

C o u r a n t, R.; H i l b e r t, D.: [1] Methoden der mathematischen Physik. Bd. 1, dritte Aufl. 1968. Bd. 2, zweite Aufl. 1968. Berlin-Heidelberg-New York. = Heidelberger Taschenbücher Bd. 30 und 31

C o o p e r m a n, P.: [1] An extension of the method of Trefftz for finding local bounds on the solutions of boundary value problems, and on their derivatives. Quart. Appl. Math. **10** (1953) 359–373

D i a z, J. B.: [1] Upper and lower bounds for quadratic integrals and, at a point, for solutions of linear boundary value problems. In: L a n g e r, R. E. (Ed.): Boundary problems in differential equations. Madison 1959, 47–83
[2] The inequality of Schwarz and pointwise upper and lower bounds for the Dirichlet problem. SIAM J. Appl. Math. **25** (1973) 325–334

D i a z, J. B.; G r e e n b e r g, H. J.: [1] Upper and lower bounds for the solution of the first biharmonic boundary value problem. J. of Math. and Phys. **27** (1948) 193–201

D i a z, J. B.; W e i n s t e i n, A.: [1] Schwarz' inequality and the method of Rayleigh-Ritz and Trefftz. J. of Math. and Phys. **26** (1947) 133–136

[2] The torsional rigidity and variational methods. Amer. J. of Math. **70** (1948) 107–116

D u v a u t, G.; L i o n s, J. L.: [1] Les inéquations en mécanique et en physique. Paris 1972

F i c h e r a, G.: [1] Linear elliptic differential systems and eigenvalue problems. Berlin-Heidelberg-New York 1965. = Lecture Notes in Mathematics Nr. 8
[2] Existence theorems in elasticity. In: F l ü g g e, S. (Hrsg.): Handbuch der Physik VIa/2. Berlin-Heidelberg-New York 1972, 347–389
[3] Problemi elastostatici con vincoli unilaterali: il problema di Signorini con ambigue condizioni al contorno. Atti Accad. Naz. Lincei, Memorie Cl. Sci. Fis. Mat. Nat. **7** (1964) 91–140
[4] Boundary value problems of elasticity with unilateral constraints. In: F l ü g g e, S. (Hrsg.): Handbuch der Physik VIa/2. Berlin-Heidelberg-New York 1972, 391–424
[5] Metodi e risultati concernenti l'analisi numerica e quantitativa. Atti Accad. Naz. Lincei, Memorie Cl. Sci. Fis. Mat. Nat. **12** (1974) 1–202

F r a e i j s d e V e u b e k e, G.: [1] A new variational principle for finite elastic displacements. Int. J. of Engng. Sci. **10** (1972) 745–763

F r i e d, I.: [1] The ℓ_2 and ℓ_∞ condition numbers of the finite element stiffness and mass matrices, and the pointwise convergence of the method. In: W h i t e m a n, J. R. (Ed.): [1], 163–174

F r i e d r i c h s, K.: [1] Ein Verfahren der Variationsrechnung, das Minimum eines Integrals als das Maximum eines anderen Ausdruckes darzustellen. Nachr. d. Ges. Wiss. Göttingen, Math. Phys. Kl. (1929) 13–20

F u j i t a, H.: [1] Contribution to the theory of upper and lower bounds in boundary value problems. J. of the Phys. Soc. Japan **10** (1955) 1–8

G l o w i n s k i, R.; L i o n s, J. L.; T r e m o l i e r e s, R.: [1] Approximation numérique de la solution des inéquations variationnelles. Paris 1975

G r a m, J. G. (Ed.): [1] Numerical solution of partial differential equations. Proc. of the NATO Advanced Study Institute, held at Kjeller, Norway, August 20–24, 1973. Dordrecht-Boston 1973

G r e e n b e r g, H. J.: [1] The determination of upper and lower bounds for the solution of the Dirichlet problem. J. of Math. and Phys. **27** (1948) 161–182

G r o s s, W.: [1] Sul calcolo della capacita elletrostatica di un conduttore. Atti Accad. Naz. Lincei, R. C. Sc. Fis. Mat. Nat. **12** (1952) 496–506

H e r s c h, J.: [1] Une transformation variationnelle apparentée à celle de Friedrichs, conduisant à la méthode des problèmes auxiliaires unidimensionnels. Enseign. Math. **11** (1964) 159–169

H e u s e r, H.: [1] Funktionalanalysis. Stuttgart 1975.

K a t o, T.: [1] On some approximate methods concerning the operators T*T. Math. Ann. **126** (1953) 253–262

K o i t e r, W. T.: [1] On the principle of stationary complementary energy in the nonlinear theory of elasticity. SIAM J. Appl. Math. **25** (1973) 424–434

L i o n s, J. L.: [1] Partial differential inequalities. Russ. Math. Surv. 27 (1972) 51–159
[2] Quelques méthodes de résolution des problèmes aux limites non linéaires. Paris 1969

L i o n s, J. L.; S t a m p a c c h i a, G.: [1] Variational inequalities. Comm. Pure Appl.
Math. 20 (1967) 493–519

M c M a h o n, J.: [1] Lower bounds for the electrostatic capacity of a cube. Proc. of
the roy. Irish Acad. 55 (1952–1953) 133–167

M a p l e, C. G.: [1] The Dirichlet problem: Bounds at a point for the solution and its
derivatives. Quart. Appl. Math. 8 (1950) 213–228

M i c h l i n, S. G.: [1] Variationsmethoden der Mathematischen Physik. Berlin 1962
[2] The problem of the minimum of a quadratic functional. San Francisco-London-
Amsterdam 1965
[3] Numerische Realisierung von Variationsmethoden. Berlin 1969

M i t c h e l l, A. R.: [1] An introduction to the mathematics of the finite element
method. In: W h i t e m a n, J. R. (Ed.): The mathematics of finite elements and applications. New York-London-San Francisco 1973, 37–58
[2] Variational principles – A survey. In: G r a m, J. G. (Ed.): [1], 17–33
[3] Element types and base functions. In: G r a m, J. G. (Ed.): [1], 107–150

N e č a s, J.: [1] Les méthodes directes en théorie des équations elliptiques. Paris; Prag
1967

N i r e n b e r g, L.: [1] Remarks on strongly elliptic partial differential equations.
Commun. Pure Appl. Math. 8 (1955) 648–674

N o b l e, B.: [1] Complementary variational principles for boundary-value problems I.
Basic principles. Math. Res. Cent., Univ. of Wisconsin, Rep. #473 (1964)

N o b l e, B.; S e w e l l, M. J.: [1] On dual extremum principles in applied mathematics.
J. Inst. Math. Appl. 9 (1972) 123–193

P a r r, W. E.: [1] Upper and lower bounds for the capacitance of the regular solids.
J. Soc. Indust. Appl. Math. 9 (1961) 334–386

P a y n e, L. E.; W e i n b e r g e r, H. F.: [1] New bounds in harmonic and biharmonic
problems. J. Math. Phys. 33 (1955) 291–307

P ó l y a, G.: [1] Estimating electrostatic capacity. Amer. Math. Monthly 54 (1947)
201–206

P o l y a, G.; S z e g ö, G.: [1] Isoperimetric inequalities in mathematical physics.
Princeton, N. J. 1951. = Ann. of Math. Studies No. 27

P r a g e r, W.; S y n g e, J. L.: [1] Approximations in elasticity based on the concept
of function space. Quart. Appl. Math. 5 (1947) 241–269

R a l l, L. B.: [1] On complementary variational principles. J. Math. Anal. Appl. 14
(1966) 174–184

R a y l e i g h, L o r d [1] Theory of sound. 2. Aufl. London 1894 und 1896.

R i e d e r, G.: [1] Eingrenzungen in der Elastizitäts- und Potentialtheorie. Z. f. angew.
Math. Mech. 52 (1972) T340–T347

R i t z, W.: [1] Über eine neue Methode zur Lösung gewisser Variationsprobleme der
mathematischen Physik. J. reine angew. Math. 135 (1908) 1–61

R o b i n s o n, P. D.: [1] Complementary variational principles. In: R a l l, L. B. (Ed.): Nonlinear functional analysis and applications. New York-London-San Francisco 507–576

S e w e l l, M. J.: [1] Dual approximation principles and optimization in continuum mechanics. Phil. Trans. Roy. Soc. (London) **A 265** (1969) 319–351

S l o b o d i a n s k i, M. G.: [1] Über die Transformation von Minimalproblemen für Funktionale in Maximalprobleme (russ.). Doklady Akad. Nauk USSR **91** (1953), 4
[2] Über die angenäherte Lösung linearer Aufgaben, die auf Variationsprobleme führen (russ.). Angew. Math. Mech. **17** (1953)

S m i r n o w, W. I.: [1] Lehrgang der höheren Mathematik, Teil V. Berlin 1965

S n e i d e r L u d o v i c i, M. A.: [1] Sulla capacità ellestrotatica di una superficie chiusa. Atti Accad. Naz. Lincei, Memorie Cl. Sci. Fis. Mat. Nat. 10 (1970) 99–152

S o b o l e v, S. L.: [1] Applications of functional analysis in mathematical physics. Amer. Math. Soc. Providence, R. I. 1963. = Transl. of Math. Monographs vol. 7

S o k o l n i k o f f, I. S. [1] Mathematical theory of elasticity. Second ed. New York 1956

S t r a n g, G.; F i x, G. J.: [1] An analysis of the finite element method. Englewood Cliffs, N. J. 1973

S t r i e d e r, W., A r i s, R.: [1] Variational methods applied to problems of diffusion and reaction. Berlin-Heidelberg-New York 1973. = Springer Tracts in natur. Philosophy vol. 24

S y n g e, J. L.: [1] The hypercircle in mathematical physics. Cambridge 1957
[2] Upper and lower bounds for the solutions of problems in elasticity. Proc. Roy. Irish Acad. **A 53** (1950) 41–64
[3] Pointwise bounds for the solutions of certain boundary-value problems. Proc. Roy. Soc. London **208** (1951) 170–175

S t u m p f, H.: [1] Die Berechnung statischer und geometrischer Feldgrößen elastischer Randwertprobleme durch punktweise Eingrenzung. Acta Mech. **12** (1971) 223–243

T e m a m, R.: [1] Numerical analysis. Dordrecht-Boston 1973

T i n g, T. W.: [1] Topics in the mathematical theory of plasticity. In: F l ü g g e, S. (Hrsg.): Handbuch der Physik VIa/3. Berlin-Heidelberg-New York 1973, 535–590

T r e f f t z, E.: [1] Ein Gegenstück zum Ritzschen Verfahren. Verhandl. d. 2. Internat. Kongreß f. tech. Mech. Zürich 1926. Zürich 1927, 131–138
[2] Konvergenz und Fehlerabschätzung beim Ritzschen Verfahren. Math. Ann. **100** (1928) 503–521

V a i n b e r g, M. M.: [1] Variational methods for the study of nonlinear operators. San Francisco-London-Amsterdam 1964
[2] Variational method and method of monoton operators in the theory of nonlinear equations. New York-London 1973

W a c h s p r e s s, E. L.: [1] A rational finite element basis. New York-London-San Francisco 1975

W a s h i z u, K.: [1] Bounds for solutions of boundary value problems in elasticity.
J. Math. Phys. **32** (1953) 117—128
[2] Variational methods in elasticity and plasticity. Oxford-New York-Toronto-Sydney
2. Aufl. 1975

W e b e r, C.: [1] Eingrenzung von Verschiebungen und Zerrungen mit Hilfe der Mini-
malsätze. Z. f. angew. Math. Mech. **22** (1942) 130—136

W h i t e m a n, J. R. (Ed.): [1] The mathematics of finite elements and applications.
New York-London-San Francisco 1973

Z a r e m b a, S.: [1] Sur le principe de minimum. Bull. Int. Acad. Sci. Cracovie, Cl. Sci.
Math. Nat. **7** (1909) 197—264
[2] Sur un problème toujours possible comprenant, à titre de cas particuliers, le problème
de Dirichlet et celui de Neumann. J. math. pures et appl. **6** (1927) 127—163

Z i e n k i e w i c z, O. C.: [1] The finite element method in engineering science. New
York 1971
[2] Methode der finiten Elemente. München-Wien 1975
[3] Finite elements — the background story. In: W h i t e m a n, J. R. (Ed.): [1], 1—35

Z i e n k i e w i c z, O. C.; C h e u n g, Y. K.: [1] The finite element method in struc-
tural and continuum mechanics. New York 1967

Z i e n k i e w i c z, O. C.; H o l i s t e r, G. S. (Ed.): [1] Stress analysis. London 1965

Z l á m a l, M.: [1] Some recent advances in the mathematics of finite elements. In:
W h i t e m a n, J. R. (Ed.): [1], 59—81

Z u b o v, L. M.: [1] The stationary principle of complementary work in nonlinear
theory of elasticity. J. Appl. Math. Mech. (PMM) **34** (1970) 228—231

Sachverzeichnis

Teubner Studienbücher Fortsetzung

Mathematik Fortsetzung

Velte: **Direkte Methoden der Variationsrechnung**
Eine Einführung unter Berücksichtigung von Randwertaufgaben bei partiellen
Differentialgleichungen. 208 Seiten. DM 24,80 (LAMM)

Walter: **Biomathematik für Mediziner**
148 Seiten. DM 14,80

Witting: **Mathematische Statistik**
Eine Einführung in Theorie und Methoden. 2. Aufl. 223 Seiten. DM 24,— (LAMM)

Mechanik

Becker: **Technische Strömungslehre**
Eine Einführung in die Grundlagen und technischen Anwendungen
der Strömungsmechanik. 3. Aufl. 144 Seiten. DM 12,80

Becker/Piltz: **Übungen zur Technischen Strömungslehre**
120 Seiten. DM 11,80

Becker/Bürger: **Kontinuumsmechanik**
Eine Einführung in die Grundlagen und einfache Anwendungen
228 Seiten. DM 29,— (LAMM)

Hahn: **Bruchmechanik**
Eine Einführung in die Grundlagen. 222 Seiten. DM 34,— (LAMM)

Magnus: **Schwingungen**
Eine Einführung in die theoretische Behandlung von Schwingungs-
problemen. 3. Aufl. 251 Seiten. DM 22,80 (LAMM)

Magnus/Müller: **Grundlagen der Technischen Mechanik**
300 Seiten. DM 25,80 (LAMM)

Müller/Magnus: **Übungen zur Technischen Mechanik**
292 Seiten. DM 25,80 (LAMM)

Wieghardt: **Theoretische Strömungslehre**
Eine Einführung. 2. Aufl. 237 Seiten. DM 26,80 (LAMM)

Preisänderungen vorbehalten